化妆品技术与工程丛书

U0148390

化妆品功效评价

王 敏 赵 华 编著

Cosmetic
Efficacy Evaluation

中国轻工业出版社

图书在版编目（CIP）数据

化妆品功效评价 / 王敏，赵华编著. — 北京：中国轻工
业出版社，2023.10
（化妆品技术与工程丛书）
ISBN 978-7-5184-3351-3

Ⅰ.①化⋯　Ⅱ.①王⋯②赵⋯　Ⅲ.①化妆品—效果—评价
Ⅳ.①TQ658

中国版本图书馆CIP数据核字（2020）第259466号

责任编辑：钟　雨　　责任终审：劳国强　　整体设计：锋尚设计
策划编辑：钟　雨　　责任校对：吴大朋　　责任监印：张　可

出版发行：中国轻工业出版社（北京东长安街6号，邮编：100740）
印　　刷：三河市国英印务有限公司
经　　销：各地新华书店
版　　次：2023年10月第1版第1次印刷
开　　本：720×1000　1/16　印张：19
字　　数：372千字
书　　号：ISBN 978-7-5184-3351-3　定价：59.00 元
邮购电话：010-65241695
发行电话：010-85119835　传真：85113293
网　　址：http://www.chlip.com.cn
Email：club@chlip.com.cn
如发现图书残缺请与我社邮购联系调换
201489K4X101ZBW

前　言

　　化妆品从最初的矿物、天然动植物油脂、简单蒸馏的植物精油、以乳化技术为基础的精细化工产品，到添加各类功效成分的多种剂型和功能的精制产品，经历了几千年的发展和演变。化妆品学也逐渐发展为一门涵盖化妆品原料、配方组成、制造工艺、产品、包装材料及其安全与功效性评价、产品质量监测、品牌管理和相关法规、标准的综合性学科，同时也是集化学、医学、药学、皮肤科学、生理学、生物化学、物理化学、精细化工、流变学、美学、色彩学、心理学、管理学和法学等相关科学于一身的复合交叉应用型学科。

　　化妆品的功效宣称，不仅是产品的专属特性，是企业选择性能优秀的功效原料及产品研发的评分标准，是品牌进行市场推广的重要参考，是消费者选择和购买的判断依据，更是规范市场和促进行业发展的重要手段。《化妆品监督管理条例》中明确了我国对化妆品功效宣称的监管要求。其中第二十二条规定，化妆品的功效宣称应当有充分的科学依据，且化妆品注册人、备案人对化妆品的功效宣称负责，并应当在国务院药品监督管理部门规定的专门网站公布功效宣称依据的摘要及相关资料，接受社会监督。目前，化妆品功效评价技术在我国还处于高速发展阶段，除保湿功效以及部分特殊化妆品功效外，其他功效宣称评价尚未形成统一的国家标准。各大化妆品企业、原料企业、科研机构及社会团体都积极投身于功效评价的方法建立，制定相应的企业标准、团体标准。但需要注意的是，功效评价过程中涉及学科知识范围较广，各类功效作用机制复杂，模型及检测方法多样，加之研究水平参差不齐，还需要严格把控标准的科学性、可行性、严谨性和规范性。

　　化妆品功效评价是对化妆品及具有相应宣称的原料在正常的、

合理的，以及可预见的使用条件下的功效宣称进行科学测试和数据分析，做出相应评价结论。评价过程中通常根据化妆品及原料的理化特性、生物学功能、化妆品剂型及宣称，选择合适的生物化学、细胞生物学、分子生物学、生理学、免疫学、药理学等方法，结合人体临床评价、感官评价及消费者调研，进行综合分析，为化妆品原料及产品的功效宣称提供理论依据和数据支持。

本书旨在向读者介绍化妆品各类功效宣称的相关原理、作用机制、主流原料及功效评价方法，辅以国内外主要化妆品生产和销售地区的法律法规，为化妆品及其原料的研发、生产管理、市场营销、品牌策划等人员提供理论基础及评价实例，本书也可作为化妆品专业本科及研究生的学习参考书籍。

作者及所在团队从事化妆品安全与功效评价研究及教学十余年，参与多项国家及行业标准制定，在本书编写过程中深入调研国内外化妆品行业功效评价的发展现状及未来趋势，广泛收集行业及代表性企业的应用实例，希望以此书帮助更多业内人士了解和掌握化妆品功效评价工作，为中国化妆品行业的发展贡献自己的绵薄之力。

最后，感谢空军特色医学中心（原空军总医院）皮肤病医院院长刘玮教授的耐心指正、中国香料香精化妆品工业协会功效评价专业委员会、中国轻工业联合会化妆品功效评价检验检测中心（北京）等单位的大力协助。由于编者水平有限，错漏之处在所难免，恳请读者批评指正，万分感激。

王　敏

2023 年 8 月于北京

目录

第一章　化妆品及原料概论

一、化妆品的定义与分类管理

1. 化妆品的定义及分类

（1）**化妆品的定义**　化妆品属于类别较宽泛的日化产品，涵盖如人体清洁用的淋洗类产品，保养和滋润肌肤的基础护理品，美化和修饰皮肤的美妆品，美化和保护毛发及指甲的化妆品，清洁和清除异味的口腔护理品以及各种芳香制品等多种剂型的产品。世界各国和地区大多将化妆品列为个人护理品（personal care products），或精细化学品（fine chemicals），或专用化学品（chemicals specialties），这些归类方法不仅指出了其所含的基本化学成分，也指出了其主要的使用范围。

欧盟现行的《化妆品规程》中定义化妆品是接触于人体外部器官（表皮、毛发、指/趾甲、口唇和外生殖器），或者口腔内的牙齿和口腔黏膜，以清洁、发出香味、改善外观、改善身体气味或保护身体使之保持良好状态为主要目的的物质和制剂。美国食品和药品管理局（U.S. Food and Drug Administration，FDA）对化妆品的定义是：用涂抹、散布、喷雾或者其他方法使用于人体的物品，能够起到清洁、美化，促使有魅力或改变外观的作用。日本《药事法》对化妆品的定义是：为了清洁和美化人体、增加魅力、改变容貌、保持皮肤及头发健美而涂抹、散布于身体或用类似方法使用的物品，是对人体作用缓和的物质。

我国国家药品监督管理局（National Medical Products Administration，NMPA）于2007年8月27日公布的《化妆品标识管理规定》第三条规定：化妆品是指以涂抹、喷、洒或者其他类似方法，施于人体（皮肤、毛发、指/趾甲、唇齿等），以达到清洁、保养、美容、修饰和改变外观，或者修正人体气味，保持良好状态为目的的产品。

我国《化妆品卫生规范》（2007年版）中将化妆品定义为：以涂擦、喷洒或其他类似的方法，散布于人体表面任何部位（皮肤、毛发、指甲、口唇等），以达到清洁、消除不良气味、护肤、美容和修饰目的的日用化学工业产品。这个定义从化妆品的使用方式、施用部位以及化妆品的使用目的等三个方面进行了较为全面的概括。

虽然各国对化妆品的定义不尽相同，但大同小异，没有本质的区别。但可以明确的是化妆品都是作用于人体表面，包括皮肤表面、毛发表面及指甲表面等部位。

化妆品监督管理条例（2021版）

2021年1月1日，我国颁布的《化妆品监督管理条例》第三条指出，"本条例所称化妆品，是指以涂擦、喷洒或者其他类似方法，施用于皮肤、毛发、指甲、口唇等人体表面，以清洁、保护、美化、修饰为目的的日用化学工业产品。"同时，"国家按照风险程度对化妆品、化妆品原料实行分类管理。"

化妆品不同于人们日常生活中的其他日用化学品。一方面，化妆品反映了消费者对皮肤及其附属物的健康和美的追求，也是人们对更高生活品质的向往。另一方面，化妆品的存在，不仅是消费者满足外观清洁、美化等生理需求，也是个体及社会心理的映射，即基于基本生活需求之上的追求自我形象完美的心理需求，以及更高级的他人和社会认同感。

（2）化妆品的基本特性　化妆品不仅是一类简单的日用化学消费品，化妆品在满足基本的相关法规要求下，还要具备一系列特性。

① 安全性：人们在日常生活中使用化妆品，每次在使用中均会直接接触皮肤及其附属物，除淋洗类产品外，其余均可能被个体长期反复使用，因此，产品必须保证其安全性。

我国《化妆品卫生规范》（2007版）中对化妆品的安全性进行了明确的要求："化妆品原料及其产品在正常、合理以及可预见的使用条件下，不能对人体健康产生危害。"应对化妆品原料设立"禁用物质清单""限用物质清单""允许使用的防腐剂、防晒剂、着色剂和染发剂原料清单"等。化妆品的使用必须安全，不得对施用部位产生明显刺激和损伤，且应无感染情况的发生。《规范》还明确规定了菌落总数和重金属含量标准。

化妆品安全技术规范（2015版）

我国《化妆品安全技术规范》（2015版）中也明确对化妆品的原料、配方、微生物指标、包装、标签等提出了要求：

3.1　一般要求

3.1.1　化妆品应经安全性风险评估，确保在正常、合理的及可预见的使用条件下，不得对人体健康产生危害。

3.1.2　化妆品生产应符合化妆品生产规范的要求。化妆品的生产过程应科学合理，保证产品安全。

3.1.3　化妆品上市前应进行必要的检验，检验方法包括相关理化检验方法、微生物检验方法、毒理学试验方法和人体安全试验方法等。

3.1.4　化妆品应符合产品质量安全有关要求，经检验合格后方可出厂。

3.2　配方要求

3.2.1　化妆品配方不得使用本规范第二章表1和表2所列的化妆品禁用组分。若技术上无法避免禁用物质作为杂质带入化妆品时，国家有限量规定的应符合其规定；未规定限量的，应进行安全性风险评估，确保在正常、合理及可预见的适用条件下不得对人体健康产生危害。

3.2.2　化妆品配方中的原料如属于本规范第二章表3化妆品限用组分中所列的物质，使用要求应符合表中规定。

3.2.3　化妆品配方中所用防腐剂、防晒剂、着色剂、染发剂，必须是对应的本规范第三章表4至表7中所列的物质，使用要求应符合表中规定。

3.3　微生物学指标要求　化妆品中微生物指标应符合表1中规定的限值。

表1　化妆品中微生物指标限值

微生物指标	限值	备注
菌落总数/（CFU/g 或 CFU/mL）	≤ 500	眼部化妆品、口唇化妆品和儿童化妆品
	≤ 1000	其他化妆品
霉菌和酵母菌总数/（CFU/g 或 CFU/mL）	≤ 100	—
耐热大肠菌群/g（或 mL）	不得检出	—
金黄色葡萄球菌/g（或 mL）	不得检出	—
铜绿假单胞菌/g（或 mL）	不得检出	

3.4　有害物质限值要求

化妆品中有害物质不得超过表2中规定的限值。

表2　化妆品中有害物质限值

有害物质	限值/（mg/kg）	备注
汞	1	含有机汞防腐剂的眼部化妆品除外
铅	10	—

续表

有害物质	限值 / (mg/kg)	备注
砷	2	—
镉	5	—
甲醇	2000	—
二噁烷	30	—
石棉	不得检出	—

3.5 包装材料要求

直接接触化妆品的包装材料应当安全，不得与化妆品发生化学反应，不得迁移或释放对人体产生危害的有毒有害物质。

3.6 标签要求

3.6.1 凡化妆品中所用原料按照本技术规范需在标签上标印使用条件和注意事项的，应按相应要求标注。

3.6.2 其他要求应符合国家有关法律法规和规章标准要求。

3.7 儿童用化妆品要求

3.7.1 儿童用化妆品在原料、配方、生产过程、标签、使用方式和质量安全控制等方面除满足正常的化妆品安全性要求外，还应满足相关特定的要求，以保证产品的安全性。

3.7.2 儿童用化妆品应在标签中明确适用对象。

3.8 原料要求

3.8.1 化妆品原料应经安全性风险评估，确保在正常、合理及可预见的使用条件下，不得对人体健康产生危害。

3.8.2 化妆品原料质量安全要求应符合国家相应规定，并与生产工艺和检测技术所达到的水平相适应。

3.8.3 原料技术要求内容包括化妆品原料名称、登记号（CAS号和/或EINECS号、INCI名称、拉丁学名等）、使用目的、适用范围、规格、检测方法、可能存在的安全性风险物质及其控制措施等内容。

3.8.4 化妆品原料的包装、储运、使用等过程，均不得对化妆品原料造成污染。直接接触化妆品原料的包装材料应当安全，不得与原料发生化学反应，不得迁移或释放对人体产生危害的有毒有害物质。对有温度、相对湿度或其他特殊要求的化妆品原料应按规定条件储存。

3.8.5 化妆品原料应能通过标签追溯到原料的基本信息（包括但不限于原料标准中文名 称、INCI 名称、CAS 号和／或 EINECS 号）、生产商名称、纯度或含量、生产批号或生产日期、保质期等中文标识。属于危险化学品的化妆品原料，其标识应符合国家有关部门的规定。

3.8.6 动植物来源的化妆品原料应明确其来源、使用部位等信息。动物脏器组织及血液制品或提取物的化妆品原料，应明确其来源、质量规格，不得使用未在原产国获准使用的此类原料。

3.8.7 使用化妆品新原料应符合国家有关规定。

② 稳定性：化妆品虽然与食品和药品不同，其在保质期内也需要具备一定的稳定性。化妆品的稳定性包括基质及料体的稳定性、所添加活性物或功效成分的稳定性、使用环境和储存环境的稳定性以及大规模批量生产的稳定性等。在保质期内的正常使用和储存条件下，化妆品及其内含物不能发生物理、化学性质的变化，也不能出现微生物过量生长等不良现象，如表1-1所示。

表 1-1　化妆品稳定性要求

基质料体稳定性	化学性质	变色、褪色、异味、污染、析出等
	物理性质	分层、沉淀、凝聚、胶凝、挥发、固化、龟裂、不均一等
	微生物	启封前不得出现菌群超标
环境	使用环境	温度、日照、气压等
	储存环境	温度、日照、气压等
特殊原料	活性成分	保质期内与其他原料配合稳定并保持其活性
	功效成分	保质期内与其他原料配合稳定并保持其功效性

③ 使用性和消费性：化妆品的使用性，更多的是强调消费者选取产品的消费意愿和感官体验。除产品本身需具备的基本的安全性和功效性外，还需要化妆品从外观、颜色、气味等方面适合消费者的使用需求，能够满足消费者的心理需求和社会属性。合适的化妆品还可以提升消费者的社交力和群体认同感，这是其他普通的日化产品所无法达到的。

④ 功效性：化妆品不同于药品和医疗器械，虽不具备治疗的功能，在使用过程中也要具有一定的效果，即所谓的功效性。化妆品的功效性可以通过其添加的活

性成分的有效性体现，也可以通过皮肤科医生证实或经由各种检测仪器测试，甚至通过一定数量的消费者调查问卷和感官评估数据来体现。化妆品产品及原料的功效宣称也是国家对于化妆品监管的分类依据之一。目前，化妆品研发机构和生产企业可以通过不同的功效评价方法或手段对某类产品进行功效性验证，以支撑其产品宣称。同时，产品的功效性宣称及相应证据，也是消费者判断是否选择该产品的重要考虑因素之一。我国《化妆品监督管理条例》中明确要求加强化妆品功效宣称管理，并规定："化妆品的功效宣称应当有充分的科学依据。化妆品注册人、备案人应当在国务院药品监督管理部门规定的专门网站公布功效宣称所依据的文献资料、研究数据或者产品功效评价资料的摘要，接受社会监督。"

（3）**化妆品的分类** 不同国家和地区对于化妆品种类的区分各有不同，如可按照使用部位、使用方法、使用目的等分类，也可按照配方类型、剂型、生产及灌装工艺等分类。此外，也可根据产品是否使用特殊的功效原料，有适用人群、年龄、性别以及宗教信仰等。目前使用较多也是较为普遍的区分方法，即按照产品的使用部位、使用目的和产品剂型综合分类，见表1-2，但随着化妆品行业的快速发展，一些新的品类和剂型也不断涌现，关于化妆品的分类方法和规则也会随之更新和完善。

表 1-2　化妆品分类

分类依据		实例
用途	普通化妆品	除特殊用途以外
	特殊用途化妆品	育发、染发、烫发、脱毛、美乳、健美、除臭、祛斑、防晒等
作用	清洁作用	洁面乳
	保护作用	护手霜、防晒霜
	营养作用	含营养成分和相应功效的产品
	美化作用	彩妆、遮瑕霜
	防治作用	止汗
剂型	水剂类	化妆水、喷雾等
	油剂类	护肤油、精华油等
	乳剂类	乳液、乳霜、膏霜等
	粉状类	粉饼、粉状眼影及腮红等
	凝胶类	凝胶状面膜、眼霜等

续表

分类依据		实例
使用部位	皮肤用	面霜、润肤乳等
	毛发用	洗发水、护发素、发用精华等
	眼唇部	眼霜、唇膏等
	甲用	指甲油、护甲霜
适用人群	全部人群	未指明适用人群
	婴幼儿	新生幼儿保湿面霜、婴儿润肤乳
	儿童	儿童护肤品、儿童彩妆
	男性	男性专用护肤品、彩妆
	中老年	中老年专用护肤品
其他特殊类	有机化妆品	使用原料经有机认证
	清真化妆品	"Halal（清真）"认证

① 不同国家和地区的化妆品分类：美国化妆品的分类主要依据来源于美国食品和药物管理局（Food and Drug Administration，FDA）发布的 *Instruction for Voluntary Filling of Cosmetic Product Formulation Handbook*，此表编号用于化妆品注册，见表1-3。通过使用此列表可以确定在 FDA 2512 表格上输入的产品类别代码。每个产品类别代码由两位数及一个字母组成，分别表示常规类别，及产品的特定类型。例如，要查找婴儿洗发水的产品类别代码，即"婴儿产品"属于"01"类。婴儿洗发水被列为该项目"A"。因此，婴儿洗发水的产品类别代码为"01A"。

表1-3　美国化妆品分类

类别	名称	产品类别
01	婴儿用产品 Baby Products	婴儿洗发水 Baby Shampoos
		乳液，婴儿油，爽身粉和膏霜 Lotions，Oils，Powders，and Creams
		其他婴儿用品 Other Baby Products

续表

类别	名称	产品类别
02	沐浴产品剂型 Bath Preparations	沐浴油，沐浴块和浴盐 Bath Oils，Tablets and Salts
		沐浴泡沫 Bubble Bath
		沐浴胶囊 Bath Capsules
		其他沐浴产品剂型 Other Bath Preparations
03	眼部彩妆剂型 Eye Makeup Preparations	眉笔 Eyebrow Pencil
		眼线笔 Eyeliner
		眼影 Eye Shadow
		洗眼液 Eye Lotion
		眼部卸妆液 Eye Makeup Remover
		睫毛膏 Mascara
		其他眼部彩妆 Other Eye Makeup Preparations
04	芳香类产品剂型 Fragrance Preparations	古龙水和清新剂 Cologne and Toilet Waters
		香水 Perfumes
		香粉（散粉和滑石粉，不包括须后滑石粉） Powders（dusting and talcum，excluding aftershave talc）
		香囊 Sachets
		其他芳香产品剂型 Other Fragrance Preparations

续表

类别	名称	产品类别
05	头发护理类产品剂型 Hair Preparations	发油 Hair
		发用喷雾 / 发胶 Hair Spray（aerosol fixatives）
		直发剂 Hair Straighteners
		卷发剂 Permanent Waves
		非着色型漂洗液 Rinses（non-coloring）
		非着色型洗发水 Shampoos（non-coloring）
		护发精华，调理剂和其他促柔顺的产品 Tonics，Dressings and Other Hair Grooming Aids
		卷发烫发套盒 Wave Sets
		其他发用产品剂型 Other Hair Preparations
06	染发类 Hair Coloring Preparations	发用染料（需有相关使用警示和过敏测试） Hair Dyes and Colors（all types requiring caution statements and patch tests）
		染发剂 Hair Tints
		着色型漂洗液 Hair Rinses（coloring）
		着色型洗发水（着色） Hair Shampoos（coloring）
		喷雾型染发剂（着色） Hair Color Sprays（aerosol）
		着色型头发漂洗剂 Hair Lighteners with Color

续表

类别	名称	产品类别
06	染发类 Hair Coloring Preparations	漂发剂 Hair Bleaches
		其他染发产品 Other Hair Coloring Preparations
07	美容化妆产品（眼睛除外） Makeup Preparations （not eye）	腮红（所有类型） Blushes （all types）
		散粉 Face Powders
		粉底 Foundations
		腿部和身体彩绘 Leg and Body Paints
		唇膏 Lipstick
		妆前乳 Makeup Bases
		胭脂 有色唇膏
		定妆产品 Makeup Fixatives
		其他彩妆剂型 Other Makeup Preparations
08	美甲产品 Manicuring Preparations	底油 Basecoats and Undercoats
		角质软化剂 Cuticle Softeners
		指甲霜和乳液 Nail Creams and Lotions
		指甲延长胶 Nail Extenders
		卸甲水 Nail Polish and Enamel

续表

类别	名称	产品类别
08	美甲产品 Manicuring Preparations	打磨棒和卸甲水 Nail Polish and Enamel Removers
		其他美甲产品 Other Manicuring Preparations
09	口腔清洁产品 Oral Hygiene Products	洁牙用品（洁牙喷雾、洁牙液、牙膏、牙粉） Dentifrices（aerosol，liquid，pastes and powders）
		漱口水和口气清新剂（水或喷雾） Mouthwashes and Breath Fresheners（liquids and sprays）
		其他口腔卫生用品 Other Oral Hygiene Products
10	个人清洁产品 Personal Cleanliness	沐浴皂和沐浴露 Bath Soaps and Detergents
		除臭剂（腋下） Deodorants（underarm）
		阴道冲洗液 Douches
		女性香体液 Feminine Deodorants
		其他个人清洁产品 Other Personal Cleanliness Products
11	剃须产品 Shaving Preparations	须后水 Aftershave Lotion
		胡须软化剂 Beard Softeners
		男士爽身粉 Men's Talcum
		须前乳 Preshave Lotions（all types）
		剃须膏（气雾剂，无刷和泡沫） Shaving Cream（aerosol，brushless and lather）

续表

类别	名称	产品类别
11	剃须产品 Shaving Preparations	剃须皂（块状，棒状等） Shaving Soap（cakes，sticks，etc.）
		其他剃须产品 Other Shaving Preparations
12	护肤品 （膏霜, 乳液, 粉剂和喷雾剂） Skin Care Preparations （Creams，Lotions， Powders and Sprays）	洁面产品（冷霜，洗面乳，液体和清洁棉片） Cleansing（cold creams，cleansing lotions，liquids and pads）
		脱毛膏 Depilatories
		脸部和颈部护肤品（不包括剃须剂） Face and Neck（excluding shaving preparations）
		身体和手护肤品（不包括剃须剂） Body and Hand（excluding shaving preparations）
		足粉和（除臭）喷雾剂 Foot Powders and Sprays
		保湿产品 Moisturizing
		夜用产品 Night
		面膜（泥膜） Paste Masks（mud packs）
		爽肤水 Skin Fresheners
		其他皮肤护理产品 Other Skin Care Preparations
13	美黑产品 Suntan Preparations	美黑凝胶、霜剂和液体 Suntan Gels，Creams and Liquids
		室内美黑产品 Indoor Tanning Preparations
		其他美黑产品 Other Suntan Preparations

资料来源：美国 FDA。

欧盟成员国现行化妆品法规为1976年颁布的《化妆品规程》(*Cosmetic Directive*)，该规程在欧盟各成员国协调的基础上产生，但不代替各国的法规。欧盟成员国政府依据各自的具体情况建立体系并负责规程的具体实施。专门制定化妆品的定义和分类的《化妆品规程》1223/2009中对化妆品的定义为：接触于人体各外部器官（表皮、毛发、指/趾甲、口唇和外生殖器），或口腔内的牙齿和口腔黏膜，以清洁、发出香味、改善外观、改善身体气味或保护身体使之保持良好状态为主要目的的物质和制剂，并于附录中详细列出化妆品的分类。

与我国分类相似，例如，用于皮肤的面霜、精华、乳液、凝胶和油、面膜、有色基质（液体、膏霜、粉末）、化妆粉、沐浴后粉、卫生粉、洗手皂、除臭皂、香水、花露水和古龙香水、沐浴用品（盐、泡沫、油、凝胶）脱毛剂、除臭剂和止汗剂、染发剂、用于卷发、拉直和固定头发的产品、头发定型产品、头发清洁产品（乳液、粉末、洗发水）、护发产品（乳液、面霜、油）、美发产品（乳液、发膜、精油）、剃须产品（面霜、泡沫、乳液）、化妆品和卸妆产品，用于唇部、牙齿和口腔的产品（包含含氟牙膏），用于指甲护理和彩绘的产品，用于外部私密卫生的产品、日光浴产品、无日光晒黑的产品，美白皮肤和抗皱产品等都属于化妆品范畴，但经口、吸入或注射途径摄入体内的产品不属于化妆品。与我国法规不同的一点是，欧盟国家并不对普通化妆品和功能性化妆品进行特别的区分。欧盟各国对于化妆品的定义较为明确，范围也较宽，但部分特殊产品在分类上仍存在争议，这需要由各成员国根据具体产品的标识和成分等因素，综合判断并最终确定其是否可按化妆品来管理，这就使得产品的分类和归属可能存在一定的不确定因素。

日本作为世界上主要的化妆品生产和销售市场，对于化妆品的相关法规也相对较完善。日本将境内生产和销售的化妆品分为两类，一类为"化妆品"(cosmetics)，类似我国的普通或非特殊用途化妆品，包括香皂、洗发水、护发素、膏霜、化妆水、彩妆化妆品、牙膏等；另一类为"医药部外品"(quasi drugs)，具有药品的作用，但效果温和，介于药品和化妆品之间，类似我国的特殊用途化妆品，包括药皂、去屑洗发香波、药用牙膏、染发剂、烫发剂、生发剂等，一些美白类产品也属于"医药部外品"。日本厚生劳动省于1996年起将日本境内的化妆品分为11大类，见表1-4。

东南亚国家联盟，即东盟（Association of Southeast Asian Nations，ASEAN），包括马来西亚、泰国、越南、缅甸、柬埔寨、老挝、新加坡、印度尼西亚、菲律宾、文莱和东帝汶（接纳中）等11个成员国，是全球化妆品行业重点开发的"未来市场"，也是我国化妆品产业走向海外的一个重点市场。2003年9月3日，东盟各国签署《东盟统一化妆品监管协定》(Agreement on the ASEAN Harmonised Cosmetic Regulatory Scheme，AHCRS)，文件包含自2008年1月1日起全面实施的《东盟化妆品指令》(ASEAN Cosmetic Directive，ACD)，旨在确保在东盟销售的化妆品的安全、质量和功效，同时消除成员国化妆品贸易限制。《东盟化妆品指令》中，不仅规定了原料的禁用、限用和准用清单，同时还提出了化妆品的分类、标签、宣称、产品通报（notification）和产品信息文件（PIF）的具体要求。其中，东盟国家对化妆品定义为：化妆品是指，接触于人体各外部器官，如皮肤、毛发系统、指（趾）甲、嘴唇和外部生殖器，或口腔内的牙齿和口腔黏膜，以清洁、芳香化（发出香味）、改善外观、改善身体气味或保护身体使之保持良好状态为主要目的的物质和制品。化妆品的宣称限于化妆品的用途，但对产品的宣称并不进行事前审核，采用的是上市后监管的方式，因此夸大宣传和宣传医疗用途存在被处罚风险。

从以上可以看出，不同国家和地区对于化妆品的定义和分类标准与该地区消费者的文化喜好、日常使用习惯也紧密相关。

表 1-4　日本化妆品分类

序号	名称	产品类型
1	清洁用产品	香皂、面部清洁产品、洗发水
2	护发产品	染发剂、护发产品
3	护理产品	膏霜和乳液、剃须膏和乳液、护肤乳液、古龙水、剃须乳液、化妆油、润发膏
4	美容化妆品	面扑粉、粉底、面颊用着色产品、眼眉美容产品、眼霜、眼影和睫毛产品
5	芳香产品	香水
6	晒黑、防晒产品	晒黑和防晒膏霜、晒黑和防晒膏乳液、晒黑和防晒膏油
7	指甲美容化妆品	护甲霜、指甲油、指甲油清除剂
8	眼线产品	眼线
9	唇用产品	唇膏和润唇膏
10	口腔产品	牙膏
11	浴用产品	

② 我国化妆品分类：之前我国化妆品的分类是依据中华人民共和国国家质量

监督检验检疫总局于2002年9月1日发布的国家标准（GB/T 18670—2002），即按照产品功能和使用部位分类的。而对于同时具有多个使用部位或多种功能的化妆品来说，则是根据其主要的宣称功能和使用部分来划分的，如表1-5所示。

表 1-5 我国现有化妆品分类

	清洁类化妆品	护理类化妆品	美容 / 修饰类化妆品
皮肤	洗面乳、花露水、卸妆水（乳）、清洁霜（乳）、痱子粉、爽身粉、面膜、乳液	护肤用膏霜、乳液、化妆水	粉饼、粉底液、眉笔、胭脂、眼影、眼线笔（液）、香水、古龙水
毛发	洗发液 洗发膏 剃须膏	护发素、护发油 润发乳 焗油膏	定型摩丝、发胶 睫毛液（膏）、 染发剂、烫发剂、生发剂、脱毛剂
指甲	洗甲液	护甲水、护甲霜 指甲硬化剂	指甲油
口唇	唇部卸妆液	润唇膏	唇膏、唇线笔 唇彩

我国在《化妆品卫生规范》（2007版）中将我国境内生产和销售的化妆品分为特殊用途化妆品和非特殊用途化妆品，其中特殊用途化妆品被限定为具有一定治疗效果和药效活性的制品，如用于育发、染发、烫发、脱毛、美乳、健美、除臭、祛斑、防晒等目的的产品。

我国《化妆品安全技术规范》（2015版）中也列出了不同类型的化妆品，例如：淋洗类化妆品、驻留类化妆品、眼部化妆品、口唇化妆品、体用化妆品、肤用化妆品、儿童化妆品、专业使用化妆品等。

我国药品监督管理局于2021年5月1日起实施的《化妆品分类规则和分类目录》中明确指出，在中华人民共和国境内生产经营的化妆品，"化妆品注册人、备案人应当根据化妆品功效宣称、作用部位、使用人群、产品剂型和使用方法，按照本规则和目录进行分类编码"，见表1-6～表1-10。

化妆品分类规则和分类目录（2021版）

表 1-6 功效宣称分类目录

序号	功效类别	释义说明和宣称指引
A	新功效	不符合以下规则的
01	染发	以改变头发颜色为目的，使用后即时清洗不能恢复头发原有颜色
02	烫发	用于改变头发弯曲度（弯曲或拉直），并维持相对稳定 注：清洗后即恢复头发原有形态的产品，不属于此类
03	祛斑美白	有助于减轻或减缓皮肤色素沉着，达到皮肤美白增白效果；通过物理遮盖形式达到皮肤美白增白效果 注：含改善因色素沉积导致痘印的产品
04	防晒	用于保护皮肤、口唇免受特定紫外线所带来的损伤 注：婴幼儿和儿童的防晒化妆品作用部位仅限于皮肤
05	防脱发	有助于改善或减少头发脱落 注：调节激素影响的产品，促进生发作用的产品，不属于化妆品
06	祛痘	有助于减少或减缓粉刺（含黑头或白头）的发生；有助于粉刺发生后皮肤的恢复 注：调节激素影响的、杀（抗、抑）菌的和消炎的产品，不属于化妆品
07	滋养	有助于为施用部位提供滋养作用 注：通过其他功效间接达到滋养作用的产品，不属于此类
08	修护	有助于维护施用部位保持正常状态 注：用于疤痕、烫伤、烧伤、破损等损伤部位的产品，不属于化妆品
09	清洁	用于除去施用部位表面的污垢及附着物
10	卸妆	用于除去施用部位的彩妆等其他化妆品
11	保湿	用于补充或增强施用部位水分、油脂等成分含量；有助于保持施用部位水分含量或减少水分流失
12	美容修饰	用于暂时改变施用部位外观状态，达到美化、修饰等作用，清洁卸妆后可恢复原状 注：人造指甲或固体装饰物类等产品（如假睫毛等），不属于化妆品
13	芳香	具有芳香成分，有助于修饰体味，可增加香味
14	除臭	有助于减轻或遮盖体臭 注：单纯通过抑制微生物生长达到除臭目的产品，不属于化妆品
15	抗皱	有助于减缓皮肤皱纹产生或使皱纹变得不明显
16	紧致	有助于保持皮肤的紧实度、弹性
17	舒缓	有助于改善皮肤刺激等状态

续表

序号	功效类别	释义说明和宣称指引
18	控油	有助于减缓施用部位皮脂分泌和沉积，或使施用部位出油现象不明显
19	去角质	有助于促进皮肤角质的脱落或促进角质更新
20	爽身	有助于保持皮肤干爽或增强皮肤清凉感 注：针对病理性多汗的产品，不属于化妆品
21	护发	有助于改善头发、胡须的梳理性，防止静电，保持或增强毛发的光泽
22	防断发	有助于改善或减少头发断裂、分叉；有助于保持或增强头发韧性
23	去屑	有助于减缓头屑的产生；有助于减少附着于头皮、头发的头屑
24	发色护理	有助于在染发前后保持头发颜色的稳定 注：为改变头发颜色的产品，不属于此类
25	脱毛	用于减少或除去体毛
26	辅助剃须剃毛	用于软化、膨胀须发，有助于剃须剃毛时皮肤润滑 注：剃须、剃毛工具不属于化妆品

表 1-7　作用部位分类目录

序号	作用部位	说明
B	新功效	不符合以下规则的
01	头发	注：染发、烫发产品仅能对应此作用部位； 防晒产品不能对应此作用部位
02	体毛	不包括头面部毛发
03	躯干部位	不包含头面部、手、足
04	头部	不包含面部
05	面部	不包含口唇、眼部； 注：脱毛产品不能对应此作用部位
06	眼部	包含眼周皮肤、睫毛、眉毛； 注：脱毛产品不能对应此作用部位
07	口唇	注：祛斑美白、脱毛产品不能对应此作用部位
08	手、足	注：除臭产品不能对应此作用部位
09	全身皮肤	不包含口唇、眼部
10	指（趾）甲	

表 1-8　使用人群分类目录

序号	使用人群	说明
C	新功效	不符合以下规则的产品；宣称孕妇和哺乳期妇女适用的产品
01	婴幼儿 （0~3周岁，含3周岁）	功效宣称仅限于清洁、保湿、护发、防晒、舒缓、爽身
02	儿童 （3~12周岁，含12周岁）	功效宣称仅限于清洁、卸妆、保湿、美容修饰、芳香、护发、防晒、修护、舒缓、爽身
03	普通人群	不限定使用人群

表 1-9　产品剂型分类目录

序号	产品剂型	说明
00	其他	不属于以下范围的
01	膏霜乳	膏、霜、蜜、脂、乳、乳液等
02	液体	露、液、水、油、油水分离等
03	凝胶	啫喱、胶等
04	粉剂	散粉、颗粒等
05	块状	块状粉、大块固体等
06	泥	泥状固体等
07	蜡基	以蜡为主要基料的
08	喷雾剂	不含推进剂
09	气雾剂	含推进剂
10	贴、膜、含基材	贴、膜、含配合化妆品使用的基材的
11	冻干	冻干粉、冻干片等

表 1-10　使用方法分类目录

序号	使用方法	说明
01	淋洗	根据国家标准、《化妆品安全技术规范》要求，选择编码
02	驻留	

可以看出，不同国家和地区对于化妆品的分类和定义都有区别，尤其是同种产品的所属类别差别较大，这可能与不同国家和地区的消费者、产品使用习惯和市场导向有关。随着化妆品行业的发展和产品类型的不断增加，各国对化妆品的分类还会继续补充完善。

2. 化妆品原料

化妆品是一类由多种具有不同功能的原料，经过一定配比和工艺制成的复杂的混合物，其包含的基质原料和功效原料在其中都起到了至关重要的作用。化妆品原料种类多样、来源广泛，除生产工艺、环境和一些人为因素外，原料的品质直接关系到产品的安全与功效保证。在配方研发和生产制造过程中，需要选择合适的原料，并配以适当的加工工艺，使多达数十种的不同性质的原料能有效组合，形成不同剂型和特定功效的最终产品。

市场上常见的化妆品原料涵盖范围非常广，包括油脂、乳化剂、流变剂、保湿剂、防腐剂、防晒剂、香精、单体活性成分（提取或合成）、活性物载体、粉体、表面活性剂等。这些原料的来源也不局限于化工产品，还包括矿物、农产品、药用植物、食品以及一些生物工程来源产品等。

根据用途和特性，可以将化妆品原料分为基质原料、辅助原料和功效原料三大类。

（1）**基质原料** 基质原料是化妆品配方中的主体原料，在配方中占有较大比例，起到稳定产品配方的功能，也在一定程度上决定了化妆品的用途和特性。

① 油脂原料：油脂原料是指用于化妆品配方中油相部分的油溶性原料，也是构成膏霜、乳液、唇膏、粉底液等产品的基体原料之一。适量加入油脂原料不仅能够提高产品的稳定性，增加亲肤性，还能促进使用部位对功效成分的吸收，可对皮肤起到多种护理作用，如滋润、保湿、改善肤质、提高肤感等。有些原料如蜡质成分，还可以稳定配方体系，同时调节黏度和减少油腻感。配方中选用的油脂原料种类和含量不同，产品的质地和感官特性也会有所差异。

　　a. 植物来源油脂：橄榄油、棕榈油、花生油、蓖麻油、霍霍巴油、杏仁油、茶籽油、乳木果油、可可脂、椰子油、鳄梨油、巴西棕榈蜡、米糠蜡等；

　　b. 动物来源油脂：羊毛脂、蜂蜡、天然角鲨烯、蛇油、马油等；

　　c. 矿物油脂：凡士林、石蜡、白矿油、地蜡等；

　　d. 合成油脂：棕榈酸异丙酯、豆蔻酸异丙酯、辛酸/癸酸甘油三酯、二甲基硅油、聚二甲基硅氧烷、合成角鲨烯、硅油系列衍生物等；

　　e.半合成油脂：羊毛脂系列衍生物、鲸蜡醇、硬脂醇、硬化大豆油、硬化牛脂等。

　　② 粉质原料：粉质原料是粉剂型、固体或悬浊液剂型的基体原料，在化妆品配方中可以起到遮盖、调色、填充、修饰等作用，还可以增加产品的比表面积、填充性、流动性、延展性和滑爽感，促进皮肤分泌的汗液和皮脂的吸收，甚至起到一定程度的抑菌作用，如爽身粉、香粉、粉饼、粉条、腮红、眼影、牙膏等产品中添加的粉质原料量可高达30%~80%。如滑石粉、高岭土、钛白粉（TiO_2）、锌白粉（ZnO）、云母粉、胡桃壳粉、膨润土、硬脂酸锌、硬脂酸镁、碳酸钙、碳酸镁、改性淀粉等都属于化妆品配方中常见的粉质原料。因考虑到肤感和延展性以及在皮肤上涂抹使用时的细腻程度，粉质原料需达到一定的细度和粒径。大部分粉质原料的来自天然的矿物质，因此可能含有一些有害的金属元素，在应用中须符合《化妆品安全技术规范》的安全使用限量。市售产品中也可见一些植物来源的粉质原料，如核桃壳超细粉、玫瑰花瓣粉如宣称某类功效，也需要相应的安全及功效支撑。

　　③ 胶质原料：胶质原料大多是一些水溶性高分子化合物，可在水中膨胀成胶体，有助于固体粉质原料黏合成型，对乳状液或悬浮状剂型起到乳化作用，还具有一定的增稠或凝胶化作用。最初应用于化妆品中的胶质原料多为天然动植物来源，如黄原胶、果胶、淀粉、海藻胶、明胶等。除此以外，合成或经改性的高分子水溶性化合物，如改性淀粉、改性瓜尔胶、聚乙二醇、丙烯酸聚合物、羟乙基纤维素、羟丙基纤维素等原料在化妆品中的应用也越来越多。

　　④ 表面活性剂：也称表面活性物质、界面活性剂等，能使目标溶液表面张力显著下降，具有固定的亲水亲油基团，在溶液的表面能定向排列，是一类重要的精细化学品原料成分。表面活性剂的分子结构一端为亲水基团，另一端为疏水基团；亲水基团常为极性基团，如羧酸、磺酸、硫酸、氨基或胺基及其盐，羟基、酰胺基、醚键等也可作为极性亲水基团；而疏水基团常为非极性烃链，如有8个碳原子以上的烃链。表面活性剂分为离子型表面活性剂（包括阳离子表面活性剂与阴离子表面活性剂）、非离子型表面活性剂、两性表面活性剂、复配表面活性剂、其他表面活性剂等。表面活性剂也可以分为磷脂、胆碱类天然表面活性剂和硬脂酸钠、十八烷基硫酸钠等人工合成的表面活性剂。表面活性剂的应用非常广泛，尤其是在精细化工产品中，可以起到润湿、分散、增溶、乳化、助悬、发泡、表面改性、柔软、抗静电、杀菌等多种作用。

　　⑤ 溶剂原料：溶剂原料在液体、膏状和乳液状化妆品配方中主要起到溶解原

料的作用，也是不可缺少的一类重要的组成部分。一些固体状的化妆品，配方中虽然不含明显的溶剂成分，但在生产和制造过程中也可能添加一定量的溶剂，增加香料和色素的溶解度。部分溶剂成分也可以在化妆品配方中起到润滑、增香、防冻等作用。

化妆品配方中常添加的去离子水无色无味，溶解性好；乙醇具有防冻、灭菌、收敛、消泡、调节黏度等特性，且可以溶解部分油脂、着色剂、香精香料和防腐剂，还可以与去离子水以一定比例的混合应用；乙二醇、聚乙二醇、丙二醇、甘油等多元醇类溶剂，也属于无色无味的黏稠溶剂，可溶于水和有机溶剂，还可作为配方中的保湿剂；丙酮、乙酸乙酯、二甲苯等有机溶剂作为原料应用时，可能会有一定的毒性或刺激性，需要在安全限量下使用。

（2）辅助原料　辅助原料一般是在基质原料的基础上，在不影响安全性的同时，以少量的添加，赋予化妆品特定的气味和颜色，并帮助化妆品成型、稳定的一类原料，如香精香料、着色剂、防腐剂、抗氧化剂、络合剂、推进剂、酸碱调节剂等辅助原料也在配方中起到一定的功效。

① 香精香料：化妆品中的香气通常是在生产过程中，加入一定比例的香精香料调配而成。根据产品的特性和定位所选择的香气类型，不仅可以遮盖原料本身的不良气味，也可以体现产品定位和提高消费者的喜爱度。香精香料的来源和加工工艺多样，导致品质参差不齐，如处理不当还可能存在致敏成分，因此不当添加有引起皮肤刺激甚至过敏的风险。目前也有一些面向敏感性皮肤、婴幼儿、孕妇等特定消费群体的产品，避免或减少了香精香料的添加和使用，以减少致敏风险，但需要注意的是，香精香料的使用量在《化妆品安全技术规范》（2015版）所规定的安全范围内，就足以保证产品的安全性。

② 着色剂：大多数化妆品的原料及成品呈现出一定的色彩，绝大多数料体本身也具有不同颜色，需要在成品中添加微量的色素，以起到优化产品的感官或掩盖原先不够美观的色泽的作用，着色剂在彩妆产品中更是不可或缺的主要原料，如眼影、唇膏、腮红、粉底等都需要使用不同的着色剂进行组合调配以产生丰富的色彩。

a. 无机矿物颜料：由矿物中直接提取精炼制成，多耐热、耐光，不溶于水和油剂，使用安全性较高，如钛白粉、锌白粉、氧化铁红、氧化铁黄、氧化铁黑、铁蓝、炭黑等。

b. 有机合成色素：包含染料、颜料和色淀，可溶解于水、油、醇等不同溶剂中，有机合成色素分散在其中，具有较强的遮盖效果。

c. 天然来源色素：主要提取于植物、动物中，更强调其天然特性，如指甲花红、叶绿素、β-胡萝卜素、胭脂虫红等。

d. 珠光原料：主要成分由贝母、云母钛等制备而成，根据制备工艺的不同，可以得到红、黄、青、蓝等颜色的珠光颜料。

③ 防腐剂：化妆品的配方原料中含有微生物生长所必需的水分、碳源、氮源和无机盐，也具备适宜的温度和pH。除一些特定生产条件或特殊包装的产品外，绝大部分的化妆品在开盖后会在使用过程中与空气及其他介质表面的微生物接触。因此，大部分化妆品均需要添加一定量的防腐剂或抑菌成分，以防止、抑制微生物的生长，在保质期内维持化妆品质量。防腐剂主要是对酶活力或对细胞原生质部分的遗传微粒结构产生影响，通过抑制细胞中基础代谢的酶的合成或重要生命物质核酸和蛋白质的合成，起到阻碍细胞生长作用的。但防腐剂不是杀菌剂，没有很强的即时杀灭效果，只有在足够浓度并与微生物直接接触的情况下才能起效。

在《化妆品已使用原料目录》中，有一些原料具有抑菌功能，有的则以保湿、抗氧化、螯合金属离子、或皮肤调理等其他功能存在。此类化合物在化妆品中添加量非常少，为0.001%~1.0%。但大部分防腐剂过量添加或接触仍可能对皮肤产生一定的刺激性。因此，我国《化妆品安全技术规范》（2015版）中规定了化妆品组分中限用防腐剂的最大允许浓度、使用范围和条件。

a. 尼泊金酯：尼泊金酯（对羟基苯甲酸酯）可以通过破坏微生物的细胞膜，使细胞内的蛋白质变性，抑制细胞中呼吸及电子传递酶系的活性，以起到杀菌的作用。对霉菌、酵母菌和革兰阳性菌具有广泛的抗菌作用，但对革兰阴性菌和乳酸菌作用较差。尼泊金酯类防腐剂广谱抗菌，稳定性强，无论在酸性、碱性、高温、低温环境条件下均能起效。除在医疗器械和工业油脂、淀粉、脂肪等防腐防霉外，化妆品中尼泊金酯类的使用也最为广泛。尼泊金酯饱和溶液对眼睛有刺激性，一般浓度在5%以下几乎是无毒无刺激的。实际上用于化妆品的浓度在0.2%就有良好的抑菌作用。尼泊金酯类成分在许多国家被认为属于安全成分，但对于部分消费者来说过量接触可能会导致皮肤屏障损伤，皮肤粗糙、易敏感甚至出现接触性皮炎等过敏风险，因此，存在一定的争议。如2011年10月，欧盟消费者安全科学委员会（SCCS）限制了尼泊金酯在儿童产品中使用，2014年4月，正式禁用尼泊金异丙酯、异丁酯、苯酯、苄酯、戊酯。2014年9月，限制尼泊金甲酯和乙酯的单酯最高使用量为0.4%，混合酯最高使用量为0.8%。同时限制丙酯和丁酯各自浓度或总和皆不得超过0.14%，混合酯浓度不得超过0.8%，并且禁止用于儿童产品。

b. 苯氧乙醇：苯氧乙醇是一种由乙二醇及苯酚醚化而成的无色油状液体，常用于护肤霜和防晒霜等产品。苯氧乙醇通过作用于细菌细胞膜上增大钾离子的通过率，降低酶的活性，以抑制细菌生长，达到抗菌效果。苯氧乙醇在化妆品中添加的有效浓度应大于0.5%，但使用最高浓度不应超过1%。

c. 甲基氯异噻唑啉酮和甲基异噻唑啉酮的混合物：甲基氯异噻唑啉酮（CIR）是一种对皮肤有刺激性的防腐剂，在《化妆品安全技术规范》（2015版）中为化妆品准用防腐剂，该成分很容易导致皮肤过敏，一般使用都要很快清除掉，故多用于清洗产品中。甲基异噻唑啉酮（MIT）也是广谱杀菌剂，对几乎所有的微生物都有优异的抗菌性能，且价格低廉，添加量低，容易配伍。市场上这类防腐剂经常按照3∶1的比例联合使用，即俗称的"卡松"。这种防腐剂对皮肤具有刺激性，易导致皮肤过敏，一般使用后都要很快将其清除掉，故多用于清洁类产品中。我国则规定甲基异噻唑啉酮作为防腐剂在化妆品中的最高添加浓度为0.01%。

目前，市面上也出现了植物来源的生物碱、酚类化合物、萜类、黄酮类等成分，具有防腐抑菌的效果，虽然不属于防腐体系，但也可作为传统防腐剂的替代成分被添加在化妆品配方中，以起到抑菌和减少防腐剂添加的作用。

④ 抗氧化剂：化妆品配方中的油脂类原料会随着氧化反应产生低级脂肪酸、醛、过氧化物等，不仅使料体变质、变色、产生异味，还会在使用时对皮肤产生一定的刺激性，甚至引发炎症。因此，化妆品配方中都会加入一定的抗氧化成分，如二丁基羟基甲苯（BHTO）、叔丁基羟基苯甲醚（BHA）、叔丁基对苯二酚（TBHQ）等，也有一些属于活性抗氧化成分，如超氧化物歧化酶（SOD），谷胱甘肽，维生素C、维生素E、维生素A，表没食子儿茶素没食子酸酯（EGCG），辅酶Q_{10}等，以起到减少产品料体氧化反应的作用。

⑤ 金属离子螯合剂：化妆品在生产过程中，不可避免地通过生产设备或金属容器接触到一些微量的金属离子（或由原料带入），在特定条件下可催化油脂成分的自氧化反应，导致料体出现酸败、变色和变质。因此，在配方中可添加柠檬酸、抗坏血酸、磷酸等金属离子螯合剂，使过量的金属离子失活，保证配方的稳定性。

（3）**功效性原料** 功效性原料主要指具有某一种或几种特殊功效的化妆品原料添加量较少，但一般对于皮肤等使用部位并具有特定的护理作用。近年来，化妆品功效性原料作为最受瞩目的一大类特殊活性原料，已经成为化妆品成品概念宣称的卖点和功效宣称的支撑。目前应用较多的功效性原料主要集中在植物提取物、发酵产物以及利用生物技术和生物合成等方法研发的活性原料。

化妆品标签
管理办法

这类成分也多被作为产品功效宣称的"亮点"原料和市场宣传的卖点，直接体现在产品名称、标签和推广宣传素材中。但需要注意的是，我国《化妆品标签管理办法》规定：化妆品标签禁止通过宣称所用原料的功能暗示产品实际不具有或者不允许宣称的功效而进行标注或宣称。《化妆品监督管理条例》规定，化妆品的功效宣称应当有充分的科学依据。化妆品注册人、备案人应当在国务院药品监督管理部门规定的专门网站公布功效宣称所依据的文献资料、研究数据或者产品功效评价资料的摘要，接受社会监督。因此，此类原料的功效验证数据是体现产品实际功效的重要参考依据。

① 生物技术原料

a. 透明质酸：透明质酸（hyaluronic acid），又称玻尿酸，分子式是（$C_{14}H_{21}NO_{11}$）$_n$，是 D-葡萄糖醛酸与 N-乙酰葡糖胺组成的双糖单位糖胺聚糖，即一种酸性黏多糖，最初从牛眼玻璃体中分离出。曾广泛应用于各类眼科手术，临床治疗关节炎和加速伤口愈合。人体皮肤内原本就有透明质酸的存在，能够帮助皮肤从体内及皮肤表层吸收水分，同时增加皮肤的保水能力，增强皮肤弹性，还具有润滑关节，调节血管壁的通透性等作用。近年来，美容皮肤科将透明质酸应用于注射和填充以改善皱纹和面部轮廓。现已成为化妆品中广泛使用的保湿、抗衰老等功效原料之一。

b. 肽类原料：肽类（peptide）是由具有一定序列的氨基酸通过酰胺键连接起来的短链两性化合物，结构介于氨基酸和蛋白质之间，较蛋白质而言，其结构更简单，相对分子质量更低。肽类广泛存在于动植物体内，具有极强的活性和多样性，涉及机体所有的代谢合成，包括激素、神经、细胞生长和分化各个领域，可影响细胞通信过程，如蛋白质调节、细胞增殖、细胞迁移、氨基化、血管生成和黑色素生成等。

化妆品所用的肽类原料通常是指二肽~十肽的小分子肽，具有特定的氨基酸序列和相对分子质量，成分较为单一，不能为混合多肽，如信号肽、转运肽、神经递质抑制肽和酶抑制肽等几类。目前作用机制和体内受体明确，一般添加量为 mg/kg 级即可表现出明显功效。来源简单，目前以化学合成为主。短的、稳定的合成肽，可在细胞外基质合成、色素沉着、先天免疫和氨基转移中发挥作用。此类原料应用于皮肤，可以起到刺激胶原蛋白、伤口愈合、达到"肉毒杆菌样"的皱纹舒展，以及抗氧化、抗菌和美白等功效。

目前常用于化妆品中的肽类包括：L-肌肽（L-carnosine）、谷胱甘肽（glutathione）、铜肽（copper peptide）、棕榈酰三肽-5（palmitoyl tripeptide-5）、五胜肽-3（pentapeptide-3）、大豆多肽、酵母菌多肽等。

    c. 生物技术原料：生物技术原料多指通过基因工程、细胞工程、发酵工程、酶工程和蛋白质工程技术合成的应用于化妆品中的原料，在法规中与化学原料、植物原料、矿物原料等并列。

以目前研究和应用较多的发酵原料为例。

发酵原料是借助微生物或特定菌种在有氧或无氧条件下的生命活动来制备微生物菌体本身、直接代谢产物或次级代谢产物，从而得到某些特定的活性成分。

化妆品用发酵原料多利用药用植物或食用植物原料，在中药炮制学中发酵法的基础上，采用特定工程菌株在一定培养条件下通过培养、提取、分离、纯化等工艺过程所得到的发酵滤液（或上清）而制成，其中含有来源于植物的功效成分，可用于后期提取或纯化，复合成分类似于植物提取物。根据发酵形式可分为液体发酵、固体发酵和药用真菌双向性固体发酵技术，其中化妆品中应用较多的是液体发酵液。目前，市面上常见的酵母菌/大米发酵产物滤液、积雪草发酵产物等均为发酵类功效原料。

    d. 纳米原料：纳米原料是指在纳米尺寸范围内，通过直接操纵和安排原子、分子，使其重新排列组合，形成新的具有纳米尺度的物质或者结构，并具有一定的特性和功能的原料。《欧盟化妆品法规》明确了化妆品中纳米材料的定义，即不能溶解或生物降解并由人为目的加工而成的外尺寸或内部结构在1~100nm的原材料。该定义虽然未对纳米材料颗粒大小的分布作出明确说明，但欧盟委员会建议将含有50%以上1~100nm粒径的原材料定义为纳米材料。国家药品监督管理局《化妆品新原料注册和备案资料规范》将纳米原料定义为在三维空间结构中至少有一维处于1~100nm尺寸，或由它们作为基本单元构成的不溶和生物不可降解的人工原料。而采用纳米级原料或应用纳米技术生产的化妆品被称为纳米化妆品。

纳米原料较其前体具备更强的活跃特性和功效表现，如已被广泛应用于防晒化妆品中的纳米氧化锌，前体为白色油脂状，分解制成纳米微粒时，会转变成透明且更易被皮肤吸收的状态，大大提升产品的肤感和观感。纳米材料具有强渗透力，有穿透皮肤进入血液循环系统，并被传送到大脑、肺部等器官中，过量的纳米微粒也可能在细胞和组织中造成积累，给人体健康造成安全隐患。《化妆品新原料注册和备案资料规范》规定了对拟用于皮肤部位的纳米新原料，应当提供皮肤吸收/透皮吸收试验资料；对于有可能吸入暴露的纳米新原料，应当同时提供吸入毒性试验资料。因此，纳米原料的使用需要在严格监管下科学的进行，且要随时监测不良反应及安全风险。

② 植物提取物：作为世界上植物资源最丰富的地区之一，我国拥有大量可药用或食用的植物资源，其中很大一部分植物资源属于我国特色种。中国已知的高等植物物种约为36512种，其中有记载的药用植物有11118种，占到了全球药用植物的40%，而目前已经应用的化妆品原料涉及的植物物种数量也已达3115种。

现行的《国际化妆品原料标准中文名称目录》（2010年版）共收录15649种原料，其中4559种为植物原料，其中被子植物占4273种，另外类型植物占286种，包括裸子植物、藻类、蕨类、苔藓、地衣等。此外，涉及植物物种数2149种，包括1968种被子植物和181种其他物种。我国《已使用化妆品原料目录》（2021版）共收录8965种原料，其中约三分之一为植物原料，其中大麻提取物因其安全风险被列为禁用成分。

化妆品中的植物原料通常是指用于化妆品生产过程中的原植物（组织）或植物提取物，包含藻类。此类提取物中含有多种活性物质，如植物色素、植物有机酸、植物皂苷、植物黄酮、植物甾醇、植物多酚、植物精油、植物油脂、植物蛋白、植物多糖等。

植物组织或器官在化妆品中直接应用多见于清洁产品和磨砂产品，或以植物组织磨成粉或将植物的花、叶等器官或组织直接添加入不同剂型的化妆品中，以起到美化、装饰的作用。

植物提取物是利用植物整株或部分特定植物组织经过水提、醇提等方式，经过加热或超声等方法，将组织中特定的一类或几类有效成分进行提取浓缩，作为功效原料添加入化妆品配方中以起到相应功效的物质，如保湿、舒缓、美白、延缓皮肤衰老、防脱发、抑菌、光老化修复等作用。但将植物提取物进一步分离纯化，得到单一化合物或结构（类型）明确的混合物后，该混合物就不再被视为植物提取物了，如人参皂苷、甘草酸、姜黄素等。

3. 化妆品及原料的发展趋势

化妆品原料是化妆品的基石，作为化妆品整个生命周期的源头，不仅承载着化妆品的主体，也是以活性原料为代表的功效添加成分，更赋予了化妆品多样的功效和卖点。化妆品原料的安全性和功效性更直接影响着化妆品成品的安全性与有效性。随着化妆品行业的快速发展，化妆品行业的产品有从概念性向功效性的转变，无论是应用方向还是作用机制的研究，都越来越细致和深入。目前，主要活性原料的功效及其与配方契合度，也已经成为各个品牌进行市场宣称的主要内容。

化妆品及原料处于化妆品行业链条中的中上游，企业类型和规模差异非常大。部分大企业技术研发实力强劲、生产能力强、市场化程度高、具有极强的品牌号召力，还有一些工艺简单、技术含量低等中小企业，在新法规和行业快速发展的背景下，这些企业同时面临极大的机遇和挑战。无论是化妆品原料的研发方、生产方还是应用方，都不能将功效和宣称仅停留在概念和广告、外包装用语上，更要在法规的指导下，科学、合规地进行研发和推广，使化妆品真正成为富有科技含量和多重内涵的精细产品。

中国作为世界第二大化妆品市场，相关企业众多，但品牌和创新都一直是业界关注的重点和痛点。新《化妆品监督管理条例》（以下简称《条例》）鼓励化妆品行业创新，尤其是化妆品原料的创新，同时非常注重对原料及产品的功效性要求。《条例》的实施将大大激励国内化妆品相关企业的发展同时也激励企业运用现代科学技术，积极寻找跨学科的融合创新，结合我国特色植物资源和研发基础，研究并发展出具有科技含量和市场"闪光点"的明星产品，为我国化妆品行业的民族化、国际化奠定坚实的基础。但面对机遇的同时，化妆品行业依旧面临巨大的挑战。传统原料行业必须打破重"概念"而轻"功效"的现状，通过针对各种新型化妆品活性原料的自身特性，建立相应的安全与功效评价标准体系，使新技术和新原料的研发应用，在严格的、科学的监管下进行，从而促进我国化妆品行业健康、可持续发展。

二、化妆品及原料监管政策及法规

1. 中国化妆品及原料监管的政策及法规

在我国，国务院药品监督管理部门负责全国化妆品监督管理工作。国务院有关部门在各自的职责范围内负责与化妆品有关的监督管理工作。县级以上地方人民政府负责药品监督管理的部门负责本行政区域的化妆品监督管理工作。县级以上地方人民政府有关部门在各自职责范围内负责与化妆品有关的监督管理工作。

现行化妆品监管相关法规包括2021年起实施的《化妆品监督管理条例》《化妆品安全评估技术导则》《化妆品注册备案管理办法》《化妆品生产经营监督管理办法》《儿童化妆品监督管理规定》《化妆品新原料注册备案资料管理规定》《化妆品注册备案资料管理规定》《化妆品功效宣称评价规范》《化妆品标签管理办法》《化妆品分类规则和分类目录》《化妆品生产质量管理规范》《化妆品不良反应监测管理办法》《化妆品生产质量管理规范检查要点及判定原则》《企业落实化妆品质量安全主体责任监督管理规定》《化妆品抽样检验管理办法》《化妆品网络经营监督管理办法》《已使用化妆品原料目录》（2021年版）《化妆品禁用原料目录》和《化妆品禁用植（动）物原料目录》等。

我国化妆品相关法律法规

（1）**《化妆品监督管理条例》对原料的监管规定** 2020年6月29日，国务院公布的《化妆品监督管理条例》（以下简称《条例》）自2021年1月1日起实施，《条例》对原料的监管措施改革体现在分类管理和监测期、目录管理、上市前安全评估和上市后再评估、质量管控等方面。

① 分类管理：《条例》第十一条规定，在我国境内首次使用于化妆品的天然或者人工原料为化妆品新原料，具有防腐、防晒、着色、染发、祛斑美白功能的化妆品新原料，在国务院药品监督管理部门注册后方可使用；其他化妆品新原料应当在使用前向国务院药品监督管理部门备案。为进一步强化对新原料的管理，《条例》规定了两个重要事项：注册管理的新原料范围的调整和新原料使用和安全情况年度报告制度。关于注册管理的新原料范围的调整，《条例》第十一条规定，国务院药品监督管理部门可以根据科学研究的发展，调整实行注册的化妆品新原料的范围，经国务院批准后实施。关于新原料使用和安全情况年度报告制度，《条例》第十四条规定，经注册、备案的化妆品新原料投入使用后3年内，新原料注册人、备案人应当每年向国务院药品监督管理部门报告新原料的使用情况和安全情况。对存在安全问题的化妆品新原料，由国务院药品监督管理部门撤销注册或者取消备案。3年期满未发生安全问题的化妆品新原料，纳入国务院药品监督管理部门制定的《已使用化妆品原料名称目录》。经注册、备案的化妆品新原料被纳入《已使用化妆品原料名称目录》前，仍然按照化妆品新原料进行管理。按《化妆品卫生监督条例》的要求，我国对化妆品新原料整体实行注册管理，审评耗时较长且过程繁琐，企业积极性不高。根据风险程度的不同，对化妆品新原料采用分类管理的方式，从很大程度上促进了对新原料的研究与创新。而设置新原料监测期的举措是在实施化妆品新

原料分类管理、简化普通新原料使用程序的同时，使注册人与备案人在新原料上市后密切关注其使用的安全情况，落实相关企业的主体责任，切实保证新原料的使用安全。

② 目录管理：除已使用的化妆品原料目录外还包括禁用目录。《条例》第十五条规定，禁止用于化妆品生产的原料目录由国务院药品监督管理部门制定、公布。《条例》第五十五条规定，根据科学研究的发展，对化妆品、化妆品原料的安全性有认识上的改变的，或者有证据表明化妆品、化妆品原料可能存在缺陷的，省级以上人民政府药品监督管理部门可以责令化妆品、化妆品新原料的注册人、备案人开展安全再评估或者直接组织开展安全再评估。再评估结果表明化妆品、化妆品原料不能保证安全的，由原注册部门撤销注册、备案部门取消备案，由国务院药品监督管理部门将该化妆品原料纳入禁止用于化妆品生产的原料目录，并向社会公布。

③ 上市前安全评估和上市后再评估。

a. 上市前的安全评估。《条例》第二十一条规定，化妆品新原料和化妆品注册、备案前，注册申请人、备案人应当自行或者委托专业机构开展安全评估。

b. 上市后的再评估。根据《条例》第五十五条规定，根据科学研究的发展，对化妆品原料的安全性有认识上的改变的，或者有证据表明化妆品原料可能存在缺陷的，省级以上人民政府药品监督管理部门可以责令化妆品新原料的注册人、备案人开展安全再评估或者直接组织开展安全再评估。

④ 质量管控：《条例》强调在化妆品生产环节中使用的原料应当符合强制性的国家标准、技术规范，不得使用过期、废弃、回收的化妆品原料。《条例》第五章法律责任的内容中对使用禁用原料、未注册或备案的新原料、不符合国家强制性标准、技术规范的原料以及过期原料等违法情形明确了相应的处罚规定。

（2）《化妆品安全技术规范》（2015 版）对原料的技术规定 《化妆品安全技术规范》（2015）版对化妆品使用原料的要求更加具体。

① 化妆品原料应经安全性风险评估，以确保在正常、合理及可预见的使用条件下，不得对人体健康产生危害。

② 化妆品原料质量安全要求应符合国家相应规定，并与生产工艺和检测技术所达到的水平相适应。

③ 原料技术要求内容包括化妆品原料名称、登记号（CAS 号和/或 EINECS 号、INCI 名称、拉丁学名等）、使用目的、适用范围、规格、检测方法、可能存在

的安全性风险物质及其控制措施等内容。

④ 化妆品原料的包装、储运、使用等过程，均不得对化妆品原料造成污染。直接接触化妆品原料的包装材料应当安全，不得与原料发生化学反应，不得迁移或释放对人体产生危害的有毒有害物质。对有温度、相对湿度或其他特殊要求的化妆品原料应按规定条件储存。

⑤ 化妆品原料应能通过标签追溯到原料的基本信息（包括但不限于原料标准中文名称、INCI 名称、CAS 号和/或 EINECS 号）、生产商名称、纯度或含量、生产批号或生产日期、保质期等中文标识。属于危险化学品的化妆品原料，其标识应符合国家有关部门的规定。

⑥ 动植物来源的化妆品原料应明确其来源、使用部位等信息。动物脏器组织及血液制品或提取物的化妆品原料，应明确其来源、质量规格，不得使用未在原产国获准使用的此类原料。

⑦ 使用化妆品新原料应符合国家有关规定。

此外，《化妆品安全技术规范》（2015版）包含相关技术支持文件，如化妆品禁限用物质要求和检验及评价方法（包括毒理学试验方法、理化检验方法、微生物学检验方法等），作为监管的依据。

2022年，国家依据《条例》及其配套法规文件，对《化妆品安全技术规范（2022版）》进行意见征集，包括修订和完善禁用原料、防晒剂、染发剂、淋洗类化妆品、眼部化妆品和安全性风险物质等术语和释义。增加化妆品使用时的pH通用要求，解决标准不适用问题。结合原料管理调整，对总则中对应部分进行修改，如汞的限值。对部分术语进行规范完善，如"组 分"规范为"原料"等。调整《化妆品禁用原料目录》和《化妆品准用原料目录》，修订部分理化检验方法、微生物检测方法、毒理学实验方法、人体安全性检验方法即功效评价检验方法。

2. 欧洲、美国、日本、韩国等国家和地区的化妆品及原料监管政策及法规

（1）欧盟对化妆品及原料的监管政策及法规 2013年7月全面实施的《欧盟化妆品法规》（EC1223/2009）是管理欧盟化妆品成品的基本法在27个欧盟成员国通用。该法规规定，欧盟政府部门主要对化妆品原料进行管理，对产品实施以企业自律为主的管理模式，企业是化妆品质量安全的第一责任人，化妆品产品

须完成化妆品安全报告（Cosmetic Product Safety Report，CPSR）后方可上市。化妆品在投放进欧盟市场前，负责人还需要向"欧盟化妆品通报门户网站"，即European Cosmetic Products Notification Portal（CPNP）以线上方式公示化妆品类别及名称、欲投放的国家，以及产品中存在的纳米材料形式的物质、框架配方等。法规附件中还对化妆品安全报告的模板分A和B两部分进行了相应的规定。A部分包括化妆品安全信息部分：化妆品成分的定量和定性、化妆品的物理化学特性和稳定性、微生物质量、杂质，痕量物质和包装材质信息、经常和合理可预见的使用、化妆品的暴露、物质的暴露、物质的毒理信息、不良反应和严重不良反应及化妆品上标注的信息。B部分包括：评估结论、标签上的警告及使用说明、论证、评估人员的资质和对B部分的核准。为方便生产企业实施产品的安全性评估，欧盟消费者安全科学委员会（Scientific Committee on Consumer Safety，SCCS）在2013年11月25日发布了《化妆品安全报告CPSR编写指南》，进一步细化了报告编写的具体要求。

SCCS是《欧盟化妆品法规》（以下简称《法规》）修订的主要技术支撑机构，独立于政府机构，由欧盟委员会健康与消费者保护总司任命来自成员国的安全评价机构和大学的科学家担任委员，一般任期3年，连任不超过两届。SCCS的主要工作内容包括：① 欧盟要基于《法规》中的禁用物质、限用物质、着色剂、防腐剂和防晒剂清单对化妆品原料进行管理。SCCS负责对《法规》附件中的原料进行风险评估，为其制修订提供技术支持；② 制定《化妆品原料安全性评价测试指南》文件，并进行定期更新（目前最新版是2018年10月25日发布的10版）；③ 对其他化妆品有关问题发布指导意见，如发布对化妆品人体试验指南、化妆品成分有关的疯牛病和化妆品香料过敏等问题的指导意见。自2013年3月11日起，欧盟全面禁止在动物身上进行化妆品和原料的安全性测试，经过动物测试的化妆品被禁止销售。动物试验禁令适用于产品的最终配方和基础成分，可通过以上条例第十八条所述方法来进行替代验证。现主要以动物替代试验和风险评估方法进行化妆品的安全性评价工作。

欧盟委员会将根据SCCS的评估意见做出相应的决定。一方面，确定是否禁止某一物质作为化妆品原料，被禁用的物质将被列入《法规》附录Ⅱ。另一方面，对于安全风险较低的物质，虽然可将其作为化妆品原料，但必须明确特定的限制和使用条件。针对此类限用物质，《法规》附录Ⅲ规定了限用产品类别、最大使用限量，同时要求在化妆品标签上标示出使用条件和注意事项。对于允许使用的着色剂、防腐剂和紫外吸收剂这些特殊物质，将分别列入《法规》附录

Ⅳ、Ⅴ、Ⅵ，并明确使用条件、最大允许浓度等限制性要求。对于致癌、致突变或生殖毒性物质（CMR），原则上均不得作为化妆品原料，除非满足特定的条件要求。根据安全风险的不同，《化学物质和混合物分类、标签与包装法规》（EC1272/2008）将CMR物质分为三类，即1A类（基于大量人体证据，已知对人类有 CMR 危害的物质），1B类（基于大量动物实验证据，应当被认为对人类有 CMR 危害的物质）和2类（怀疑对人类有 CMR 危害的物质）。对于1A类和1B类CMR物质，只有相关条件才可用于化妆品。对于2类CMR物质，如果消费者安全科学委员会评估后，认为其用于化妆品是安全的，则可将2类 CMR 物质用作化妆品原料。对于纳米材料的安全风险评估，2019 年11月4日，SCCS 发布了新版《化妆品纳米材料安全评估指南》（SCCS/1611/19）。截至2020年，欧盟委员会共授权了4种纳米材料在化妆品中使用，即二氧化钛、氧化锌、三联苯基三嗪和炭黑（纳米级）。

根据法律，欧盟对化妆品原料的安全管理主要体现在两个层面。其一，在化妆品产业层面，由化妆品生产者负责评估其生产的化妆品及所用原料的安全风险，形成前述化妆品安全报告；其二，在欧盟委员会层面，由消费者安全科学委员会负责评估《欧盟化妆品法规》（1223/2009）附录中禁用、限用和准用物质的安全风险，作为修订附录的基础。

（2）美国对化妆品及原料的监管政策及法规 美国境内的化妆品行业由美国食品和药物管理局（FDA）监管，形成了以《联邦食品药品化妆品法》为基本法，包括《公平包装与标识法》、美国《联邦法典》及美国制定的一系列指导文件在内的一系列法律监管体系。

美国食品安全与应用营养学中心（The Center for Food Safety and Applied Nutrition，CFSAN）是食品和药品管理局下设的化妆品技术法规制修订的技术支撑机构。CFSAN组织架构包括秘书处及专家支撑系统，专家主要是化学、微生物学、毒理学、食品技术、病理学、分子生物学、药学、营养学、流行病学、数学、卫生学、物理和兽医等方面的科学家。美国对着色剂的管理实行审批制度，CFSAN专门对着色剂进行安全性评估，为《联邦法典》第21篇（21CFR）中的着色剂清单的制修订提供技术支撑。

化妆品原料评价委员会（Cosmetic Ingredient Review，CIR）是美国进行化妆品原料风险评估的社会组织机构，其评估报告不直接作为美国政府的立法依据，但对于化妆品公司及行业的原料选择具有重要参考意义。CIR 设有专家评审组，负责审核需要评价的化妆品原料名单，并进行评价。CIR对原料的安全性评价是在完全开放的形式下进行。工作程序如下：① 评审组依据物质的接触程度和潜在的生物学特性决定需优先评价的原料；② 评审组汇总科学文献和资料，发表综述，并公开征求意见；③ 评审组基于综述及征集的意见，起草评价报告，必要时评审组将要求生产企业和其他相关机构提供未公开发表的资料或正在进行试验的资料；④ 做暂时性结论报告，但公众可补充资料；⑤ 经过多次公开听证和公开讨论，形成最终安全评价报告在 CIR 网站公开发布，并以单行本发表于《国际毒理学杂志》；⑥ 如果有新的资料提交，评审组会视其对现有最终评价报告影响的大小，决定是否需要对现有版本进行修订；⑦ 已超过15年或有新的资料可以利用的评价报告，将重新审查。

根据法律，美国化妆品原料不要求售前审批，法律只限制着色剂或少数原料，没有强制性法规控制原料化学和结构认证、最终产品的生产条件、售前是否进行安全性试验。但FDA要求生产企业对自产原料的安全性负责。一般说来，生产厂在使用新原料以前需进行一系列毒理学检测，或从原料供应商获得所提供原料的毒理学资料。此外，功效性原料如按照OTC非处方药品进行管理，需要获得FDA的审批。

（3）日本对化妆品及原料的监管政策及法规　日本厚生劳动省部门颁布的关于《化妆品成分》《化妆品标准》《医药部外品成分标准2006》《防止对产品和服务做出不合理奖赏和虚假陈述的法令以及药品、医药部外品、化妆品及医疗器械的公平广告操作标准》《厚生劳动省指定必须标注的医药部外品和化妆品成分名称》以及《染发剂（染发药）、脱色剂（去色剂）及脱染剂相关规定》等一系列相关法规形成了对化妆品及原料的监管体系。《日本化妆品工业联合会技术资料》No.124"化妆品原料规格作成指导"也是日本众多化妆品公司选择和使用原料的重要参考依据。

在相关产品和原料的管理中，医药部外品中的功效成分和添加物由监管机构负责质量和安全性审查，化妆品中的添加物由企业负责承担质量和安全性责任。申请用于医药部外品中的功效成分和添加物，如与现有产品的使用状况在安全性和功效性上相同，即使为新功效、新剂型、新含量、新组合、新用法，也可视为已使用原料管理。医药部外品原料企业申报原料和制剂时，需向审查部门提供以下资料：① 起源或研发背景及在日本国外的使用情况等相关资料；② 物理化学性质以及质量规格、实验方法等的相关资料；③ 稳定性相关资料；④ 安全性相关资料；⑤ 功效相关资料。

新原料批准后，仍需对原料的生产和使用进行市场监察及申请资料公开，如含有新功效成分的医药部外品上市后，还必须实施两年的市场安全性调查。对于审查资料中，损害企业的权利和利益的内容可以不公开，如原料的规格和实验方法、制造方法、各成分含量、由企业研发的安全性试验和功效性试验的具体方法等。

（4）韩国对化妆品及原料的监管政策及法规　韩国《化妆品法》是化妆品业界最高级别法规，也是最基本的国家法律之一。《化妆品施行令》属于大总统令，而《化妆品施行规则》属于总理令，是根据《化妆品法施行令》指定的更加详细的具体施行规则。韩国《化妆品法》对化妆品的制造、进口以及销售等相关事项进行规定，以提高国民保健、发展化妆品产业为目的，内容包括化妆品相关定义、制造者/制造销售者登记、机能性化妆品审查、制造销售者的义务、化妆品安全标准、安全容器包装、标识广告及制造进口销售等监督管理、罚则等。

《化妆品施行规则》规定了《化妆品法》以及同法施行令中委任的事项以及有关其施行事项，包括机能性化妆品的范围、制造者和制造销售者的登记要求、机能性化妆品审核资料要求、化妆品原料等的安全性评价规定、安全容器标准、标识广告规定等内容。重要的食品医药品安全部部长告示包括《化妆品安全标准等相关规定》《化妆品色素种类、标准和试验方法》和《机能性化妆品审查相关规定》等。《化妆品安全标准等相关规定》规定了化妆品禁限用物质的使用标准和流通化妆品安全管理标准，《化妆品色素种类、标准和试验方法》规定了化妆品中可使用着色剂的种类、标准和试验方法，《机能性化妆品审查相关规定》规定了机能性化妆品的功效实验方法及功效原料清单。

韩国对于化妆品原料的管理采用否定清单制度，食品医药品安全部制定了《化妆品安全标准等相关规定》和《化妆品色素种类、标准和试验方法》，其中规定了禁用原料和限用原料清单，包括禁用原料1033种，限用防腐剂59种，限用防晒剂30种，限用着色剂101种，其他限用原料69种。清单以外的其他原料都可以自由使用。染发产品在韩国属于医药外品，在食品医药品安全部制定的《医药外品标准制造基准》中规定了限用的51种染发剂。

用于机能性化妆品功效原料按照《机能性化妆品审查相关规定》进行管理，包括9种美白功效原料和4种抗皱功效原料清单，防晒剂清单和《化妆品安全基准相关规定》中一致，使用清单以外的功效原料时需在申报机能性化妆品时提交相应资料。除了按照禁限用物质清单和功效原料清单管理外，《化妆品法》第8条中还要求对国内外报道的含有危害物质并对国民健康有危害的化妆品原料、食品医药品安全部应迅速开展危害评价，判定是否具有危害性。完成危害评价后，由食品医药品安全部部长将相关化妆品原料列为禁用物质或限用物质。

（5）**东盟国家对化妆品及原料的监管政策及法规**　所有东盟国家都遵循由第1223/2009/EC号法规为基础的东盟化妆品指令ASEAN Cosmetic Directive（ACD）。

以马来西亚为例，药品服务署（the Director of Pharmaceutical Services，DPS）负责管控投放在市场中的化妆品。化妆品公司在马来西亚生产、进口、拥有或营销其产品之前，化妆品持有人、公司、或负责人必须通过马来西亚国家药品监督管理局（NPCB）通知DPS，此过程为强制性。

菲律宾的食品药品监督管理局是化妆品的主要监管机构，在产品上市之前，公司必须在贸易和工业部（DTI）和证券交易委员会（SEC）注册，被授权生产化妆品的负责人必须在菲律宾专业监管委员会（PRC）进行注册。

印度尼西亚化妆品企业要想取得化妆品生产资格，需要拥有印度尼西亚NADFC颁发的化妆品GMP证书，从而证明其设施和系统符合化妆品GMP标准，并且完成NADFC的检查和证书更新程序；非东盟制造商还需要提交政府或公认机构的GMP证书。2016年，印度尼西亚卫生部发布了一项法规，要求使用替代检测方法，并减少化妆品的动物检测。

约旦食品药监局（JFDA）负责化妆品立法，其中包括美容产品和药用化妆品。化妆品制造商必须遵循由JFDA发布的相关规定，包括《化妆品原材料生产和流通规范基本要求》和《2016年化妆品和药用化妆品流通基本法规》等。

（6）**非洲及南美洲部分国家对化妆品及原料的监管政策及法规**　巴西境内所有生产或进口化妆品的公司必须获得ANVISA授权和作业许可证（AFE）。防晒霜等产品还需要注册批准。埃及药品管理局（EDA）的化妆品注册部门是负责在埃及注册化妆品的主要监管机构，所有化妆品必须在销售之前在该部门进行注册。埃及卫生和人口部、EDA、药品控制研究国家机构、出口和进口控制总机构（用于进口产品）、检验总管理局、化妆品注册部以及药品行政监督管理局（PACA）负责监管境内的化妆品生产及销售。部分非洲国家，如尼日利亚，并未设详细的禁用成分清单，但存在安全风险的化妆品也会被禁止生产和进口。

3. 不同国家地区对化妆品及原料监管政策比较分析

世界各国对化妆品及原料的监管政策存在显著差异，这种现象不仅是由不同国家的国情和市场文化特性所决定，也与各国的贸易政策相关。不同国家和地区对化妆品分类的标准和定义也不同。例如，欧盟将所有化妆品都归为一类，并根据具体情况划分边缘产品；而有些地区将化妆品分为两类，分别依据具有不同的监管程序。对于原料而言，各国对成分的监管力度和限制不同，如欧盟国家建立了正面和负面的化妆品成分清单，中国的禁限用成分和已使用原料清单，韩国的美白原料清单，尼日利亚的禁用美白原料清单。对于原料的监管差异，也会在很大程度上影响到各国之间的化妆品贸易流通。

但通过对国内外化妆品监管现状对比分析（表1-11），不难看出，随着全球贸易一体化的进程，不同国家和地区对化妆品及原料的监管政策也在相互影响，并根据行业发展及时进行完善和修订，以适应高速发展的化妆品行业。美国食品和药物管理局（FDA）监管化妆品后，颁布了《2022年化妆品法规现代化法案》（*Modernization of Cosmetics Regulation Act of 2022*，MoCRA），对化妆品的范围、设施、责任人、不良反应事件、安全证明、强制召回、标签机检测方法和报告都进行了修订。

随着《化妆品监督管理条例》的全面实施，我国的法律法规体系也在进一步完善、监管力度持续加大。

表 1-11　世界主要化妆品市场原料监管方面的比较

	美国	欧盟	中国
主要监管机构	FDA	OECD	NMPA
主要法规	《食品药品化妆品法案》	《欧盟化妆品法规EC1223/2009》	《化妆品监督管理条例》
产品的原料要求	FDA颁布了少量的禁限用物质，有详细的准色素清单	化妆品的原料需要符合《欧盟化妆品法规1223/2009》中相关要求	化妆品的原料需要符合《化妆品安全技术规范》中相关要求
独立的原料安全评审机构	CIR，CFSAN（着色剂）	SCCS	—
原料的安全性评价文件	CIR速查表（QRT-22017revised072018）和《国际毒理学杂志》	《SCCS化妆品原料安全性评价测试指南》（第10版）SCCS网站上的评价意见	《化妆品安全评估技术导则》

续表

	美国	欧盟	中国
原料的上市前审批	除着色剂外，新原料不需要上市前审批	除着色剂、防晒活性成分和防腐剂外，新原料不需要上市前的批准	除防腐、防晒、着色、染发、祛斑美白功能的化妆品新原料外，新原料不需要上市前的批准
监管机构可获得的安全技术信息	根据 FDA 的自愿化妆品报告计划（VCRP），鼓励制造商登记他们的生产地点，产品和成分；并报告任何与健康有关的消费者意见（例如过敏反应） 行业自愿遵守这些要求，作为其行业协会（个人护理产品委员会）消费者承诺准则的一部分 公司应保存一份安全技术文件，其中包括成分和产品安全信息，以及有关配方成分、制造工艺和与健康有关的消费者意见等的其他技术信息。安全技术文件在存在与产品或产品成分相关的安全问题时可提供给 FDA 进行检查	化妆品的完整技术档案必须随时可供当地政府检查。技术文件通过化妆品通知门户网站（CPNP）提交，包括有关配方、制造、安全评估、标签的详细信息 法规（EU）第 655/2013 号列出了功效的通用标准，产品信息文件必须证明化妆品产品的功效 不良反应必须保存，以供主管当局检查。毒物控制中心保持关于医疗急救方案的信息 一些欧盟当局接受使用框架配方来简化检查	化妆品的管理系统包括化妆品生产许可信息管理系统服务平台、国产非特殊用途化妆品备案信息服务平台、化妆品注册和备案检验信息管理系统等 化妆品的功效宣称应当有充分的科学依据。化妆品注册人、备案人应当在国务院药品监督管理部门规定的专门网站公布功效宣称所依据的文献资料、研究数据或者产品功效评价资料的摘要，接受社会监督

续表

	美国	欧盟	中国
执法方式	FDA 可以在没有通知的情况下随时检查化妆品制造厂或办公室。检查是例行的,必要时在安全受到质疑的情况下进行检查。FDA 还可以出于安全原因禁止或限制化妆品成分;强制要求化妆品警告标签;检查化妆品制造设施;发布警告信;扣押非法产品;禁止和停止非法活动;起诉违规者;以及与公司合作实施产品召回	每个成员国指定一个主管当局在本国执行立法,并与彼此和欧盟委员会合作。欧盟委员会负责推动欧盟立法执行方式的一致性	药品监督管理部门对化妆品生产经营进行监督检查;国家建立化妆品不良反应监测制度;国家建立化妆品安全风险监测和评价制度;国务院药品监督管理部门建立化妆品质量安全风险信息交流机制。化妆品生产经营过程中存在安全隐患,未及时采取措施消除的,负责药品监督管理的部门可以对化妆品生产经营者的法定代表人或者主要负责人进行责任约谈。对造成人体伤害或者有证据证明可能危害人体健康的化妆品,负责药品监督管理的部门可以采取责令暂停生产、经营的紧急控制措施,并发布安全警示信息;属于进口化妆品的,国家出入境检验检疫部门可以暂停进口

近几十年,我国对于化妆品新原料的申报和监管较为严格,不仅审批数量较少,行业内对于新原料研发和申报的积极性并不高,导致我国化妆品原料研发相对滞后,原料同质化严重、创新性差。

国家药品监督管理局(NMPA)发布的《化妆品监督管理条例》和《化妆品新原料注册和备案资料管理规定》(以下简称《规定》),在我国化妆品行业监管历史上突破性地提出了化妆品新原料注册和备案的资料规范要求,及化妆品新原料申报注册备案制。此规定不仅能规范和指导化妆品新原料注册/备案工作,对我国化妆品新原料放开了大门,更进一步扩大了化妆品创新研发的空间,对化妆品及原料行业具有极其深远的指导意义，是我国化妆品发展史上具有里程碑意义的大事件。

《化妆品监督管理条例》对化妆品原料管理进行专章设计，调整为基于风险分类的管理模式，其中第四条规定，化妆品原料分为新原料和已使用的原料。这种基于风险管理思路的分类管理成为化妆品原料企业和生产企业关注的焦点。国家对风险程度较高的化妆品新原料（防腐剂、防晒剂、着色剂、染发剂、祛斑美白剂）实行注册管理，对其他化妆品新原料实行备案管理，只是行政审批过程不同，但在安全性方面一视同仁。因此，《化妆品新原料注册和备案资料管理规定》中对新原料申请注册与办理备案时提交的资料要求是一致的，资料要求根据新原料功效、使用历史等的不同，新规范暂时划分为A、B、C、D、E、F六大类。

A类：国内外首次使用的新原料，以及具有防腐、防晒、着色、染发、祛斑美白、防脱发、祛痘、抗皱（物理性抗皱除外）、去屑、止汗功能的新原料。

B类：具有防腐、防晒、着色、染发、祛斑美白、防脱发、祛痘、抗皱（物理性抗皱除外）、去屑、止汗功能之外的新原料以及从安全角度考虑不需要列入《化妆品安全技术规范》限用物质表中的化妆品新原料。

C类：具有防腐、防晒、着色、染发、祛斑美白、防脱发、祛痘、抗皱（物理性抗皱除外）、去屑、止汗功能之外的新原料以及从安全角度考虑不需要列入《化妆品安全技术规范》限用物质表中的化妆品新原料，且能够提供充分的证据材料证明该原料在境外上市化妆品中已有三年以上安全使用历史的原料。

D类：具有祛斑美白、抗皱（物理性抗皱除外）、去屑、止汗功能，可提供充分的证据材料证明该原料在境外上市化妆品中已有五年以上安全使用历史的新原料。

E类：能够提供充分证据材料证明具有安全食用历史的化妆品新原料（原料所使用的部位应与食用部位一致）。

F类：化学合成的由一种或一种以上结构单元，通过共价键连接，平均分子质量大于1000u，且小于1000u的低聚体含量少于10%，结构和性质稳定的聚合物（具有较高生物活性的原料除外）。

随着现代生命科技的发展和多学科融合，生物技术（包括基因工程、细胞工程、发酵工程、酶工程和蛋白质工程等）来源的原料越来越多地进入化妆品及原料行业。我国《化妆品新原料申报与审评指南》未对该类原料的资料要求及审评原则进行详细的规定，且国外也无相关安全评价标准。某些肽类成分等可能具有临床治疗用药品（如生长因子）类似的生物活性，风险高于普通的化妆品原料。同样，在欧洲和美国已经应用和严格管控的纳米原料（纳米无机防晒剂、富勒烯等）

也首次被列入《规范》内。纳米原料粒径较小，具有很强的渗透性，能够穿过生物膜屏障，微量可进入血液、肺部等器官，给人体健康带来隐患，并可能在一些组织中发生累积。美国、欧洲等发达国家和地区对纳米原料的安全性非常重视，发布了相关法规或指导文件对纳米原料进行严格监管。欧洲消费者安全科学委员会（Scientific Committee on Consumer Safety，SCCS）于2012年发布的化妆品中纳米材料的评估指南认为，纳米材料的安全评估与传统的成分安全评估并没有明显区别。同时，SCCS对化妆品中常用纳米材料如二氧化钛、氧化锌和炭黑（CI77266）做出了相应安全性评价，并认为他们在特定的材料规格及限定的浓度内在非吸入产品中是安全的。SCCS对不能含有纳米材料的喷雾性产品也进行了进一步解释说明。新规发布之前我国既未对纳米原料进行定义，也未制订相关管理法规，处于监管盲区。我国在新近发布的《化妆品新原料注册和备案资料规定》中，对纳米原料的制备工艺、质量控制标准、安全评价资料等也提出了具体资料要求。

自新法规实施以来，国内外化妆品相关企业对于新原料研发和申报的热情高涨。根据国家药品监督管理局的数据，2021年有6个化妆品新原料取得备案号（含4个国产原料）；2022年42个化妆品新原料取得备案号（含25个国产原料）；截至2023年7月，已有26个化妆品新原料取得备案号（含19个国产原料），新原料备案数量呈增长趋势，国产原料尤为明显。

在已备案成功的新原料中，包含了化学原料、生物技术原料、植物原料、动物原料和水解原料等不同种类，使用目的包括皮肤保护剂、保湿剂、抗氧化剂、成膜剂、发用调理剂、肤感调节剂、增稠剂、抗皱剂等。在三年检测期内，生产和应用企业仍需重点关注原料的安全风险。

参考文献

［1］中华人民共和国国务院，《化妆品监督管理条例》，2021.

［2］国家食品药品监督管理总局，化妆品安全技术规范（2015版），2015.

［3］中华人民共和国卫生部，《化妆品卫生监督条例》，1990.

［4］Regulation（EC）No 1223/2009 of The European Parliament and of The Council of 30 November 2009 on cosmetic products，2009.

［5］Mildau G，Huber B．The new EC Cosmetics Regulation 1223/2009 – contents and first explanations. 2010.

［6］Walter P . Concern over cosmetics regulation raised in US.（Safety standards）（Brief article）［J］. Chemistry & Industry，2007（20）：10.

［7］Garcia A . Cosmetics and FDA regulation. 2013.

［8］Corby-Edwards A K . FDA regulation of cosmetics and personal care products. 2013.

［9］刘文君.美国FDA有关化妆品标签的管理规定［J］.中国包装，2007，27（005）：94-95.

［10］Maibach H I. Handbook of Cosmetic Science and Technology［J］. Archives of Dermatology，2002，138（9）：1262-1263.

［11］王建新.天然活性化妆品［M］.北京：1997.

［12］宋国艾，杨根源，张宝旭.化妆品原料技术规格［M］.北京：中国轻工业出版社，2000.

［13］宋国艾.化妆品原料技术标准［M］.北京：中国轻工业出版社，1994.

［14］上海市日化原料供销公司.化妆品原料手册［M］.上海：上海科学技术出版社，1992.

［15］李东光.化妆品原料手册［M］.北京：化学工业出版社，2006.

［16］李明阳，李发胜，李健，等.化妆品化学［M］.北京：科学出版社，2002.

［17］裘炳毅.化妆品化学与工艺技术大全（上下）［M］.北京：中国轻工业出版社，2006.

［18］秦钰慧.化妆品安全性及管理法规［M］.北京：化学工业出版社，2013.

［19］刘云.日用化学品原材料技术手册［M］.北京：化学工业出版社，2003.

［20］佚名.化妆品：原料类型·配方组成·制备工艺［M］.北京：化学工业出版社，2010.

［21］王建新.化妆品植物原料手册［M］.北京：化学工业出版社，2009.

［22］中华人民共和国国家标准，化妆品分类，GB/T 18670—2002. 中华人民共和国国家质量监督检验检疫总局，2002-09-01

［23］FDA，FDA's Cosmetics Handbook，Washington DC，US Department of Health and Human Services，Public Health Service. Food and Drug Administration，1992，2，21-23.

［24］Guttman C . FDA Watching Anti-aging Cosmetic Market［J］. Dermatology Times，1999.

［25］Mcewen G N，Murphy E G . Cosmetic Claim Substantiation in the United States：Legal Considerations［M］. 1999.

［26］S Onel. Cosmetics，Food and Drug Law and Regulation. 2008.

［27］西岛. The current of the international cosmetic regulation and the cosmetics industry in Japan［J］. Fragrance Journal，2008，36.

［28］Yu H K，Tung Y K，Kochhar J S，et al. Regulation of cosmetics［J］. Handbook of Cosmeceutical Excipients and their Safeties，2014：7-22.

［29］Kim Y C，Hwang S W，Kim D J . Cosmetic Regulation in Main Countries and Its Development Strategy in Korea. 2005.

［30］魏少敏.中国化妆品法规的现状与动态［J］.日用化学品科学，2009，32（009）：39-41.

［31］张晋京.我国的化妆品法规、监管及挑战［J］.日用化学品科学，2010，33（008）：32-35.

［32］沈耐涛，袁欢，林庆斌，等．全球主要生产国家和地区化妆品法规中植物类原料的相关规定［J］．中国中药杂志，2019（24）．

［33］焦健，张孟．欧洲化妆品盥洗用品及香水协会（COLIPA）对《欧盟化妆品法规1223/2009》中"纳米材料"定义的阐述［J］．香料香精化妆品，2011，000（005）：55-58．

［34］国家质检总局进出口食品安全局．韩国化妆品法规［M］．北京：中国质检出版社，2013．

［35］邢书霞，苏哲，左甜甜，等．欧盟化妆品法规最新修订内容及其启示［J］．中国卫生检验杂志，2015，025（018）：3214-3216．

第二章 皮肤生理基础及评价指标

一、皮肤的组织与构成

作为人体表面的第一道防线和人体最大的器官，皮肤具有非常重要的生理功能。成年人的皮肤面积大约为1.5~2.0m²，其总质量约占到体重的16%，不仅可以保护机体免受外界不良影响的伤害，也可直观反映机体的健康状态。

（一）表皮、真皮及皮下组织

1. 表皮

表皮是皮肤的最外层组织，它覆盖全身并具有重要的保护作用。表皮没有血管，但存在着许多微小的神经末梢。按细胞形态表皮可分为5层，由外至内依次为：角质层、透明层、颗粒层、棘细胞层、基底层，如图2-1所示。

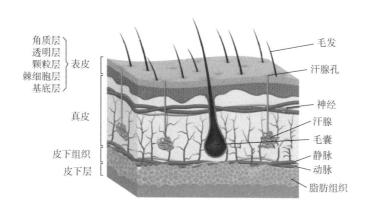

图2-1　皮肤及其附属器结构

（1）**角质层**　角质层的存在就像皮肤接触外界环境的第一道"铠甲"，由

5~15层角质细胞和脂质组成，不仅可以帮助机体保持生存和生理活动所必需的水分，还可以一定的机械强度保护皮下组织和器官，抵御外界感染，选择性的运输特定物质，同时还是构成皮肤屏障的主要角色之一。

通常所说的"砖墙结构"是对皮肤天然屏障的生动形容。"砖墙结构"中的"砖"是指表皮中的角质细胞，而负责黏合"砖墙"结构的"泥浆"则是存在于角质细胞间隙中的各种脂质和大分子，如神经酰胺、脂肪酸、胆固醇等成分。这种稳固的砖墙结构，可以保持皮肤组织内的水分含量，甚至维持皮肤和机体的健康稳态。

角质层中的"主角"——角质细胞，是构成皮肤屏障中著名的"砖墙结构"的"砖"。角质细胞以其特殊的结构和形态作为机体和皮肤的第一道物理屏障，抵御了病毒、细菌等病原体、有害化学品和污染物向机体内的入侵，也防止了体内水分的过度散失。角质细胞在角化过程中，原先的细胞膜上的蛋白成分被兜甲蛋白、外皮蛋白等可与神经酰胺形成共价连接的蛋白质所替代，使其具有更高强度的抗性和不溶性。角质桥粒（corneodesmosome，CD）作为连接相邻角质细胞的蛋白结构，进一步强化了"砖墙结构"的功能。

"砖墙结构"中的角质细胞之间，由脂肪酸、神经酰胺和胆固醇构成的脂质填充层，也参与了角质层的保湿功能，使屏障结构更加稳固和强大。但在一定条件下，特定分子大小的化学成分，如一些水剂或脂溶性形态的皮肤科外用药物和化妆品成分也可以通过角质细胞间的脂质层渗透入至皮下组织，这也是皮肤吸收外界物质的主要途径。"砖墙结构"中所含有的亚油酸、亚麻酸等脂质成分对于外界不良因素刺激造成的皮肤组织炎症反应也具有一定的调节作用。角质层还可以吸收一定剂量的紫外线，主要是中波紫外线UVB，以减缓皮肤受到的日光损伤。

健康状态下的皮肤角质层中所含的各种脂质、天然保湿因子（natural moisturizing factor，NMF）等成分可以使屏障结构保持一定的含水量，角质层和皮肤组织维持稳定的水合状态也是维持角质层正常生理功能的必需条件之一。虽然角质层作为"铠甲"般坚韧的存在，但在不同厚度与健康状态的皮肤组织中，角质层的厚薄与水分含量也会直观地反映皮肤是否出现干燥、暗沉或光泽有弹性。健康的皮肤组织中衰老的角质细胞会周期性的有序代谢脱落，使下方的新生细胞逐渐向外层移动。但如果皮肤中水分过低，或外部环境过于干燥，则会使老化的角质细胞堆积在表面，加重皮肤干燥状态。

（2）**透明层、颗粒层、棘层**　在表皮的中间层，透明层和颗粒层中的酸性磷酸酶、疏水性磷脂和溶酶体等共同构成了一道防水性屏障，阻止了水分的双向渗透和散失。棘细胞层可分裂出新的细胞，参与皮肤组织尤其是表皮层的损伤修复，也可以吸收一定量的紫外线（UV）辐照。

（3）**基底层** 位于表皮的最底层，为一层柱状或立方体状的基底细胞构成，与基底膜带垂直排列成栅栏状，是表皮细胞的"发源地"，也是皮肤自我修复和瘢痕形成的场所。基底细胞层还存在大量的黑色素细胞，也是黑色素的重要"加工厂"，如图2-2所示。

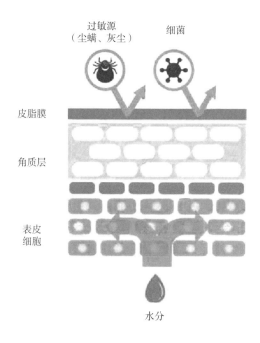

图 2-2 皮肤"砖墙结构"示意图

作为机体和皮肤接触外界环境的第一道屏障，表皮层这面"铠甲"也首先受到外界各种不良环境因素的侵害，如温度、湿度、病毒、细菌、污染物和过度的日晒辐照等。如前所述，表皮中的角质层、棘细胞层可以吸收一定量的紫外线，减缓皮肤受到的光老化损伤，但长期或过量的紫外线辐照，依旧会通过影响表皮层厚度，使得经皮失水情况增加，从而降低表皮的水分含量，改变角质细胞的功能和形态的完整性。日常生活中过度清洁或过量使用强效清洁剂清洗皮肤，也会使表皮失去大量的水分和正常分泌的脂质成分，削弱角质层的屏障结构，引起皮肤紧绷、干燥。在皮肤干燥的状态下，可以通过护肤品甚至一些皮肤科外用制剂，增加天然保湿因子和神经酰胺等成分的含量，补充和改善表皮脂质层的组成，有效修复皮肤屏障及其保护功能。

2. 真皮

皮肤中的真皮层（dermis）位于表皮下方，通过基底膜带与表皮的基底层细胞嵌合在一起，对表皮起到结构支撑的作用。真皮层主要由结缔组织构成，包含胶原纤维、弹力纤维、基质、细胞成分、皮肤附属器以及血管和神经等。

真皮层主要分为浅层的乳头层和深层的网状层两层，虽然两层之间没有明确的界限，但相互存在一定的联系，也各自含有独特的结构。乳头层结构较薄，除含有丰富的毛细血管和淋巴管外，还有一些游离神经末梢和触觉小体。在皮肤衰老后，乳头层逐渐发生萎缩。相较于乳头层而言，网状层较厚，其中有许多粗大的胶原纤维束和弹性纤维相互交织成网状结构，与皮肤表面平行，参与并影响皮肤纹理的形成，其中还复合有较大的血管、淋巴管和神经共同构成了完整的网状层结构。

真皮层属于不规则致密结缔组织，除上述结构外，还包含大量的各种具有重要功能的细胞，如微血管内皮细胞、肥大细胞，以及真皮层中最重要也最具代表性的成纤维细胞等。

（1）**胶原纤维**（**collagen fibers**） 真皮层中的胶原纤维是指由胶原蛋白（collagen）构成的原纤维进一步形成的粗细不等的胶原纤维束。真皮浅层的乳头层、附属器和血管周围的胶原纤维较为纤细且无固定方向。而在较深的网状层中，胶原纤维则聚集成与皮肤表面相平行的粗大的纤维束，并相互交织成网状结构，在同一个水平面上向四周延伸，对皮肤及其附属结构起到维持张力和支撑的作用。

构成胶原纤维的主要成分——胶原蛋白，可占到皮肤真皮层的约70%，它是维持皮肤正常结构和功能的重要组分。健康的成年人真皮层内含有多种胶原，如 I 型胶原、Ⅲ 型胶原和 V 型胶原，其中大部分为 I 型胶原和 Ⅲ 型胶原。人体随着年龄增加，皮肤尤其是真皮层中成纤维细胞逐渐老化、减少，胶原含量也逐年递减，同时伴有胶原纤维加粗，交联异常。其他类型的胶原如 Ⅳ 型胶原主要存在于基底膜带致密板处，Ⅵ 型胶原主要存在于真皮层的血管和神经周围，而 Ⅶ 型胶原是构成锚丝纤维的主要成分。作为细胞外基质（ECM）的一种结构蛋白，胶原蛋白由三条多肽链构成三股螺旋结构，即3条多肽链的每条都左旋形成左手螺旋结构，再以氢键相互咬合形成牢固的右手超螺旋结构。胶原特有的左旋 α 链互相缠绕构成胶原的右手复合螺旋结构，这一区段称为螺旋区段。螺旋区段最大的特征是氨基酸呈现 $(Gly-X-Y)_n$ 周期性排列，其中 X、Y 位置为脯氨酸（Pro）和羟脯氨酸（Hyp），也是胶原蛋白的特有氨基酸，约占25%，是各种蛋白质中含量最高的；胶原蛋白中存在的羟基赖氨酸（Hyl）在其他蛋白质中不存在，它不是以现成的形式参与胶原生物合成的，而是从已经合成的胶原的肽链中的脯氨酸（Pro）经羟化酶作用转化来的。因此，目前鉴定和检测化妆品中的胶原蛋白含量也多以羟脯氨酸的含量乘以相应系数进行换算。

（2）**网状纤维**（reticular fibers）　网状纤维在皮肤组织中并不是独立存在的纤维成分，而是一种未成熟的纤细的胶原纤维，可以通过银染法使其呈黑色，所以又称为嗜银纤维。网状纤维主要分布在真皮乳头层、皮肤附属器、皮肤内的血管和神经周围。

（3）**弹力纤维**（fibroelastics）　弹力纤维是一种主要存在于致密结缔组织中的细胞外间质成分，主要由成纤维细胞和平滑肌细胞构成，具有良好的弹性。弹力纤维的结构简单，在显微镜下可见为分支成网的细丝状，由弹力蛋白（elasticin）和原纤维蛋白微原纤维（microfibril）两部分组成。弹力蛋白的独有氨基酸为锁链氨基酸类，通过形成共价交联以维持弹力纤维的完整结构。弹力纤维可以增加皮肤的弹性，减少外界机械冲击对皮肤的损伤。随着皮肤的衰老，弹性纤维会发生降解、片段化、减少甚至消失。过度的紫外线照射或长时间的光老化也会导致皮肤组织中的弹性纤维变性结团，使得皮肤松弛，出现皱纹。

（4）**基质**　皮肤组织中的基质多为填充于各种纤维束和细胞间隙的无定形物质，由各种结构性糖蛋白、蛋白多糖和糖胺聚糖等构成，质量可占到皮肤干重的0.1%~0.3%。基质成分不仅对细胞起到支持和细胞间连接的作用，还可影响皮肤细胞的增殖、分化、形态发生、迁移等重要生物学过程。基质中的糖胺聚糖，如透明质酸（hyaluronan）、硫酸软骨素（chondroitin sulfate）、硫酸皮肤素（dermatan sulfate）、硫酸角质素（keratan sulfate）、肝素（heparin）等，均是被人们所熟知的保湿成分，对皮肤组织维持一定的水分具有重要作用。皮肤屏障功能受损、湿疹、异位性皮炎以及部分皮肤肿瘤的组织中，透明质酸等成分的含量较健康皮肤中的降低，因此，化妆品或临床常用皮肤科外用制剂中，也常添加以上几种成分作为帮助表皮形成水化膜、保持皮肤水分、增强皮肤屏障功能的功效添加物。

3. 皮下组织

皮下组织又称皮下脂肪层或脂膜，主要有疏松结缔组织及脂肪小叶组成。皮下脂肪层具有类似于海绵垫的缓冲作用，适量厚度的皮下脂肪层可以使皮肤充盈、饱满、紧致，使组织和机体局部呈现健康的美态。反之，如皮下脂肪层厚度过薄则会使皮肤易出现皱纹等老态。皮下脂肪层的厚度差异与人种、遗传、生活习惯、性别、存在部位不同等相关，也会随着年龄、内分泌、健康状态的变化而发生改变。

（二）皮肤附属器

皮肤附属器是胚胎发生中由表皮衍生而来，包括毛、皮脂腺、汗腺、指（趾）甲等组织结构。皮肤附属器的存在不仅对维持正常的皮肤功能具有重要作用，还会不同程度影响个体的美观。

1. 毛发与毛囊

毛发是覆于皮肤表面的最醒目的皮肤附属器，也是哺乳动物最重要的特征之一。正常皮肤除了唇红、掌跖、指（趾）末节伸侧、乳头、龟头、包皮内板、阴蒂及阴唇内侧部分无毛发覆盖，其余皮肤处均有不同程度的有毛发生长。毛发具有多种生理功能，包括保护皮肤、缓冲外力、阻隔外界刺激或病原微生物、调节体温、感知或伪装以适应生存环境等。个体的不同部位和不同发育时期生长的毛发形态和功能都有所不同。根据生长时期和状态不同，毛发可分为毳毛、毫毛和终毛（长毛和短毛）。体表较明显的头发、胡须、阴毛和腋毛属于长毛，而分布面积小而细弱的生长在眉眼、鼻腔内以及外耳道内的毛为短毛。面部其他部位、四肢级躯干的皮肤表面生长的汗毛或体毛被称为毫毛，毳毛则特指胎儿期体表的纤细柔软且呈浅色的毛发。

从解剖结构来说，毛发也可分为两个组成部分：突出于皮肤表面的肉眼可见且可触摸到的部分为毛干（hair shaft），隐藏于表皮以下，皮肤内部的为毛囊（hair follicles），毛囊包括毛根（hair root）和毛根末端呈明显膨大形态的毛球（hair bulb），如图 2-3 所示。

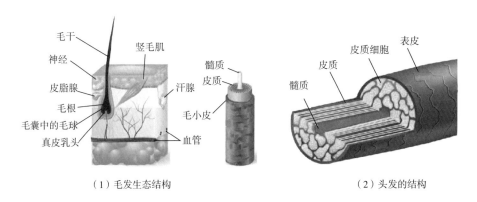

（1）毛发生态结构　　　　　　　　　（2）头发的结构

图 2-3　毛发结构图

（1）**毛干**　毛干由内向外由三层部分组成，分别是最内层的髓质（medulla）、中间部分的皮质（cortex）层和最外层的毛小皮（cuticle）即鳞片层。

① 鳞片层的毛小皮由5~10层平均厚度为0.5μm的鳞片状角质细胞朝向毛囊相反的方向依次层叠排列而构成，这种鳞片层状结构有助于保持毛发的顺滑和清洁。同时，毛小皮也可被视为毛发的"铠甲"，像屏障一样保护毛干内部的结构和功能，也能防止毛发纤维受到机械和外部环境的损害。有研究人员认为，不同血统人群的鳞片层细胞层数有相似之处，但这些层的紧密程度不同。另一些研究人员则发现，鳞片层厚度的差异可能与人种血统相对应。日常对头发不当梳理也可能会造成鳞片层断裂和损伤，甚至改变毛小皮的鳞片层数。

② 皮质层处于毛小皮的包裹内，占毛干所有成分的80%，包含12种角质蛋白和100余种角质化蛋白相关蛋白，是构成毛发纤维的主要组成部分，也是人类毛发的主体构成。皮质由皮质细胞紧密排列构成，皮质细胞内除角质化纤维以外，还有一些基质、参与的细胞核及黑色素颗粒影响毛发的颜色。而毛发的卷曲度主要由皮质细胞的类型决定。

③ 髓质处于毛干的最内层，由海绵状的角蛋白和一些无定形物质构成，其间存在一些大小不等的空隙。

人类头发中，髓质的外观、大小、在人群内部和人群之间都存在着一些不同的变化。髓质是髓质细胞与皮质细胞以及一些黑色素混合构成。髓质的存在，影响头发的拉伸力学特性，也会影响头发的断裂强度。

头发的颜色多种多样，主要是由黑色素小体的数量和分布决定的，不同黑色素颗粒的密度、分布和相对数量会随着头发的长度和个人的头发而变化，这取决于头发在生长周期中的阶段和个人的年龄。

（2）**毛囊**　毛囊是人体已知的最小的器官，从皮肤表层可一直贯穿深入至皮下脂肪层中，如图2-4所示。作为哺乳动物的重要结构特征之一，毛囊的总量在个体出生时已经决定，随着个体生长和发育过程中，体表面积的逐渐增大，大部分体表的皮肤中毛囊密度逐渐下降，使得成年人的体表毛发不如婴儿的毛发显得细密。但头皮部位的毛囊不同于体表其他部位，正常情况下，从婴儿期到成年期头皮局部都具有大量可持续生长出头发的毛囊结构，而且头发生长的活跃度远高于其他毛发生长部位。相较于其他部位，头皮部位的毛囊还拥有非常丰富且分泌活跃的皮脂腺。

毛囊具有非常复杂的结构，由约20多种细胞高度有序地组合在一起，参与毛囊的组成并行使其生理功能。毛囊的上皮部分可分为毛干、毛根鞘、玻璃膜和外根

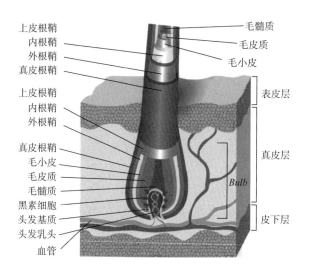

上皮根鞘
内根鞘
外根鞘
真皮根鞘

毛髓质
毛皮质
毛小皮

上皮根鞘
内根鞘
外根鞘

表皮层

真皮根鞘
毛小皮
毛皮质
毛髓质
黑素细胞
头发基质
头发乳头
血管

真皮层

Bulb

皮下层

图 2-4　毛囊的结构

鞘。毛干的结构如前所述。内根鞘（inner hair root sheath，IRS）由鞘小皮（或称内根鞘表层）、Huxley 鞘和 Henle 鞘三层圆柱状的细胞层构成，决定着毛发生长时的截面形状是圆形、椭圆形或三角形。外根鞘（outer hair root sheath，ORS）由表皮细胞延续而来，其在生长期毛囊毛发的生长和延长过程中可能起到重要的作用。外根鞘的立毛肌附着处的膨大结构是毛囊干细胞（hair follicle stem cell，HFSC）的存在部位，在一定条件下可定向分化为毛囊或皮脂腺和表皮细胞，对于毛囊的再生具有重要意义。毛囊的真皮部分包括真皮鞘和毛乳头两部分。真皮鞘环绕在毛囊四周，由结缔组织构成。毛乳头（dermal papilla，DP）由大量梭状的毛乳头细胞构成，其大小与毛囊的大小呈正相关。毛乳头通过与毛囊周围环绕的真皮鞘在皮肤组织基底层相连，在顶部和侧面经基质相连。毛乳头被认为是连接真皮和表皮成分，并维持毛囊正常生理结构和功能的必要组分，在特定情况下释放信号分子，启动毛囊发育周期。

毛囊具有特殊的生长发育和代谢周期，它的自我更新也呈现出周期性的变化。毛囊的更新周期通常按照毛发生长的周期分为 3 个阶段。

① 毛囊生长期：是毛囊内头发的活跃生长阶段，这时期内毛母质细胞快速增殖、分化，成熟的毛囊以每天 0.35mm 的速度持续产生成熟的毛发纤维，将上一个周期退缩的杵状毛排出毛囊外，形成毛囊内根鞘和毛干。这个时期的毛发具有一个较为细长的根，毛发生长而出时也通常与部分毛囊组织相连，有时也会在根部密集沉积色素。

② 毛囊退行期：毛球通过程序性细胞凋亡并发生退行性改变，属于一种过渡阶段。在退行期末，毛囊和角质化细胞凋亡且头发停止生长。毛囊内的黑色素细胞在退行期停止产生黑色素并且凋亡；接着毛囊开始从真皮退化，根部从牢固地附着在内根鞘（IRS）中的细长形状转变为与内根鞘减少连接的球形状。真皮层毛乳头缩小并向上移动，停滞在毛囊上皮，当毛乳头到达隆突区下方时，毛发进入到下一阶段休止期；

③ 毛囊休止期：毛囊继续萎缩形成毛芽结构，至休止期末期膨出区的干细胞由静止转变为激活状态，从内根鞘分离且准备脱落的阶段，由此毛囊进入到下一个生长周期。休止期的毛发的根端呈球形（即所谓的杵状毛），通常没有附着毛囊组织，上端缺乏色素，可以被视为做好了自然脱落的准备。

头发从毛囊中活跃生长而出时（生长期），一些毛囊组织（外根鞘）可能会附着在发干的根部（而脱落），但毛囊依旧保留在头皮内并为下一个生长周期做准备。当生长期–退行期–休止期的新形态发生这一循环开始时，真皮乳突与干细胞重新接壤生长出新生毛发。

毛囊的周期性发育可以被看作是毛囊和毛发生长的生命周期，通过不同的信号通路对毛囊发育的促进因子和抑制因子达成一种动态平衡，最终实现对毛囊发育、毛囊周期的启动和休止以及对毛囊各种细胞分裂速率精密调控的信号分子进行调控过程（图2-5）。

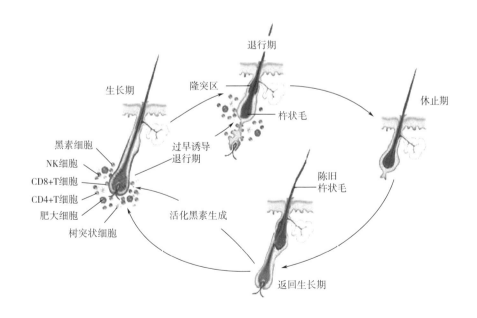

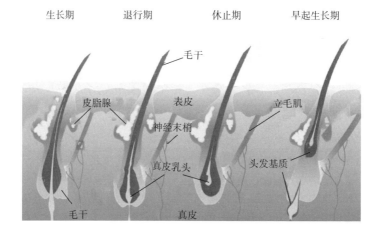

生长期　　　退行期　　　休止期　　　早起生长期

毛干

皮脂腺　　　表皮　　　立毛肌

神经末梢

真皮乳头　　　头发基质

毛干　　　真皮

图 2-5　毛发生长周期

毛发的生长状态也是区别个体性别和不同年龄的外在特征之一。健康的和符合大众审美的毛发应当具备一定的发量，或者说适度的数量。毛发应当粗细和软硬适中，表面呈现自然光泽，且富有一定的弹性。毛发还应整洁，不应有过度的头屑、头垢及其他可能引起观感不佳的现象。头发因遗传或病理性因素出现稀疏甚至脱发时，不仅影响了个体的外在美感，还会在一定程度上对个体的心理产生负面影响。

2. 汗腺

人体表面的汗腺分为小汗腺和大汗腺。除口唇、龟头、包皮内层、阴蒂外，小汗腺几乎遍布全身，尤其在掌趾部较多，其分泌量受到乙酰胆碱的影响，以调节体温。大汗腺大多分布在人体的腋窝、脐周、乳晕、外生殖器等处，主要受肾上腺皮质激素水平的影响。大汗腺在青春期开始发育，大量运动后排出的汗液经皮肤表面的微生物，如葡萄球菌、革兰阴性菌等的生物分解作用，产生不饱和脂肪酸从而显现出明显的酸臭味。汗腺分泌的汗液通过蒸发，可降低体表温度，从而起到调节体温的作用。汗液及其混合物还可以软化角质，以水相成分参与皮脂膜的形成，酸化后还可以调节皮肤表面的酸碱度。

3. 皮脂腺

皮脂腺（sebaceous glands）主要分布于人体的头面部和躯干中部、外阴部等皮脂溢出区，通过分泌皮脂，对皮肤起到"润滑"的作用。皮脂腺的分泌受到激素、年龄、性别、饮食习惯及外界环境的温湿度等多种因素的影响。皮脂腺分泌的皮脂还能够对皮肤表面的真菌和细菌的生长起到一定的抑制作用。皮脂腺吸收一定的外部脂溶性物质后，对皮肤表面的pH的形成也有一定的影响作用。皮脂腺如果分泌过多皮脂，反而容易使皮肤出现各种脂溢性疾病，如痤疮、脂溢性皮炎、脂溢性脱发等。反之，皮脂腺分泌皮脂的量过少，则容易导致皮肤干燥、出现细纹和衰老。

4. 甲

甲（nail）主要为指或趾末端伸展面的角化坚硬物质，由甲板及其周围组织构成，如图2-6所示。甲的外露部分为甲板（nail plate）。伸入近端皮肤中的部分称为甲根（nail root）。覆盖甲板周围的皮肤组织为甲襞（nail fold）。甲板下的皮肤组织为甲床（nail bed）。甲根以下的上皮细胞部分是甲的主要生长区，称为甲母质（nail matrix）。甲的近端还常见一片新月形的浅色区域，被称为甲弧影（nail lunula），俗称为甲半月。不同个体上的甲的生长状态和速率都有不同，在特殊情况下也会被视为某些疾病的反映。

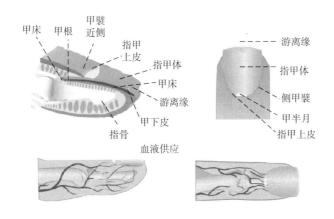

图 2-6 甲的结构

5. 血管

血管是生物体运输血液的一系列管道，依据运输方向不同可分为动脉（artery）、静脉（vein）和毛细血管（capillary）几种类型。除角膜、毛发、指（趾）甲、牙质及上表皮等区域外，血管遍布人体全身。人体的皮肤组织中存在的大小粗细不等的血管，共同构成了皮肤及其相邻器官和组织间微循环网络的重要动力系统和承载体系。皮肤组织中的血管网络不仅执行正常的血液循环，还对皮肤颜色的变化、皮肤温度的调节、皮肤代谢和透皮吸收及转运起到重要的作用。如一定时间内，机体运动量增加或氧浓度增高，血管内血红蛋白运输量增多，皮肤即出现红润的光泽感。反之，如皮肤血管系统发生代谢障碍，微循环减弱，皮肤的正常老化进程就会加速。因此，皮肤血管系统和微循环体系的正常运作，也是皮肤延缓衰老的一个重要方面。

（三）皮肤及附属器的生理功能

皮肤作为人体的最外层组织和面积最大的器官，具有屏障防护、吸收、分泌、排泄、代谢、免疫及感知等多种重要的生理功能。

1. 屏障功能

广义的皮肤屏障功能不仅包括物理性屏障作用，还包括皮肤组织所含色素屏障、神经屏障、免疫屏障以及与其他皮肤功能相关的多种方面。通常所说的皮肤屏障是属于狭义的屏障功能，一方面，皮肤的柔韧性和一定厚度可对外界机械性损伤起到缓冲和保护作用，皮肤的生物屏障结构可以对物理性、化学性和各种生物性损害起到不同程度的防护，皮肤对外界光线的吸收和散射、反射等，也可以对光损伤起到一定的防护作用。另一方面，皮肤作为机体内部器官和组织的保护罩，可以防止体内营养物质和水分的过度散失，维持皮肤的含水量以及正常的皮脂代谢。皮肤屏障功能的损伤或缺失，轻者会使皮肤出现泛红、瘙痒、干燥、脱屑等症状，影响皮肤外观美感，重者可引起皮肤重度敏感和炎症反应，甚至有特应性皮炎等皮肤科疾病的发生。

皮肤这种独特的屏障功能不仅依赖于表皮角质层的"砖墙结构"，更依赖于表皮组织的全层结构和表皮中所含有的各种蛋白质、水分、无机盐及其他代谢产物的共同作用。例如，角蛋白和角蛋白中间丝相关蛋白都参与了屏障功能的构建和维持。

角蛋白（keratin）是纤维结构蛋白家族成员之一，也是构成人体皮肤外层、头发、甲等结构的主要蛋白，具有较高的机械强度，可以保护上皮组织细胞免受外力损伤。角蛋白的正确表达与其细胞骨架的完整构建也是皮肤屏障结构的物质构成基础。部分人群角蛋白的基因突变或其他先天性缺陷，都会直接影响个体皮肤组织和表皮结构的完整性，导致出现一系列与皮肤屏障受损为主的皮肤疾病和亚健康状态。

中间丝相关蛋白（keratin intermediate filaments-associated protein，KIFAP）在表皮细胞终末分化的过程中也作为重要的角色存在，如丝聚合蛋白（filaggrin）、兜甲蛋白（loricrin）、内皮蛋白（involucrin）、角质形成细胞转谷酰胺酶（transglutaminase of keratinocyte，TGK）和小分子富含羟脯氨酸蛋白（small proline rich proteins，SPRPs）等。位于表皮颗粒层和透明层的丝聚合蛋白与角蛋白中间丝共同作用，可形成致密的角蛋白纤维束，从而进一步形成角质细胞扁平坚韧的特征支架结构。TGK可以催化角质包膜蛋白，通过形成（ε-谷酰胺，γ-谷酰胺）赖氨酸交叉连接键，增强角质层的不溶性，这样不仅可以抵抗各种蛋白酶的消化，更可以在短时间内保护皮肤抵抗酸碱刺激损伤和外界病原微生物的侵害。中间丝相关蛋白是构成皮肤屏障结构的重要物质基础，如Filaggrin基因突变，为特应性皮炎（AD）的强易感因素之一；TGK基因突变则会导致层板状鱼鳞病等。

皮肤屏障结构中的脂质成分尤其是角质层细胞间脂质，作为"砖墙结构"中的黏合剂，与皮肤屏障功能的维持和保水能力密切相关，还参与皮肤组织中的各种新陈代谢反应。此外，还存在一些皮脂腺分泌的游离性脂类，主要是指皮肤表面水脂膜（hydro-lipid film）中的脂质。皮肤表面不同脂质成分的含量和比例变化，会直接影响皮肤屏障功能，导致过量的水分散失甚至出现病理性表现。

除物理性屏障功能外，皮肤还可以通过基底层的黑色素细胞制造一定含量的黑色素。一方面这些黑色素可以吸收紫外线，防止紫外线的过度辐照对皮肤造成光老化损伤；另一方面在皮肤屏障受损的情况下，黑色素细胞过量产生黑色素，会造成皮肤光老化和黄褐斑等色素性疾病的发生。健康状态下皮肤的酸碱为pH 5.5~7.0，因此，维持正常的酸性环境，可以加速受损皮肤屏障功能的修复，如使用pH 3.5~4.5的温泉水可对特应性皮炎患者的皮肤屏障起到缓解和修复作用。健康皮肤上分布的微生物菌群及其代谢物，也能起到一定的防御功能。皮肤角质形成细胞中的Toll样受体（Toll-like receptors，TLRs）是参与非特异性免疫的一类重要的单次跨膜蛋白，可以识别来源于微生物的保守结构分子，并特异性结合外界环境中的病原体，通过激活相应信号转导通路上抗菌肽（cathelicidin）、防御素（β-defensin）等产物的生成，从而激活机体的免疫应答反应，以抵抗多种真菌、病毒的侵袭。

皮肤的屏障功能除与皮肤所处解剖学部位、年龄、性别、人种及季节等相关，也与个体皮肤的角质层含水量、皮脂含量、皮肤表面pH、经皮水分散失（TEWL）、角质层和表皮厚度均存在一定的联系。

2. 感知功能

正常皮肤中分布着大量的感觉神经和运动神经，它们通过神经末梢和一些特殊的感受器，包括游离神经末梢、毛囊周围末梢神经网和特殊形状的囊状感受器等三类。机体通过这些神经末梢和感受器感知外界及体内的各种刺激，并产生相应的神经反射和所谓的"感觉"，如"触觉""压觉""痛觉""痒觉""温觉""冷觉"等，包括由神经末梢或特殊的囊状感受器接受体内外单一性刺激而产生的单一感觉，以及同时由几种不同的感受器或神经末梢共同感知的复合感觉，如"湿润""干燥""顺滑""柔软"等。此外，皮肤还具有形体觉、两点辨别觉和定位觉等，这些感觉神经细胞接受外界刺激后，传递至大脑皮质后，由大脑进行分析判断，做出进一步的反应动作以保护机体免受伤害。

（1）**触觉和压觉**　皮肤受到外界微弱的机械物理刺激后会引发皮肤浅层的触觉感受器兴奋，从而引发触觉反应，如皮肤平滑处的Meissner小体、表皮基底层的梅克尔细胞和毛发生长处的Pinkus小体。如梳理头发和涂抹护肤品的过程中刺激毛发引发的触觉，即是源于外界机械力对毛囊周围末梢神经网的压力及毛发根部四周皮肤受到的牵引拉扯。不同个体和同个体的不同部位的皮肤厚薄均有差异，感受触觉的位点也有不同，如婴幼儿的皮肤较老年人敏感，指端和头部触点较多，对触觉更易敏感。

皮肤表面甚至深层组织受到较强的外界机械物理刺激后会出现凹陷甚至变形，从而引起的感觉即为压觉。压觉主要由分布在皮肤平滑处的Pacini小体传导，此类感受器常与其他感受器或游离神经末梢等复合感知。

皮肤的触觉和压觉的引发机制在性质上相似，区别只在于受到的外界机械强度大小的不同。因此，在有些情况下被通称为"触-压觉"或"压-触觉"。

（2）**痛觉**　机体尤其是皮肤受到可引起伤害的刺激且达到一定的阈值时，即会产生痛觉。作为一种复杂的感觉，痛觉常伴随着不愉快的情绪和无意识防卫活动以保护自身。皮肤过度干燥、皮肤屏障功能受损、敏感甚至一些皮肤病也会引起不同程度的痛觉。

一般认为痛觉的感受器是游离神经末梢，任何形式的刺激达到一定强度后，均有可能引起组织内某些致痛物质的释放，如组胺、缓激肽、前列腺素等作用于游离神经末梢引起痛觉。对于皮肤而言，受到伤害性刺激后，会先发生尖锐而定位清晰的刺痛感，即为快痛，此种痛感如撤除刺激后可立即消失。刺激发生约1s后会发生定位不明的灼烧痛感，撤除刺激源头后还可持续一段时间，并伴有明显的情绪反应和心率、呼吸加快。

（3）**痒觉**　皮肤的痒觉主要表现为"瘙痒（pruritus）"，是一种可引起搔抓欲望的不愉悦的主观感觉，属于皮肤黏膜的一种特有感觉。一些较严重的皮肤瘙痒也是皮炎、湿疹、接触性皮炎、皮肤干燥症、糖尿病、肿瘤等多种疾病在皮肤上的临床表现。痒觉发生的机制非常复杂，如机械性的摩擦和搔抓、甲酸、乙酸、弱碱、甲基溴化物、芥子气等化学物质、某些植物组织受损后产生的类似组胺、活性蛋白酶以及多肽类物质，均会引起皮肤产生痒感。机体内过敏或炎症反应、屏障功能受损也会引发不同程度的痒觉。

人体可感知到的瘙痒，可根据神经生理学发病机制和临床特征分为如下几类。

① 皮肤源性瘙痒（pruritoceptive itch）：由皮肤干燥、屏障损伤或炎症反应发生导致的瘙痒如特应性皮炎等，还有一些诸如荨麻疹、虫咬、疥疮等诱发的皮肤瘙痒。

② 神经源性瘙痒（neurogenic itch）：感觉神经传入通路过程中发生病理性改变而引起的瘙痒，如疱疹后遗症神经痛和胆汁淤积症伴随的瘙痒。

③ 心源性瘙痒：由心理异常而产生的瘙痒，如寄生虫恐惧症。

④ 混合型瘙痒：由两种或以上的诱因引发的瘙痒，如特应性皮炎同时包含了皮肤源性瘙痒和神经源性瘙痒。

目前皮肤瘙痒的神经生理学机制尚未被阐明，但机体内与皮肤瘙痒相关的反应系统，如引起瘙痒的因子、选择性信号受体以及形成反射的特定区域都已被证实。临床上并没有统一皮肤瘙痒的临床分型，对于临床诊断和治疗中出现的不同瘙痒归属类型还存在一定的争议。皮肤在发生干燥和病理性刺激后，角质细胞可以分泌多种细胞因子、胺类、神经肽、神经生长因子、类罂粟碱和类花生酸等多种内源性的致痒物质，刺激肥大细胞释放组胺或直接致敏皮肤C-神经纤维感受器诱发皮肤瘙痒。角质细胞还可以表达多种与瘙痒密切相关的选择性受体，如组胺受体、神经肽受体、神经因子受体、大麻素受体、蛋白酶活化受体-2（proteinase activated receptor 2，PAR-2）和瞬时感受器电位受体亚型-1（transient receptor potential vanilloid 1，TRPV-1）等。皮肤屏障功能受损后，对组胺敏感的受体也会被激活。

环境中的细菌、真菌、尘螨抗原、免疫细胞激活后分泌的丝氨酸蛋白酶均可被细胞表面的G-蛋白偶联受体家族成员PAR-2识别，通过PAR-2信号途径激活角质细胞，分泌大量的细胞因子和趋化因子，诱发并增强受损部位的瘙痒反应。在瘙痒反应中出现含量升高的组胺、类花生酸、缓激肽、前列腺素、神经生长因子和炎性趋化因子还可通过激活C-神经纤维与角质细胞、肥大细胞表达的TRPV-1，产生和放大瘙痒信号，因此TRPV-1是公认的皮肤瘙痒信号传导通路中的关键分子。

（4）**温觉和冷觉**　温觉也称"热觉"，是皮肤感受到高于生理零度的温度时的感觉。皮肤的温觉主要由罗弗尼氏（Ruffini）小体传导，皮肤血管球上的游离神经末梢也可能参与热感的传递。皮肤表面存在一定数量的热点，随皮肤温度的变化而发生相应改变。当温度增高时，皮肤即时的痒觉和痛觉可能会相应加重。

冷觉是皮肤受到较低温度刺激时产生的感觉，一般是低于生理零度的温度。一般认为是皮肤内的克劳斯氏（Krause）小体传导的克劳斯氏小体又称皮肤-黏膜感受器，其主要分布在较薄的皮肤组织表面，如唇、舌、牙龈、眼睑、外阴等处，而在有毛发生长和易发生摩擦的部位则较少出现。皮肤表面的冷点分布比热点更多，常成群存在，且数量与温度变化成正比。目前，皮肤中已被确认的冷感受体有通过寒冷和薄荷激活的CMR1通路和需更低温度才能激活的ANKTM1通路。通过降低皮肤表面或局部温度，或使用薄荷等可产生冷感的外用制剂，可以在一定程度上减轻皮肤的痒觉和痛觉。因此，现在也有临床皮肤科推荐冰敷患处以减轻瘙痒等不适感。

3. 分泌及排泄功能

皮肤的分泌和排泄的功能主要依靠皮肤表面的皮脂腺和汗腺实现。健康的皮肤分泌排泄是人体生理代谢的正常反应，但过量的分泌或排泄则会引起一系列不良反应，如多汗、油脂失衡等。

（1）**皮脂腺**　皮脂腺在体表的分布非常广，除掌（跖）和指（趾）腹面外都有分布，但数量不等。皮脂腺的分布及生理活动也受人种、性别、年龄、日常生活习惯及生活环境等因素的影响。

皮脂腺可分泌皮脂并排泄少量废物，其分泌产物混合了多种脂质成分，如饱和及不饱和游离脂肪酸、甘油酯类、蜡类、固醇类、角鲨烯及液状石蜡等，这些成分的含量及比例也受个体年龄、性别、人种、外界环境、温湿度、内分泌、饮食习惯、使用药物以皮肤健康状态等多种因素的影响而存在差异。如婴儿期皮脂腺分泌旺盛易发新生儿痤疮，幼儿和儿童期时皮脂腺分泌下降则易出现皮肤干燥和特应性皮炎等，进入青春期后，人体迎来第二次皮脂腺分泌高峰，随内分泌和激素的变化会导致皮肤出油量大增，多发痤疮。青少年时皮脂腺分泌最为旺盛，随年龄增加，分泌量趋缓。皮脂分泌量也与体内的雄性激素和肾上腺皮质激素的水平有关，一般情况下，同年龄男性的皮脂分泌量高于女性。外部环境温度过高时，皮肤皮脂分泌增多，而皮肤表面湿度较高时，反而会减缓皮脂乳化和扩散速度。日常多食油腻和甜辣食物，也会加重皮脂腺的过度分泌。此外，皮肤光老化或屏障功能受损，经皮水分丢失增加，皮肤油脂分泌也会出现失衡。

皮脂腺分泌的皮脂是构成皮脂膜的主要成分。汗腺及角质层排出的水分等物质，这些成分经乳化后也参与了皮脂膜层的形成，以保护皮肤，减少干燥、皲裂的发生。皮肤表面分布的皮脂腺多与毛发共存，分泌出的少量皮脂附着于毛发上起到润滑的作用，其余大部分则直接排泄到皮肤表面，参与形成皮脂膜。皮脂腺的排泄物经酸化后形成的酸性环境，也可在一定程度上帮助皮肤抵御外界有害真菌和细菌的侵袭。

（2）**汗腺** 人体的汗腺通常分为大汗腺和小汗腺两类。

大汗腺又称顶泌汗腺，现仅存在于毛发生长部位，不参与体温调节。大汗腺分泌的汗液除水分外，还包含铁、脂质（如中性脂肪、脂肪酸、胆固醇等）、荧光物质、有臭物质、有色物质以及血液、尿素和磷等成分。大汗腺中分泌的有臭物质的形成与皮肤表面的寄生菌代谢无明显关系，但与体臭有关。汗液中有色物质的存在使其呈现出黄色、绿色、褐色等不同的颜色，这种现象尤其在汗液分泌旺盛的腋窝处最为常见。大汗腺中分泌的荧光物质可溶于丙酮，在紫外线的激发下产生荧光，是区别于小汗腺分泌物的特征。

小汗腺又称外分泌腺，分布于全身各处，其数量也因人种、性别、年龄及不同部位而差异较大。小汗腺可分泌大量汗液，分泌的汗液除水分外，还含有无机物和有机物等成分，如氯化钠等无机物，此外还有钙、镁、磷、铁等元素，而有机物以乳酸和尿素为主。此外，汗液中还含有多种氨基酸和免疫球蛋白等大分子。

小汗腺可以通过分泌并排出汗液，带走体表热量，从而起到散热降温和维持机体正常温度的作用。在干燥环境下，体表所分泌的汗液还可一定程度上补充角质层散失的水分，保持皮肤角质层的正常含水量和皮肤的柔软润滑。经过皮脂与汗液的乳化与酸化过程，可形成皮脂膜和弱酸性环境，帮助皮肤抵御外来微生物的侵袭。在汗液分泌过程中，如磺胺类药物、奎宁、酒精、铅等这类与蛋白质结合起效的物质都可以通过汗腺分泌并排泄出去。

4. 吸收功能

皮肤具有一定的吸收和运输外界物质的能力，也是化妆品及外用药物制剂应用的基础。皮肤吸收外界物质主要通过角质层、毛囊皮脂腺和汗管口三个途径，其中角质层是最主要的吸收途径，多吸收脂溶性物质，如脂溶性制剂的化妆品和外用药品等可通过此途径进入体内。钾、钠、汞等金属离子通过胶质层细胞间隙吸收，而水溶性物质主要通过皮肤附属器和毛囊皮脂腺进入体内。

皮肤的吸收能力受多方面因素的影响和制约，如年龄差异、身体部位不同、皮肤水合作用的强弱、皮肤屏障功能的完整性、外界药物或化妆品的剂型等。一般来说，婴儿的角质层比成年人的更薄，角质细胞体积更小，水合能力不够完善。而人体不同部位的皮肤组织吸收能力也差异较大。面部最常使用化妆品，吸收能力的强弱依次为鼻翼两侧、上颌、下颌和面颊两侧。因此，不同部位使用化妆品的剂型、使用量和功效成分的浓度也应相应有所差异和侧重。皮肤外层角蛋白与其代谢产物的水合作用，可以大大提高角质层含水量，增加外界物质的渗透能力，促进功效成分的透皮吸收。皮肤的水合作用对于水溶性物质的效果比脂溶性物质更为显著。除水合作用外，皮肤屏障功能的完整性也可以很好地调节外界物质的透皮吸收情况。皮肤屏障结构受损，有可能会加速物质的过量渗透，反而会对皮肤及内部组织产生不良刺激反应。

皮肤对物质的吸收也受其剂型的影响，如粉剂、水剂、悬浮液和物理性混合物较难被吸收，霜剂可被少量吸收，乳液或膏霜则有助于功效成分的吸收。皮肤对不同剂型的外用药物或化妆品的吸收能力也有所不同，如通过适度的乳化或脂质体包裹技术，经过改良的剂型可以促进功效成分的靶向释放，使其更容易被释放和吸收。

化妆品中的活性成分或功效物质需要通过涂抹，使其吸附并停留在皮肤或附属物的表面，或穿过表皮角质层或继续向下渗透。因此，化妆品的剂型、功效成分的相对分子质量不同都有可能影响皮肤对其吸附和吸收的效果。与药物不同的是，化妆品不允许其成分过多的进入皮下深层及血液循环系统，只允许停留在皮肤表面和进入浅层组织。但一些抗衰老、美白等功效成分需要到达特定的靶向部位，作用于目标细胞或组织才可以起到相应的作用。因此，化妆品功效的体现，依旧需要产品本身的活性成分，经使用部位的特定路径进行输送。在化妆品中可选择性地添加多元醇等促透成分，借助乳化、脂质体等手段促进皮肤对营养物质的吸收。此外，周围环境温度升高，角质层含水量增加，也可以明显地提高皮肤的吸收率。

5. 免疫功能

皮肤是人体面积最大的免疫器官，包含固有免疫系统和获得性免疫系统两类，各自含有多种免疫细胞和各种因子，参与免疫反应的启动和执行。

（1）**皮肤的固有免疫系统**　参与皮肤固有免疫的细胞主要有NK细胞、NKT细胞、树突状细胞、中性粒细胞等，黑色素细胞和角质形成细胞在受到一定刺激后也会参与其中。体液中含有多种成分，如炎症前细胞因子、防御素和抗菌肽（cathelicidins）等、细菌产物受体如Toll样受体（TLRs）、C-型凝集素、补体和补体调节蛋白等，以及TNF-α、IL-1、IL-6、IL-12、IL-15、IL-8等固有免疫细胞因子、趋化因子，都在皮肤的固有免疫系统中起到了重要的作用。

皮肤组织中的巨噬细胞，可在被激活后产生并释放多种细胞毒素、干扰素和白细胞介素（interleukin，ILs）等参与机体防御机制，也能产生多种生长因子促进内皮细胞和平滑肌细胞的生长和增殖。反之，巨噬细胞释放过量的活性物质，反而会导致细胞和皮肤组织损伤或发生纤维化。

正常皮肤组织中的树突状细胞，作为固有免疫系统和适应性免疫系统的连接者，同时也是适应性免疫反应的启动者。

（2）**皮肤的获得性免疫系统**　皮肤的获得性免疫系统也包含朗格汉斯细胞、树突状细胞（DCs）、T细胞、粒细胞、肥大细胞和内皮细胞等多种细胞，以及一些体液中含有的细胞因子。

T细胞是存在于皮肤免疫系统中的最主要的淋巴细胞，在正常的皮肤组织中大量存在，而且90%以上都位于真皮层血管特别是真皮乳头层的毛细血管的周围。作为一种代表性的淋巴细胞，亲表皮性的T细胞能够在免疫反应后再循环至皮肤器官。

朗格汉斯细胞（langerhans cell）是一种来源于骨髓的树突状细胞，主要分布在表皮基底层上方及附属器上皮部分。正常的人皮肤组织中，表皮的朗格汉斯细胞是主要的抗原呈递细胞，一方面可以控制角质形成细胞的角化进程，另一方面通过摄取、处理和呈递抗原、控制T细胞迁移参与皮肤免疫反应。但表皮中的朗格汉斯细胞属于未成熟类型，并不具有真正意义上的免疫功能，只有当其进入到真皮层或引流淋巴结后才能具有全部的免疫功能。朗格汉斯细胞还可以分泌T细胞反应进程中所需要的重要细胞因子，参与免疫调节、免疫监视、免疫耐受以及皮肤组织移植后的免疫排斥反应。

中性粒细胞在皮肤组织的炎症反应中表现突出。在人体受到病原体侵染时，中性粒细胞受到趋化因子的诱导，聚集在炎症局部，参与炎症反应，还可以通过细胞膜释放的花生四烯酸引起炎症反应和疼痛，起到疾病预警的作用。

嗜碱性粒细胞通过其释放的介质，如组胺、肝素以及分泌的细胞因子（IL-3、

IL-4、IL-5、IL-6、GM-CSF）等参与免疫调节、抗凝、组织修复等生理活动。嗜碱性粒细胞中的嗜碱性颗粒中也含有数十种生物活性介质，如生物胺、糖蛋白、中性蛋白酶等，细胞活化过程中新形成的介质有前列腺素、白细胞三烯、血小板活化因子等。各种生物胺中尤其以组胺含量最多。近年来多项研究证实，在炎症反应中，尤其是过敏性炎症的发生部位嗜碱性粒细胞的数量急剧增加，如接触性皮炎、特应性皮炎的皮损部位。在外界刺激下，嗜碱性粒细胞功能发生改变后表达CD63\CD203等此类T细胞分化所必需的共刺激分子，并释放组胺等炎性介质。因此，这些标志物也可以用于评价过敏性炎症反应的发生。

嗜酸性粒细胞（eosinophilic granulocyte，eosinophil）是白细胞的组成部分之一，具有杀伤细菌、寄生虫的功能，也是免疫反应和过敏反应过程中极为重要的细胞。嗜酸性粒细胞可以释放颗粒中的内容物，引起组织损伤，促进炎症发生。在一些如药物过敏、荨麻疹、过敏性紫癜等变态反应性疾病和湿疹、剥脱性皮炎、银屑病等皮损疾病中，都会出现嗜酸性粒细胞数量增多。

肥大细胞广泛分布于结缔组织中，其表面有免疫球蛋白IgE的Fc受体，在人体对食物、药物过敏、寄生虫性炎症反应及昆虫叮咬的毒素导致过敏反应中起重要作用。肥大细胞也是速发型超敏反应的主要靶细胞，通过释放大量的生物活性物质如组胺、肝素和多种细胞因子，引发一系列充血、风团等皮肤炎症反应。

6. 皮肤的颜色

（1）**有色皮肤**　有色皮肤通常指有色人种的皮肤，包括但不局限于非洲人、亚洲人、拉丁美洲人、美洲原住民和中东地区的居民及后裔。这类人群的皮肤与高加索人的白皙皮肤不同，呈现出不同程度的颜色，如黑色、黄色、褐色。由于不同地域和人种间的交流和通婚增多，出现了许多很难仅靠肉眼对肤色类型进行分辨的肤色个体。目前被世界各国皮肤科医师广泛接受的分类方法是1975年提出的Fitzpatrick光反应分类法。但这种方法也存在一定的局限性，因为同一种族的成员可能有多种光反应类型，同种族内部的个体也可能存在差异，不同种族间通婚等原因也可导致肤色变化。

有色人种和白种人在其皮肤及附属物的形态和结构上都存在一定的差异，如毛发的数量和形态外观，皮肤黑色素含量和降解速率，皮肤细胞的数量和形态大小等。有研究发现，较深肤色的皮肤组织中，黑色素细胞较大，可产生更多的黑色素，对外界紫外线的吸收和反射效果与浅色皮肤不同。这不仅会影响不同人种皮肤的生理状态，也会在某些程度上影响化妆品的使用效果。

与高加索人群皮肤的不同，亚洲人的皮肤主要属于蒙古人种，在发生光老化后，会同时发生色素性皮损和皱纹性损伤，但严重皱纹一般要到中老年阶段才会出现，晚于高加索人种。同时，由于皮肤内色素含量和生存环境的不同，亚洲人皮肤黑色素瘤的发病率远远低于高加索人。由于文化和遗传的原因，亚洲人更关注对肤质的改善、面部毛孔、面部可见斑点及整体的肤色水平的改善。

（2）皮肤颜色的影响因素 皮肤的颜色是人体的第一表象，可以反映某段时间内皮肤屏障的完整性与敏感状态甚至身体健康情况。除人种、遗传、生活环境等因素的影响外，正常皮肤的颜色主要是由皮肤内色素的含量和解剖学上的结构差异两类因素所决定的。

① 皮肤色素含量：皮肤内主要含有褐色的黑色素、红色的氧化血红蛋白、蓝色的还原血红蛋白和黄色的胡萝卜素等四种生物色素。前三种可由机体内部合成，属于内源性色素。胡萝卜素需要通过饮食从外界摄取，属于外源性色素。因此，我们可以认为，某些特殊情况下，饮食习惯导致的过量的外源色素的摄入也可能对皮肤颜色产生影响。在进行消费者调查问卷时，可适当添加饮食及生活习惯的问题选项。

健康状态下的肤色主要由黑色、黄色和红色三类色素共同决定。皮肤中的黑色由黑色素细胞中产生的黑色素的含量决定，这也是决定皮肤颜色的主要影响因素。皮肤组织中的胡萝卜素含量决定皮肤的黄色，同时皮肤角质层和颗粒层的结构厚度也会影响黄色的色度。皮肤的红色主要由血红蛋白和血流分布决定，受皮肤组织内微循环的影响较大。如果人体大量运动或情绪激动时，单位时间内局部血流增多，血管内红细胞数量和血红蛋白量会快速增加，皮肤则呈现出较为红润的状态。

通过客观的实验方法和仪器对皮肤颜色变化的测定和比较，不仅可以对美白祛斑类产品使用效果进行有针对性的评价，还可以通过皮肤颜色的改善或亮度提升来评价清洁类、舒缓皮肤敏感状态、改善皮肤微循环状态的产品功效。

② 皮肤的结构差异：皮肤的组织学厚度和粗糙程度差异也会对视觉下的肤色造成影响。外界光线在厚度不一的皮肤组织表面发生散射和折射时，会使表皮的颜色出现不同程度的变化。同样，较为干燥的皮肤，表面更为粗糙，光线以非镜面的形式反射，使得皮肤看起来较为灰暗和暗沉。而含水分和油脂较多，较光滑的皮肤组织则在相同的光线照射下显得更为明亮和富有光泽。因此，通过分析皮肤色度与皮肤水分、油脂、纹理及敏感度等指标的关联，可以评价皮肤状态和化妆品功效判定。

7. 皮肤的老化

机体的衰老是机体生理代谢随着生存时间的延长而表现出的自然规律，这种衰老包含生理性和病理性的衰老。单就生理性衰老而言，个体的各项器官会发生不同程度的功能减退和萎缩，甚至从细胞水平到组织水平都会有相应的表征。个体发生衰老时，皮肤作为覆盖于机体最外层的器官，也是机体衰老最直观的表现，如图2-7所示。

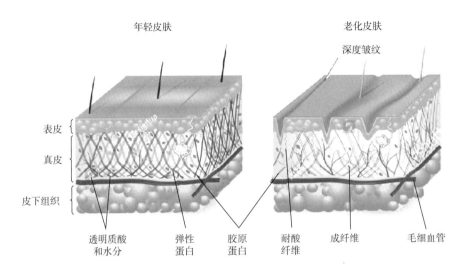

图 2-7 衰老皮肤的结构变化

以往人们认为，皮肤的衰老主要与真皮层有关，皱纹的出现也是由于真皮层出现塌陷和萎缩，如基底层和棘层的组织结构发生变化，真皮层中的成纤维细胞合成和分泌纤维及细胞外基质的功能减弱，会导致真皮层中弹性纤维和胶原纤维的含量逐渐减少，使皮肤弹性降低，厚度减小，进而出现皮肤松弛、弹性下降、皱纹增多和加深等现象。

但随着年龄的增长，表皮这一道人体直接接触外界环境的屏障，更易受到外界各种不良因素的影响。表皮的衰老也更易直观地体现出个体在受到内外因刺激所造成衰老的影响。如在衰老的皮肤中，表皮与真皮之间的界限逐渐趋于平坦，表皮厚度减少，表皮钉变浅并数量减少等。表皮层中的代表性细胞——角质形成细胞会随着皮肤的衰老而出现细胞形态改变，角化细胞由于表皮代谢周期变短而变大，增殖活性减弱，表皮层更新时间延长，厚度也逐渐变薄。

健康的老年皮肤的角质层结构虽然完整，但屏障功能已明显减弱。皮肤角质层中天然保湿因子含量的减少，使得皮肤的水合能力下降，或仅为正常皮肤的75%。皮肤的汗腺和皮脂腺发生萎缩，数量减少，功能下降，可导致皮肤表面原本由汗腺分泌的汗液和皮脂腺分泌的皮脂经乳化形成的乳化物的含量减少，使皮肤更易出现干燥、脱屑等现象。自然老化的皮肤表面松弛、皱纹增多，也在一定程度上增大了皮肤的表面积，使经皮失水量增多，这将使得皮肤更易干燥。

与年轻的皮肤细胞相比，老化皮肤的表皮层中朗格汉斯细胞数量下降了20%~50%甚至更多，T细胞的天然表型减少而记忆表型增多，同时分泌的细胞因子类型也会产生变化，如IL-2水平降低，IL-4水平增高。尤其是在老化的角质形成细胞中，IL-1的分泌明显减少。

表皮角质层中多种抗氧化物质的含量，如谷胱甘肽还原酶（glutathione reductase，GR）、谷胱甘肽过氧化物酶（glutathione peroxidase，GSH-Px）、超氧化物歧化酶（superoxide dismutase，SOD）、过氧化氢酶（CAT）、维生素C和维生素E等，明显高于皮肤的真皮层。表皮的角质层也是皮肤受到氧化应激损伤的主要作用靶点所在。如过量的紫外线辐照、空气污染物造成皮肤的自由基产生并积累时，皮肤中的抗氧化剂即会主动出击，清除自由基并使自身被氧化，在一定范围内保持氧化和还原的平衡状态。一旦氧化损伤刺激超过皮肤自身抗氧化系统的承受能力，即会打破已有的动态平衡，对细胞和机体造成不可逆的氧化损伤，如表2-1所示。

表 2-1 衰老皮肤的部分判定指标

皮肤结构	衰老相关指标	皮肤结构	衰老相关指标
表皮层	油脂含量降低	真皮层	胶原蛋白含量降低
	水分含量降低		基质金属蛋白酶表达增加
	经皮失水（TWEL）升高		微循环减弱
	弹性降低		炎症因子升高
	厚度变薄		AGEs 积累增加
	朗格汉斯细胞数量减少		成纤维细胞形态改变
	角质细胞形态改变		
	蛋白质羰基化水平升高		

8. 皮肤光老化

皮肤光老化（photoaging）特指长期或过度的日光辐照所导致的皮肤衰老或高于正常生理性老化速率的皮肤衰老，属于一种外源性衰老。与生理性衰老不同，长时间的日光照射下，皮肤的解剖结构和组织细胞都会发生一系列的变化。如表皮层发生不均等的加厚或萎缩，尤其是在光暴露部位呈现出较深的沟壑状结构和皮革样外观，形成加粗加深的永久性皱纹。在细胞学层面，光老化皮肤中成纤维细胞会产生大量的基质金属蛋白酶（matrix metalloproteinase，MMPs），特异性的降解几乎所有的细胞外基质成分。日照中的紫外线，还能够激活细胞表面生长因子受体和细胞因子受体，以及下游信号通路中的组分。角质形成细胞在紫外线辐射下能诱导前炎症因子 IL-1 和 TNF 的产生，同时发生 EGF-R、IL-1R、TNF-R 等因子的聚集。以紫外线为代表的辐照还可以导致活性氧的产生和积累，高浓度的活性氧可引起细胞的DNA损伤及MMPs的高表达（详见第六章）。

二、化妆品功效性评价

1. 化妆品的功效宣称及法规

随着时代的发展和科技的进步，化妆品已经从简单的精细日用化工产品，转变为安全性和功效性并重的复合型日用品。化妆品厂商和原料制造商开始更多地在产品研发和制造中利用生命科学和医药前沿技术，开发并使用新的活性物质，并将其应用于新剂型和新功能的化妆品产品中。

与其他日化产品的最大的区别在于，化妆品通常具备一项或多项的功效宣称。化妆品销售及生产商通过各类传媒对其产品进行正面描述或优点的宣传。此类"宣称"可以由文字、图片、图解、标识、或者在产品（包装、标签、产品说明书等）上或广告上出现描述组成，也可以是真实的实验数据支撑。所谓"宣称"并不仅只是简单的对产品的某种宣传术语，更是对产品特性的描述或一种特殊的标签或定义。这种描述大多是正面的、积极的，引导消费者关注、肯定、认同并选择该产品的特定词汇或语句。

欧洲化妆品、盥洗用品和香精协会（European Cosmetic，Toiletry and Perfumery

Association，COLIPA）将化妆品的宣称定义为一种为营销服务的公开发布的信息，内容包含产品的作用、特性或功效性等。此宣称可以是文字、图片、标识或在产品包装、标签、说明书或不同媒体的广告用语上的描述，形式多样。随着新媒体的发展，化妆品的宣称已不仅出现在产品包装、传统媒体的广告上了，更大量地出现在以自媒体、社交集群为代表的新型媒介中。新媒介的发展和传播，对于当下化妆品的宣称提出了更多的挑战和机遇。

世界各国都已经针对化妆品的安全性和功效性宣称，制定了相应的法规和管理条款用于监督化妆品及原料企业，同时保护消费者的知情权，避免消费者受到不当甚至欺骗性宣传的误导。但由于各国针对化妆品及原料的界定和相应法规有所不同，因此对于化妆品及原料的功效性宣称的要求也有所不同。化妆品及原料企业对于自家产品的功效宣称、市场宣传用语还需根据不同国家和地区的法规和管理来规范。

（1）**我国化妆品宣称的相关法规**　中国境内生产经营的化妆品的标识、说明书及广告宣传用语中出现的化妆品宣称受2020年1月3日中华人民共和国国务院令第727号《化妆品监督管理条例》（以下简称《条例》）管理执行。《条例》附件3《化妆品功效宣称评价规范》明确了功效宣称的定义，即："本规范所称化妆品功效宣称评价，是指通过文献资料调研、研究数据分析或者功效评价试验等手段，对化妆品在正常使用条件下的功效宣称内容进行科学测试和合理评价，并做出相应评价结论的过程。"化妆品功效宣称不应超出化妆品的使用目的范畴和产品归属的功效类别。根据《条例》，化妆品的使用目的为清洁、保护、美化、修饰，因此抑制炎症反应、助眠、排毒、防雾霾等不属于化妆品功效范畴。《化妆品分类规则和分类目录》（以下简称《目录》）包含5个特殊化妆品功效类别、21个普通化妆品功效类别和新功效，并给出了对应的释义说明和宣称指引，所有化妆品都应从《目录》中选择一种或者多种功效类别，并在产品注册或备案时填报对应的分类编码。化妆品功效宣称可直接使用《目录》中功效类别名称，也可以使用其他词语表达类似含义。需要关注的是，用于化妆品功效宣称的文字、图案等多种多样，尽管《目录》给出了指引，仍有很多行业中常见的功效宣称归属类别存在争议，如抗氧化、抗衰老、抗蓝光、抗糖化、抗污染、敏感肌修护、止痒、除螨等，需要进一步科学规范，在法规的框架内明确功效宣称范围。

同时，化妆品功效宣称应有充分的科学依据。"化妆品注册人、备案人对化妆品的功效宣称的科学性、真实性负责，应当按照本规范要求编制产品功效宣称依据的摘要，在国家药品监督管理局规定的专门网站公布，接受社会监督。"与产品功效宣称依据有关的摘要等信息，需要在国家药品监督管理局组织建立的化妆品功效宣称信息公开网站上公布。所有功效宣称的科学依据，可以"文献资料、研究数据或者功效评价实验结果等"等形式呈现。《化妆品安全技术规范》还明确了化妆品功效宣称评价试验方法选择的优先级，规定化妆品功效宣称评价试验应当优先选择我国化妆品强制性国家标准、技术规范规定的方法或我国其他相关法规、国家标准、行业标准载明的方法；上述两类方法未作规定的，可以选择国外相关法规或技术标准规定的方法，或国内外权威组织、技术机构以及行业协会技术指南发布的方法，专业学术杂志、期刊公开发表的方法，或自行拟定建立的方法。

除祛斑美白、防晒等特殊化妆品在注册时需提交由化妆品注册和备案检验机构按照《化妆品安全技术规范》（以下简称《规范》）测试方法开展的人体功效评价试验报告外，其他类别化妆品仅需向社会公开功效依据的摘要，接受社会监督。大多数化妆品的功效宣称评价结果并不需要在产品上市之前经监管部门审核或审批。《规范》并不要求所有化妆品都进行功效宣称评价，对能够通过视觉、嗅觉等感官直接识别的（如清洁、卸妆、美容修饰、芳香、爽身、染发、烫发、发色护理、脱毛、除臭和辅助剃须剃毛等），或者通过简单物理遮盖、附着、摩擦等方式发生效果（如物理遮盖祛斑美白、物理方式去角质和物理方式去黑头等）且在标签上明确标示仅具物理作用的功效宣称免予功效评价。对承担化妆品功效宣称评价的机构、功效评价试验方法、功效宣称依据的充分性要求等，《规范》只提出原则性和框架性要求，化妆品注册人、备案人可自行或者委托评价机构进行化妆品功效宣称评价，收集功效宣称科学依据的过程有较大的自由选择空间，但需要确保所选择的评价测试方法科学合理，数据准确可靠。

作为化妆品的重要组成部分，原料的功效宣称与产品的功效也应有充分的相关性。原料的功效宣称通常会在产品名称或标签内容中出现，宣称的原料名称或表明原料类别的词汇应该与产品配方成分一致。同时，原料的功效宣称应与产品的功效宣称具有充分的关联性，该原料在产品中产生的功效作用应当与产品功效宣称相符。

（2）欧洲、美国化妆品宣称的相关法规　美国对于化妆品宣称的监管次序与我国有所不同，联邦法律不要求公司在上市前提供化妆品宣称的相关材料，但要求公司必须准备有支撑产品宣称的证明文件，同时严令禁止做虚假宣传的广告。一旦由公司竞争对手、消费者协会或政府相关部门对产品宣称提出异议时，需提供可以支撑该产品真实性和有效性的证据。

欧盟成员国境内生产和销售的化妆品，自1997年11月起，需附加如下信息：

①产品组成（定性和定量）；

②物理、化学及微生物指标；

③制造方法；

④产品制造方法；

⑤安全评估；

⑥功效证据（广告宣称用）；

⑦对人体是否有健康影响或不良反应。

在《欧盟化妆品规程》（第七次修订版）中也规定，对产品进行宣称的化妆品制造商需证实其相应宣称。如监管部门要求，需提供宣称相关的全部证据文件。这种功效宣称的证据与产品广告和包装宣传是紧密联系在一起的。任何对消费者能够产生误导的名称、信息和包装的化妆品不能够进入市场，也不能做相应的广告宣传。

（3）日本化妆品宣称的相关法规 日本作为亚洲乃至世界重要的化妆品研发生产和消费大国，其化妆品相关法规也相对完备。日本境内制造生产和销售的化妆品必须遵守管理化妆品的基本法律——《药事法》的规定。化妆品是指以涂抹、喷洒或类似方法施用于人体，以起到清洁、美化、增加魅力、改变容颜、保持皮肤和头发健康，对人体具有轻微作用的产品。此类产品不可包括用于诊断、治疗和预防疾病为目的以及用于影响机体结构和功能的产品。

1960年，日本对《药事法》进行了系统的修订，明确了对医药品、医药部外品和化妆品的界定和区别。之后，对化妆品和医药部外品的使用和宣称的效能进行进一步修订，同时制定化妆品产品的品质标准和化妆品原料标准，以及推动GMP的法制化等。为了对化妆品产品标签和广告用语中化妆品功效宣称等进行规范化管理，日本也对化妆品和医药部外品的功能宣称了进行分类，如表2-2所示。

表2-2 日本化妆品功效宣称范围

1	清洁头发、头皮	10	赋予毛发光泽
2	通过赋香掩盖毛发及头皮的不愉快气味	11	去头屑、止痒
3	保持毛发、头皮的健康	12	抑制头屑、止痒
4	使头发结实、有弹性	13	补充、保持毛发水分和油脂
5	滋润毛发、头皮	14	防止毛发断裂、发尾开叉
6	保持毛发、头皮的水分	15	整理、保持发型
7	使毛发柔软	16	防止毛发静电
8	使毛发易梳理	17	去污、清洁皮肤
9	保持毛发光泽	18	通过清洗预防痤疮和热痱

续表

19	调理皮肤	37	赋予愉快芳香
20	改善皮肤皮纹	38	保持指甲健康
21	保持皮肤健康	39	滋润指甲
22	预防皮肤粗糙	40	预防口唇粗糙
23	紧致皮肤	41	改善口唇纹理
24	滋润皮肤	42	滋润口唇
25	补充、保持皮肤的水分、油脂	43	保持口唇健康
26	保持皮肤柔软、有弹性	44	保护口唇
27	预防皮肤干燥	45	预防口唇干燥
28	使皮肤柔软	46	预防因干燥而产生口唇干裂
29	使皮肤强健	47	使口唇平滑
30	赋予皮肤光泽	48	预防蛀牙（刷牙用牙膏）
31	使皮肤平滑	49	洁白牙齿
32	使剃须容易	50	清除齿垢（刷牙用牙膏）
33	调理剃须后皮肤	51	清洁口腔（牙膏类）
34	预防热痱	52	预防口臭（牙膏类）
35	预防日光晒伤	53	清除牙齿表面污点（刷牙用牙膏）
36	预防因日晒产生的色斑、雀斑	54	预防牙结石形成（刷牙用牙膏）

第一类"医药品"是指以治疗疾病为目的的药物，药物中所含有效成分的效果需获得厚生劳动省认可。此类产品中既包含有需要医生证明的处方药，也包含有可在药店等处直接购买的非处方药（OTC）。如常用的凡士林和保湿外用药等都属于是护肤用的医药品。

第二类"医药部外品"，是指将效果和功能获得厚生劳动省认可的有效成分以一定浓度调配的商品，其功效成分需在相应清单名录中，产品定义介于药品和化妆品之间，类似于欧洲、美国的药妆品（cosmeceuticals）。此类产品不以"治疗"为目的，而是突出"预防及卫生"，如产品中添加有对"改善皮肤粗糙""预防粉刺""防止日晒造成的斑点或雀斑""皮肤杀菌"有效果的活性成分，并以此作为宣称和卖点。此外，商品包装上的"药用"表示商品被认可为是"医药部外品"，也可以认为"药用=医药部外品"，如表2-3所示。

表2-3 日本医药部外品的部分功效宣称范围

种类	医药部外品的功能宣称
洁面皂、洁面用品	皮肤的清洁 皮肤的清洁、杀菌、消毒 预防体臭、汗臭及粉刺 预防粉刺、剃须后的粗糙及皮肤干燥
化妆水	预防皮肤粗糙、粗糙性 痱子、冻伤、皲裂、痤疮 油性皮肤使用 预防剃须后的皮肤粗糙 预防日晒后引起的雀斑、斑点 日晒、冻疮后的发热 收紧肌肤 清洁肌肤 调理肌肤 保持皮肤健康 滋润皮肤
膏霜、乳液、护手霜、化妆油	预防皮肤粗糙、粗糙性 痱子、冻伤、皲裂、痤疮 油性皮肤使用 预防剃须后的皮肤粗糙 预防日晒后引起的雀斑、斑点 日晒、冻疮后的发热 收紧肌肤 清洁肌肤 调理肌肤 保持皮肤健康 滋润皮肤 保护皮肤 预防皮肤干燥

续表

种类	医药部外品的功能宣称
面膜	预防皮肤粗糙、粗糙性
	痱子、冻伤、皲裂、痤疮
	油性皮肤使用
	预防剃须后的皮肤粗糙
	预防日晒后引起的雀斑、斑点
	日晒、冻疮后的发热
	使肌肤润滑
	清洁皮肤
防晒剂	预防日晒、冻疮引起的肌肤粗糙
	预防日晒、冻疮
	预防因日晒引起的雀斑、斑点
	保护皮肤
护发素	预防头屑、瘙痒
	预防毛发、头皮汗臭
	补充、保持毛发的水分、油脂
	预防毛发断裂、分叉
	保持毛发健康
	使毛发柔软
洗发水	预防头屑、瘙痒
	预防毛发、头皮汗臭
	清洁毛发、头皮
	保持毛发健康
	使毛发柔软

　　第三类"化妆品"在功能和效果上的要求更宽泛，以清洁、美化、增加魅力，保持良好状态等为目的而使用的日常产品。与医药部外品不同，此类"化妆品"在诸如"皮肤粗糙""预防粉刺""皮肤杀菌"等方面的功效并未获得日本厚生劳动省的认可，因此，不能在商品包装和广告等处宣传以上功效。

　　日本《药事法》对于药品、医药部外品、化妆品的分类和功效宣称设立明确的界定，有助于化妆品行业规范产品标签说明和广告用语宣称，以免对消费者产生欺骗或误导。

我国目尚未有"医药部外品"或"药妆品"的品类，我国国家药品监督管理局在2019年《化妆品监督管理常见问题解答》中指出：对于以化妆品名义注册或备案的产品，宣称"药妆""医学护肤品"等概念的行为属于违法行为。

2. 化妆品功效的宣称与验证

化妆品的功效宣称是产品给消费者最直观的"印象"和"标签"，也是引起消费者产生购买兴趣和欲望的一种描述性词句。不同类型产品的功效宣称多种多样，针对的消费者群体和依托的媒介渠道也各不相同，因此，化妆品厂商也会根据以上方面有针对性的制定描绘性词语。广告中常见的诸如"特润""修护""细腻细毛孔，满水满剔透""淡纹亮眸""柔褪角质"等高修饰性词汇多出现于高端产品的广告宣称用语中，而中低端产品则通常会选择更为直白的语句："水嫩光泽一整天""速效淡纹""深层清洁""清痘护肤""平衡水油"等，这些均为不同类型的消费者在选择和购买产品时，提供了更直接的参考的选项。《广告法》第二十八条规定广告以虚假或者引人误解的内容欺骗、误导消费者的，构成虚假广告。无论采用何种语言、描述方式、依托媒介对化妆品进行功效宣称和推介，都需要严格服从生产或销售国或地区的相应法规要求。

2006年出版的 *Handbook of Cosmetic Science and Technology* 中对化妆品的功效宣称进行了以下归纳和分类。

（1）**与物理和化学性质相关的宣称**　化妆品宣称中与产品或组分的物理、化学性质相关的内容，多为对其物理、化学性质的直接描述和解释，如在部分面部产品和洗发产品中出现的"超分子水杨酸""5%进口烟酰胺""pH 5.5"等。这类宣称都是可以通过物理、化学的相关仪器或实验方法直接测定的。

（2）**与实验方法和认证相关的宣称**　化妆品宣称中一旦出现"该产品经皮肤医生或协会认证""该产品经某皮肤学实验室实验和认证""该产品通过某几项科学的临床试验"等词句，就会使消费者对该产品产生正面和积极的判断，认为该产品是通过科学的、专业的试验方法评价，是有确实的实验证据和宣称依据的产品，并且，实施此类试验的机构和人员一定是具有相应资质和认证的，是可被信赖的。

（3）**与安全性有关的宣称**　化妆品中涉及与"安全性"有关的宣称，可以使消费者视其为"安全的""无害的""可放心使用的"产品。此类宣称需要使用相关法规或公开发表的科技文献上报道的方法进行实验验证，包括体外和人体临床的安全性测试。

（4）**产品的客观功效宣称**　化妆品的客观功效宣称是产品最常见也是最重要的宣称方式，也是消费者最关切的使用诉求和期望效果。以往客观功效的测定和验证多是通过皮肤科医师在专业机构，筛选符合条件的受试者，采取临床人体功效评价的方式，通过目判和一些试验方法对产品使用前后的效果进行的比较分析。随着化妆品学科与生物学、化学、物理学、计算机学科的交叉融合，现在有越来越多的测试方法被纳入功效评价体系中。如利用体外培养细胞及三维细胞重组模型，模拟皮肤使用化妆品或功效原料后的特定指标变化，不仅可以在实验室环境下实现高通量大规模的筛选，还能够作为人体功效评价的预实验及补充证据，更方便深入发掘化妆品及原料的实际作用机制。近年来，除了开展人体功效临床评价的传统医疗机构外，一些专业的第三方实验室和检测机构也开始承接评价工作。通过多种专门仪器的测定，可以使评价结果以数据、图像、三维模拟等以多维度呈现。此外，除客观的试验检测方法外，化妆品及功效原料的宣称效果还可以通过感官评价和消费者调查来实现。

（5）**消费者可感知的主观宣称**　化妆品的主观宣称多与消费者在使用过程中的主观感知相关，这些感知的结论与客观实验数据不同，在一定程度上很难使其具体化或精准的量化，如感官评价和消费者测试。主管宣称的结论可能受到消费者个人喜好度、使用感差异、使用环境等多种因素的影响。因此，现在许多实验室也开始通过科学的感官评价体系和经受训的感官评价员对消费者感知到的结论以具体指标的形式进行定量，或通过精准设计的消费者调查问卷获得感知结论。

（6）**文化宣称**　化妆品是一种兼具了功能属性和文化属性的日化产品。功能属性是化妆品的基本属性，而文化属性则与消费者所在环境、社会价值观、个人价值观等相互影响，直接影响到产品的品牌价值。消费者通过化妆品的使用和交流开展外向型社交活动，以其选择的化妆品代表自身的自信、精致、健康等生活态度。因此，相较于其他产品而言，化妆品的品牌更需要有自己特定的品牌故事、附加的文化输出、合适的用户教育、较高的市场宣传投入来维系与消费者的情感黏性。

化妆品的文化属性，还包括了各种标签，如适应于特定人群或特定环境等。清真产品不能含有酒精或动物来源的添加剂，生产过程必须与伊斯兰教义认为"不洁"的物质完全隔离，就连洗涤用品和化妆品也不例外。因此，一些目标消费者为伊斯兰国家和地区人群的产品需要取得清真认证（Halal认证）才有可能被允许在以上地区销售。美国、日本、韩国、欧洲等国家和地区销售的有机化妆品要求产品中不能添加香料、人工色素及石油化学产品等可能对皮肤产生刺激的成分，而且其中添加的防腐剂及表面活性剂会受到严格限制，制造过程中不能使用动物实验及利用放射线杀菌等。产品采用的包装必须为可降解的环保物质，且不能破坏土壤及环境。有机化妆品还必须符合国际或国家有机产品认证的要求和标准，至少由95%以上的有机成分制成的产品才能被称为有机认证产品。中国于2012年取消了化妆品的有机认证。随后在2015年的《化妆品标签管理办法》中将"有机""纯天然""0添加"等词语列入了化妆品标签标示禁用语。目前，我国《有机产品认证目录》中只包含食品、酒类、纤维和服装等品类，暂时还不包括化妆品。但随着中国消费者对有机化妆品需求的不断提升，未来也有可能根据我国国情设立相应的有机化妆品认证标准。

目前，除中国外，数十个国家或地区已经禁止在化妆品研发和评价过程中使用动物实验。国外也出现了一些宣称"零残忍品牌"的化妆品，并在品牌外包装上会有相应标示。化妆品的动物实验，主要是用来检测化妆品的安全性和有效性的，常用的主要有眼睛刺激测试、皮肤刺激性测试、检测毒性的$3LD_{50}$测试三种。但据不完全统计，化妆品动物实验在全部动物实验的占比是非常小的，远低于食品和药品的测试体量。欧盟提出的3R原则也要求对动物实验进行"减少""替代"和"优化"，更多地使用替代方法。动物实验也许并不是唯一的化妆品检测方式，但受限于法规要求，以及在替代实验不完善情况下，科学合理地进行动物实验，其实也是对化妆品的安全保障。

（7）功效原料组分宣称 此类宣称是指以化妆品中添加的某一种或几种特殊功效原料作为宣称点，这些功效原料一般是消费者熟知或较易引起情感共鸣或认知的原料。这种宣称可以功效原料的应用背景、历史典籍、公开发表的科研文献资料、科学实验结论等作为支撑依据。

（8）无明确界限的宣称 不同国家和地区的不同法规之间可能存在着一定的模糊的交叉地带，如日本的医药部外品和欧洲、美国的药妆品即可被认为是处于药品和化妆品之间的一种特殊品类。我国国家药品监督管理局在2019年《化妆品监督管理常见问题解答》中指出：对于以化妆品名义注册或备案的产品，宣称"药妆""医学护肤品"等"药妆"概念的行为属于违法行为。同年的《识别化妆品违法宣称和虚假宣传》中明确了：医疗术语、明示或暗示医疗作用和效果的词语，包括处方、药用、治疗、解毒、抗敏、除菌、无斑、祛疤、生发、溶脂、瘦身及各类皮肤病名称、各种疾病名称等。此外，医学名人的姓名，如扁鹊、华佗、张仲景、李时珍等，已经批准的药品名，如"肤螨灵"等也属于禁用语。以上信息也表明了，我国对于这种处于灰色地带的产品的管理态度。因此，化妆品产品的宣称表述，必须避免涉及医疗或治疗功效，避免给消费者产生有治疗效果或类似治疗效果的误导，不可明示或暗示其具有医疗作用。

近年来，随着我国化妆品行业的高速发展，国外化妆品大量进入国内市场，消费者的消费观念日趋专业，但对国内外化妆品法规知识的缺乏，使得市场上功效护肤品的热度近年持续走高。同时，市场上也出现了不少宣称"药妆""医学护肤品"和"械字号产品（面膜）"的界限不明的化妆品。这不仅会使消费者被误导甚至欺骗，也在很大程度上对我国化妆品市场的规范管理造成了干扰。尤其是一些添加了大量激素、抗生素等西药成分的"械字号面膜"和"消字号面霜"给消费者带来身体和心理上的双重伤害。

根据《化妆品监督管理条例》（以下简称《条例》），化妆品涉及医疗作用的禁用范畴主要包含两方面内容：标签与广告。《条例》第三十七条规定：化妆品标签禁止标注明示或者暗示具有医疗作用的内容；第四十三条规定：化妆品广告不得明示或者暗示产品具有医疗作用。除《化妆品监督管理条例》外，《中华人民共和国广告法》《化妆品命名规定》《化妆品命名指南》《化妆品标签管理办法》等官方文件中，均有对"涉医"宣称的规范性内容。但在产品销售和监管的实际操作层面上，如何对判定化妆品是否存在"明示"或"暗示"的具有"医疗作用"的情况还没有明确的客观标准。《化妆品标签管理办法》中第二十二条提出：化妆品标签宣称禁用语实施动态管理。国务院药品监督管理部门根据化妆品监管工作实际，对化妆品标签宣称禁用语进行实时调整。主要操作方式为：某地区在做标签审核时，如果认为某词汇不能用，可以提交动态禁用词库，由全国各地监管部门投票，如果一致认为不能用，就纳入禁用词库。此举也会对所谓"药妆品"和"医学护肤品"的灰色地带的监管产生积极的作用，如表2-4所示。

表2-4 化妆品与外用药品的区别

	化妆品	外用药品
对安全性的要求程度不同	应具有高度的安全性，对人体不允许产生任何刺激或损伤	作用于皮肤的时间短暂，对人体可能产生的微弱刺激及不良反应，在一定范围内是被允许的
产品使用对象不同	皮肤健康人群	有病症人群
使用目的不同	包括清洁、保护、营养和美化等	治疗疾病

续表

	化妆品	外用药品
对皮肤结构和功能的作用不同	不能影响或改变皮肤结构和功能。某些特殊用途化妆品具有一定的药理活性或一定的功能性，但一般作用很微弱且短暂，更不会起到全身作用	药理性能更强大、深入、持久

资料来源：国家药品监督管理局。

此外，牙膏参照普通化妆品的规定进行管理。按照国家标准、行业标准进行功效评价后，牙膏可以宣称具有防龋、抑牙菌斑、抗牙本质敏感、减轻牙龈问题等功效。普通香皂不适用以上《条例》，但是宣称具有特殊化妆品功效的需参照《条例》管理。

3. 化妆品功效宣称的验证

化妆品功效宣称评价工作是对化妆品在正常、合理的及可预见的使用条件下的功效宣称进行科学测试和合理分析，做出相应评价结论。化妆品的功效宣称应当有充分的科学依据，可通过人体临床评价、消费者使用测试、实验室试验等研究结果，结合文献资料对产品的功效宣称进行评价。

化妆品注册人、备案人是化妆品功效宣称评价的责任主体，对其提供的检验样品和有关资料的真实性、完整性及评价结论的科学性负责。化妆品注册人、备案人依规向社会公开化妆品功效宣称依据的摘要，通过社会监督的方式，而不是行政审批来解决功效宣称的真实性问题。

化妆品的原料和产品在研发初期和上市之前都需要对其功效进行反复验证确认，以确定最终的配方、市场推广的方向和产品定位。化妆品功效宣称评价主要通过生物化学、细胞生物学、临床评价等方法，对化妆品宣称的功效进行综合测试、合理分析和科学解释。产品研发过程中，必然伴随功效性宣称内容，功效宣称评价是评价产品是否达到开发目标的手段。同时，功效宣称评价也在潜移默化地让配方工程师在选择原料和剂型的时候同时关注化妆品与人体的交互机制。功效宣称评价本身就是在理解了功效化妆品与人体交互作用机制的基础上所设计出来的评价方案。在配方中所用到的原料进行筛选时，也需要根据目的功效的作用机制，选择有针对性的功效原料。

功效宣称评价是连接技术和市场的重要桥梁。功效性强的或更容易关联宣传依据的化妆品更有可能设计出"产品效果可视化"的演示方案，从而赢得市场。市场推广和销售人员在理解化妆品功效宣称评价原理、产品功效作用机制后，从科学严谨的功效测试方案中演化出来的能让消费者直观感受产品效果的方案，这种视觉冲击力强的演示，对于产品推广具有重要的促进作用。即便是上市之后，厂家和品牌方也需要对产品的实际功效积极追踪，以便于后期对产品配方和市场定位进行调整和优化。因此，可以说化妆品功效宣称的验证贯穿了产品的整个生产周期，在每个环节都具有重要的作用和意义。

（1）**相似原料或配方比较** 部分化妆品在研发初期，以其他品牌或同类产品作为对标或对照样品进行功效验证实验，并分析实验结果的差异。另有一些化妆品是品牌的已有配方经过改进和优化后制成的，通常无需对新配方重新进行宣称验证实验，只需要使用相同的方法将新旧配方进行功效比较。

（2）**文献调研** 鉴于绝大多数功效评价并未有标准方法，因此，对于多数宣称尤其是关于某种功效活性成分可以从已经公开发表的科技文献或相关资料中获取信息和证据。根据化妆品的产品特性和使用特点，其作用机制和功效验证可以从生物学、医学、化学、物理、药理学等不同学科进行综合查证和分析。一些应用历史悠久的配方或成分，也可以使用历史典籍和民间传说进行佐证。一般认为，专业公开发表的科学文献的可信度较高，现在越来越多的生产商和品牌商也开始在第三方研究机构的协助下开展原料和产品的科学实验并以文献、专利等形式公开发布研究结果了。

（3）**体外替代法** 在原料和产品研发的初级阶段或尚无实现在体实验或人体测试的条件下，体外替代法是一个不错的选择。化妆品的体外替代评价法包含了许多重要的实验方法，涉及生物学、化学、医学等。如在评价原料的美白功效时，可先使用生物化学方法测试其对酪氨酸酶的抑制效率，随后在体外培养的人或小鼠的黑色素细胞模型上使用其样品测试其细胞毒性、黑色素生成等指标。因此，目前化妆品的体外替代方法多使用生物化学法和体外培养的细胞模型综合评价。除了体外培养的人皮肤细胞，也发展出了3D-皮肤细胞重组模型和微流控芯片、类器官、斑马鱼等测试对象。基于目前的科学技术水平而言，体外替代方法的实验结果尚无法安全替代在体实验或临床评价，不同的测试方法得到的数据与结论也存在一定的差异，但体外测试可作为预实验或结合人体评价实验的结果综合分析评判。

（4）**人体临床评价**　人体临床评价是目前化妆品功效评价技术中应用最直接的方法，也是化妆品功效评价的"金标准"，是在实验条件下实施的临床评价、仪器定量测试、图像分析和志愿者自我评估，但一般不包含消费者调查（研）和消费者测试。主要是受试者直接使用产品，通过对比使用前后的效果差异来评估产品的有效性。

人体临床评价可以通过专家小组评估等途径来实现。专家小组通常可以皮肤、眼科或口腔科医生、专家为主要成员，也可有一些经过受训的专业评测员参加，对化妆品可通过视觉、触觉、嗅觉感知的功效进行评估，例如通过气味、平滑度等进行评估，或根据一定的评分标准，对受试者使用产品前后皮肤的肤色、皮肤皱纹改善情况等进行评价。该方法对评价人员的专业知识和技能要求较高，需要对评价人员进行不断的训练，保证其评价结果具有可重复性，结果的呈现以主观性为主，也可以从中得到一些客观的评分数据。

不同于专家评估这种更主观的评价方法，人体临床评价通过结合受试者的主观评估、图像采集和专业的仪器测量进行分析统计，得到客观的实验数据，甚至一些直观、可视化的图像和视频资料，为产品的功效宣称提供证明。目前，随着各种仪器设备的升级、联用和新技术的开发，已经可以实现对于皮肤表层参数至皮肤深层细胞形态学的无创检测和分析了。例如，可在皮肤表面检测皮肤表层的水分、油脂、酸碱度、皱纹长度和深度等指标；对于皮肤深层，可以分析皮肤角质层及真皮层形态结构、胶原蛋白含量、皮肤深层水分、色素含量以及外源成分在皮肤中的经皮吸收量等。

人体临床评价试验应当遵守伦理学原则要求，进行试验之前应当完成必要的产品安全性评价，确保在正常、可预见的情况下不得对受试者（或消费者）的人体健康产生危害，所有受试者（或消费者）应当签署知情同意书后方可开展试验。

（5）**感官评价**　化妆品基于其产品特性决定了消费者在使用过程中不仅由皮肤接触，也会通过视觉、嗅觉等感官对产品进行多方位的体验。使用时，消费者首先通过感官系统感知产品的特征，如质地、香味和颜色等，配合产品功效，产生使用后的独特感觉，是消费者判断产品是否满足需求和愿望的关键因素。

感官评价也称感官分析或感官检验，是用感觉器官评价产品的感官特性，如视觉、味觉、嗅觉、触觉和听觉。区别于人体临床评价和消费者评价，感官评价通常使用经过专业培训的评价小组完成，在特定的环境下，通过使用、对比、评分，对产品进行评判。感官评价不仅可以帮助研发人员对产品的配方进行筛选，对比竞品，帮助市场推广和品牌策划部门寻找适合的宣发素材，还可以为上市后产品的更新升级提供参考。

（6）**消费者评价**　消费者评价是以真实的消费者作为调研对象的，通过消费者对产品的试用以及问卷调查，收集消费者对产品气味、皮肤感觉、触觉、味道等相关特性的反馈，再结合问卷调查统计的结果，对化妆品的功效性进行评估。该方法可以获得消费者对于产品的最直观的感受和评价，通过数据的统计和分析，给予产品相应功效的直接支持，但是为了避免主观性强对结果的影响，对于调查问卷的设计也有较高的要求。

功效宣称的合规性是产品生命的保障，同时功效评价体系应该有充分的科学依据，由此建立一个综合的、多角度、多层面的测试，并且以此为基础科学分析、合理解释。随着科学技术的发展，其他跨学科、跨行业的专业领域也会为化妆品科技创新带来新技术、新手段和新方法。

三、我国化妆品功效评价测试项目及方法选择

对化妆品进行功效评价需要首先根据产品或原料特性，选择科学、有效的方法。功效评价方法来源和依据多样，除特殊情况外，一般优先选择我国化妆品强制性国家标准、化妆品安全技术规范中所规定的方法和我国其他相关法规、国家标准、行业标准载明的方法，如轻工业标准QB/T 4256-2011《化妆品保湿功效评价指南》作为行业标准推荐使用。如以上方法不能满足评价测试用，则可以选择国外相关法规或技术标准规定的方法、国内外权威组织、技术机构以及行业协会技术指南发布的方法、专业学术杂志、期刊公开发表的方法或自行拟定建立的方法等。但是在评价前，需要设计合理的测试方案，完成必要的试验方法转移、确认或验证，以确保评价工作的科学性、可靠性。

宣称祛斑美白、防晒、防脱发、祛痘、滋养和修护功效的化妆品，应通过人体功效评价试验方式进行功效评价。适用敏感皮肤、无泪配方等特定宣称的化妆品，可以通过人体功效评价试验或消费者使用测试二选一的方式进行功效宣称评价。

具有紧致、舒缓、抗皱、控油、去角质、防断发、去屑功效，以及宣称温和、无刺激或对功效保持时间和宣称功效相关统计数据等进行量化的产品，则可以选择从人体功效评价、消费者使用

化妆品保湿功效评价指南

测试、实验室试验中至少一项进行评价，同时结合文献资料或研究数据的分析结论进行合理的功效宣称评价。

对于新功效的化妆品，应当根据产品功效宣称进行科学合理的分析。如在评价过程中使用强制性国家标准、技术规范以外的试验方法，应当委托两家及以上的化妆品注册和备案检验专业机构进行方法验证后方可开展新功效的评价，同时在产品功效宣称评价报告中阐明方法的有效性和可靠性等参数。

四、皮肤指标评价及仪器

1. 经皮水分散失

经皮水分散失（trans epidermal water loss，TEWL）又称透皮失水，是反映角质层屏障功能的常用指标。虽然TEWL值不能直接表示表皮或角质层的水分含量，但能表明在一定时间内角质层水分散失的情况，可侧面反映皮肤或角质层的保水能力。通过测量皮肤水分散失量，可间接反映皮肤水分含量，从而评价化妆品的保湿效果。常用仪器有芬兰Delfin公司的皮肤水合测量仪MoistureMeter SC Compact、德国CK公司的皮肤水分测试仪Corneometer CM825等。其中，MoistureMeter SC Compact是基于相对于角质层有效厚度的介电常数（ε/d）的测量原理类进行测量的，其测量深度取决于角质层干燥层的厚度，测量值是任意单位，为介电常数与变化的角质层干燥层厚度的组合，介电常数与组织的水含量成一定比例，因此，其测试结果更加灵敏，还可清晰地反映测试个体间的水分含量变化。

TEWL值还作为评估皮肤屏障功能的重要参数，皮肤屏障越完好，TEWL值就越低。通过测量TEWL值可以评价皮肤屏障功能的健康程度、化妆品对于皮肤的保湿屏障的修复功能、化妆品的皮肤刺激性、伤口的愈合速率以及交感神经皮肤反应和止汗剂效果等。常用仪器有芬兰Delfin公司的适于敏感性肌肤的Vapometer、德国CK公司的Tewameter TM300等。Vapometer通过仪器密闭腔内的灵敏的湿度感应器，根据监测测量期间腔室内相对湿度（RH）的增加，以斜率计算体内水分蒸发速率$g/(m^2 \cdot h)$，此方法对环境气流不敏感，不易受外界环境影响，保证了测试结果的精确度，如图2-8所示。

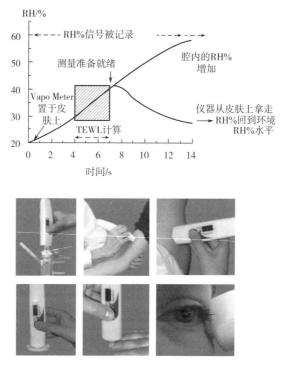

图 2-8　Vapometer 测试原理及操作示意图

2. 皮肤油脂含量

　　健康皮肤的表面必须有一定量的油脂，以维持皮肤的润滑和屏障功能，但过量的油脂堆积在皮肤表面则会引发脂溢性皮炎、痤疮等一系列皮肤病，也会使皮肤微生态环境恶化。通过监测皮肤油脂含量的变化可以客观的评价化妆品的清洁能力和控油等功效，在此基础上结合毛孔、皮肤亮度、微生态等指标还可综合评价化妆品的祛痘功效。常用的仪器包括芬兰 Delfine 公司的 SebumScale 和 Antera3D、德国 CK 公司的 Sebumeter SM815 等。

3. 皮肤酸碱度

　　皮肤表面代谢及排泄产生的尿素、尿酸、盐分、乳酸、氨基酸、游离脂肪酸等酸性物质留存，造成了弱酸性的环境。不同生活环境、生活习惯及人种的皮肤 pH 都有所差异，如东方人的健康皮肤 pH 在 4.5~6.5。只有处于正常的弱酸性的 pH 范围内，皮肤的弹性、光泽、水分等指标才相应呈现最佳状态。因此，皮肤pH与多项皮肤指标都有一定的相关性，如德国CK公司的Skin-pH-Meter PH905可快速检测皮肤表面的酸碱度。

4. 皮肤色度

皮肤的颜色主要由黑色素决定，这主要由遗传因素和环境因素决定。在温度和情绪的影响下，真皮层中毛细血管的血红蛋白含氧量也会影响肤色。皮肤的颜色多与人种及生活环境有关，但生活习惯的改变和一些美容手段可以适当的改变皮肤的色度。因此，皮肤的色度可以在一定程度上反映某段时间或使用某种产品后的皮肤状态的变化。皮肤的色度不仅仅与传统的美白祛斑有关，还与皮肤的整体健康状态、年轻态、皮肤的含水量和皮肤的清洁度等指标相关。目前测量皮肤色度的方法多样，如彩通的皮肤色卡（pantone skintone guide）是根据科学测量各种人类皮肤类型中数千种实际肤色而建立的一种肤色库，拥有110种色彩编号，涵盖肤色范围较宽，可作为彩妆研发的配色参考，也可以作为人体功效评价前的受试者初筛使用。值得注意的是，此色库中包含的色彩需在D65（日光6500K）照明时呈现准确的效果。在针对肤色的实际测评中，环境和室内照明都是不可忽视的一项重要条件。除使用简单便携的皮肤色卡对照外，还可以通过一些色彩分析设备对皮肤颜色进行评价，如美能达色彩色差仪CR系列中的CR-410色彩色差计是利用皮肤表面经照射后表现出的反射率计算得到光度曲线的，并将其转换为L^*a^*b三维比色系统，以此表征皮肤中黑色素和血红蛋白含量等色度指标。

5. 皮肤光泽度与透明度

皮肤表面光泽度是反映皮肤健康状态、自然亮白、抗氧化和抗衰老等的指标，是通过照射到皮肤表面的光直接反射和散射来反映的。当环境中的光照射到皮肤上时，一部分光被皮肤表面反射和散射，剩余的光会进入到皮肤内部，一部分被血红蛋白和黑色素等吸收，其余的光再被射出皮肤外，可以用从皮肤内部反射光的量来评价肌肤的透明感。皮肤的"去皱""透白"或"通透感"以及"皮肤微观状态改善"等宣称均可以用"光泽度"和"透明度"来表现。同时，能够深入皮肤内部的光的射入量与皮肤屏障和角质层状态有关。当角质层水分含量高时，进入皮肤的光和光反射则相应增加，皮肤的通透感也随之增加。因此，皮肤的"光泽度"和"透明度"也可以侧面反映皮肤角质层状态、皮肤含水量以及皮肤表面的出油情况。Delfin公司的SkinGlossmeter皮肤亮度测量仪可针对皮肤、嘴唇和其他非平面表面，测量来自皮肤和其他表面的镜面反射光，利用内置的光电探测器测定光泽度值，并计算反射光束的总强度，可精确测量光泽度或光泽值，如图2-9所示。

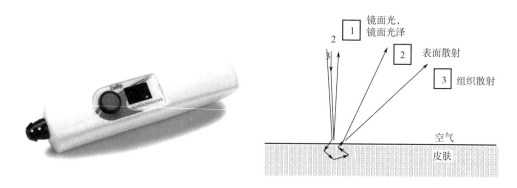

图 2-9　SkinGlossmeter 皮肤亮度测量仪测试原理

皮肤光亮度测试仪GonioLux 4D也是通过测量皮肤再发射、反射和漫射的量与皮肤颜色b*值的相关性来评价皮肤颜色的均匀程度和清晰度的。英国Dia-Stron的皮肤半透明度测试仪Translucency Meter TLS850不仅可以测试化妆品液体、乳液和固体的透明度，还可以反映皮肤的透明度。

6. 黑色素含量及分布

皮肤的颜色与其所含黑色素的量密切相关，通过比较测试区域在使用产品前后皮肤黑色素含量和分布情况，可以评价护肤品的"美白""亮白"等功效。红斑和黑色素指数均是量化皮肤红斑和色素沉着强度的指标，在传统色度计测量过程中，红斑量黑色素通常互有影响。芬兰Delfin公司的SkinColorCatch皮肤颜色测量仪，可以通过测量对红斑不敏感的黑色素指数和对黑色素不敏感的红斑指数，显示RGB，CIE L*a*b*和 L*c*h*颜色空间坐标，并自动计算 ITA°值，同时不易受环境光的影响。德国CK公司的Skin Surface Analyzer SSA、日本Inforward公司的Robo Skin Analyzer SC50、Derma Medical System公司的MoleMax HD都可以通过图像分析对皮肤色度进行测量和评价。

7. 皮肤弹性

皮肤的弹性程度可以反映皮肤的部分生物物理性质和信息，如皮肤衰老、紫外线损伤、皮肤水和程度以及季节性变化和环境因素导致的皮肤状态改变。有研究表明，随着年龄增长，皮肤弹性降低。皮肤弹性的测量多基于物体在外力作用下对形状变化的抵抗力所产生的物理量度变化的原理，即外力压在皮肤表面时，皮肤所产生的抵抗变形和恢复。通常在皮肤科及个人护理品研发过程中所指的皮肤弹性多为"瞬间皮肤弹性（ISE）"，即在皮肤黏性影响测量之前所立即测量到的值，此时间应小于0.5s。同时，测量部位应选择光滑均匀的干燥皮肤表面，同时避开毛发、疤痕及重度褶皱等区域。如芬兰Delfin公司的即是基于以上原理对皮肤弹性进行测量和分析的。此外，Cutometer MPA 580是通过吸力法测量皮肤的黏弹性的，Dermal Torque Meter DTM310是采用扭力法获得皮肤延展性和弹性等参数的，还有Ballistometer BLS780的弹力球法和Venustron的共鸣振动法，如图2-10所示。

图 2-10　Elastimeter 皮肤亮度测量仪

8. 皮肤纹理和粗糙度

纹理可反映皮肤的平滑度和饱满度，现有的分析仪器多是依据肤色的渐变以及皮肤表面的峰/谷差异来判断皮肤纹理的。皮肤的纹理和粗糙度也有一定的联系。对皮肤局部表面纹理进行量化分析，不仅可用于证明宣称中的"抗皱""紧致"等功效，还可评价"祛痘"及疤痕修复等的效果。

皮肤纹理和粗糙度也可以通过图像分析来评估，如常见的灰度共生矩阵等方法，该方法可提取皮肤纹理特征，间接反映皮肤的粗糙度，但这种方法容易忽略皮肤自有毛孔对粗糙度的重要影响。也有采用机器学习等方法对大量皮肤图像和相应的粗糙度状态进行分析的方法，但目前尚未有通用的或可涵盖各种不同人种和皮肤类型的图像数据库供机器学习使用。也有研究利用基于图像RGB空间的皮肤表面粗糙度检测的方法，该方法根据皮肤图像的像素值信息，对皮肤进行图像处理，利用RGB空间像素值可计算得到相应的皮肤图像粗糙度特征值。

德国CK公司的皮肤皱纹测试仪Visioline VL650，需要使用硅橡胶等印象剂复制皮肤表面制成硅膜，再利用倾斜的平行光束照射由皮肤上取下的硅胶皱纹膜片从而形成的皱纹状阴影，拍摄图像，通过软件分析阴影部分的面积、长度和图像灰度值的变化来反映皮肤皱纹的变化。还有一些不需要制模的仪器可直接对皮肤表面进行分析测试，如德国GFM公司的皮肤快速三维成像系统PRIMOS、德国Breuckmann公司的皮肤快速光学成像系统DermaTOP Visio-3D等。

法国Pixience公司的C-Cube多功能皮肤成像分析系统，采取光度立体测量法用于三维皮肤的重建，其高分辨率相当于激光轮廓术，并且能够同时分析颜色的反射率，如图2-11所示。

2D示例　　　　　　　　　　　　　　　　3D示例

图2-11　C-Cube多功能皮肤成像分析系统三维皮肤模型重建

皮肤的纹理可以在一定程度上表征粗糙度，也有一些仪器可以通过测量皮肤摩擦力来反映皮肤的粗糙程度，如德国CK公司的Frictiometer FR700可通过内置小型发动机的压力克服圆形摩擦头在皮肤表面的转动力矩来测量皮肤的摩擦力，测量结果数值越大，说明皮肤表面的摩擦力越大，皮肤也就越粗糙。

9. 皮肤厚度

人体皮肤厚度可因种族、性别、年龄以及部位的不同有所差异。医学上多使用13~14MHz的高频超声对不同类型的皮肤厚度进行测量。德国CK公司的皮肤超声诊断仪Ultrascan UC 22也是一种基于超声成像技术的无创性检测仪器，不同的是该仪器使用的超声频率为22MHz，可记录深度为8~10mm处的皮肤高分辨率图像，从而得出皮肤厚度等信息。此外，还有丹麦Cortex公司的综合皮肤测试系统Dermalab Combo中的高频皮肤超声探头，也可实现对皮肤厚度和密度等结构信息、胶原蛋白含量及比较表皮和真皮边缘、厚度和密度等指标的探测，如图2-12所示。

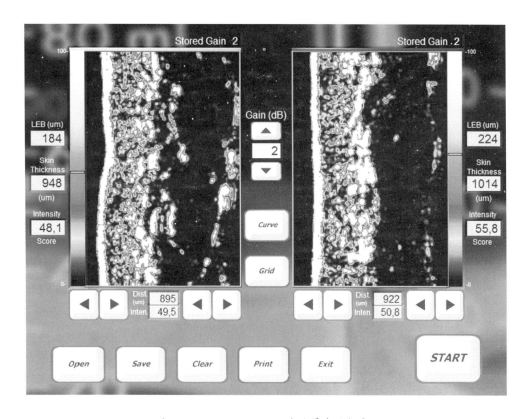

图 2-12　Ultrascan UC 22 皮肤厚度测定界面

10. 皮肤微循环

人体的微循环一般指微动脉和微静脉之间的血液循环，一方面向组织细胞运送氧气和养料，另一方面同时带走细胞代谢的产物。微循环可以将血红蛋白运输至皮肤，为角质形成细胞和成纤维细胞提供充足的氧气和营养物质，并及时将细胞的各种代谢产物和有害成分清除，促进细胞的修复和更新，增强皮肤屏障功能，减缓皮肤衰老。

皮肤微循环不仅可以反映皮肤细胞新陈代谢的情况，还可以应用于多种红斑反应的定量评估。常见的仪器如激光多普勒血流仪是利用激光多普勒的原理，监测动物或人体组织如皮肤局部的微循环血流灌注量的，也可用于斑贴试验，如瑞典 Perimed AB 公司的 PeriScan PIM3、英国 Moor 公司的 VMS 等。

11. 经皮氧分压

经皮氧分压是用于评估伤口愈合预后以及高压氧治疗评估的一种成熟的临床检查技术，也是少数几种可以选择性监测毛细血管血流的方法之一。这种技术采用局部非侵入性检测方法，通过与测定位点相连的电极检测从毛细血管透过表皮弥散出来的氧气含量，可以实现实时、持续地反映机体向组织的供氧能力。因皮肤处于机体供氧系统的末端，所以机体在输送氧气的任何环节出现损伤，都能立即通过经皮氧分压的变化反映出来。测试时，电极加热使皮肤局部组织充血，增加血液灌注和氧气张力，同时溶解表皮死亡和角化的细胞及脂质层，增加皮肤对气体的通透性。氧气含量还可以反映局部组织的代谢情况，如代谢很高的组织，氧气可能被细胞耗尽。瑞典 Perimed AB 公司 PeriFlux 5000 的 PF 5040tcpO$_2$/pCO$_2$，即可用于无创监测皮肤局部组织的 O$_2$ 和 CO$_2$ 张力，以反映皮肤健康状态和炎症反应等。

12. 皮肤舒缓及敏感度

皮肤的敏感度易受多种因素影响，如外源药物、外敷药剂以及不良环境刺激等。皮肤敏感度可以通过皮肤组织中微血管网络对血液流动增加所致的血管扩张和血液流动来降低引发的血管阻塞的反应能力，从而了解皮肤对这种刺激物的过敏性反应、发炎过程和刺激性，即红斑变化，同时结合角质层水分含量或经皮水分散失等指标，综合判断皮肤对某种刺激物的过敏性反应、发炎过程和刺激性。芬兰 Delfin 公司的 VapoMeter 可用于测量敏感性皮肤的经皮水分流失数据，德国 CK 公司的 Mexameter MX18 可分析皮肤敏感状态下的血红素变化。

13. 皮肤表面温度

人体各部位的体表皮肤温度都有不同，这是由人体核心至皮肤表面的热流与皮肤表面至外部环境散热之间的热平衡决定的。健康的皮肤也可通过人体体温调节系统，调节由于机体内部与外界环境所致的温差变化。除了一些诸如红斑性肢痛等疾病外，大量的紫外线照射或局部炎症也都可能使皮肤表面温度升高。通过监测皮肤表面温度变化可以反映晒后修复、舒缓敏感症状等功效。可以利用一些红外热成像装置对皮肤一段时间内的表面温度变化进行监测，如Jenoptik公司的VarioCAM inspect HD红外热成像系统、德国CK公司的Skin-Thermometer ST500等。

14. 皮肤经皮吸收

药物或化妆品的经皮吸收是首先渗透入角质层细胞，再经表皮其他各层到达真皮而进入体内。此外，也可通过毛囊、皮脂腺和汗腺导管而被吸收。不同部位的皮肤吸收能力不同，如面部和手背的吸收能力大于躯干、前臂及小腿的体表皮肤。皮肤屏障受损，外部环境温度升高可使皮肤的吸收能力增加，而环境湿度增大时，角质层水合程度增加，皮肤对水分的吸收能力也会增强，也有一些促渗透的物质可增加皮肤对药剂的吸收能力。

体外实验中多使用Franz扩散池研究化妆品或原料的透皮吸收率，市面上也有多种改良或优化后的扩散池，利用离体小鼠皮肤或经处理后的猪腹部皮肤夹在扩散池盖（供给体）与扩散池（接受体）之间，皮肤的内表面沉浸在等渗溶液中，检测目标成分的透过率，如美国Permergear Franz cell垂直型/水平式透皮扩散仪。德国VITROCELL®透皮试验仪，可用于检测皮肤组织在液体和挥发物质中的暴露量，VITROCELL®透皮云试验仪可用于观测少量液体或悬浮液通过雾化后，更加均匀、快速的对皮肤的透过作用。

人体测试中，也可以通过基于光谱原理的仪器监测特定成分的透皮吸收率，如荷兰RIVERD INTERNATIONAL B.V.公司的皮肤成分分析仪是基于Roman Spectroscopy拉曼散射光谱原理应用于人体皮肤的无创快速高空间分辨率检测方法，该方法不仅可以测试皮肤深度水分和天然保湿因子的含量分布，还可以测试皮肤对涂抹的化妆品沿深度方向上的吸收量分布情况。

15. 头屑评估

去头屑类化妆品是发用类产品中非常重要的一个品类，大多数使用者的头屑量达不到临床治疗的严重程度，但头屑量也影响了日常生活和个人美观。目前评估某种产品是否具有去头屑功效时多依据相关评价规范使用梳子将头屑梳入具有特定底色（如灰色）的器皿中，利用Dandruff Metter DA 20等仪器，拍摄并观察头屑分布图像，并利用专业软件评估头屑数量、尺寸、面积及相应的百分比，来评价去屑类产品的功效。同时，还可结合头皮油脂含量、头发光泽度、头皮水和度，以及头皮表面的马拉色菌等微生物生长情况综合分析。

16. 防脱发评估

对产品的防脱发功效进行评价时可参考多项指标，如梳理脱落发量、毛发密度评估、整体和局部毛发的密度，以及对全头头发照片的图像评估等。也可采用皮肤镜等图像分析技术，结合头皮皮肤及毛囊等指标，综合分析使用前后毛发数量和密度的变化差异。

参考文献

［1］中华人民共和国国务院令第727号.《化妆品监督管理条例》. 2020. 6. 16.

［2］《化妆品功效性宣称评价指导原则》（征求意见稿）. 中国食品药品检定研究院网站. 2020.09.01.

［3］刘玮，张怀亮. 皮肤科学与化妆品功效评价［M］. 北京：化学工业出版社，2004：190-193.

［4］李利. 美容化妆品学（第2版）［M］. 北京：人民卫生出版社，2011：402-405.

［5］秦钰慧. 化妆品安全性及管理法规［M］. 北京：化学工业出版社，2013：936-938.

［6］有助于缓解脱发症状的化妆品人体试验指南. 韩国生物医药部审查部 化妆品审查科，2018.7.

［7］Piérard GE，Piérard-Franchimont C，Marks R，Elsner P；EEMCO group. Skin Pharmacol Physiol. EEMCO guidance for the assessment of hair shedding and alopecia. 2005，17（2）：98-110.

［8］Mias C，Maret A，Gontier E，et al. 244 Protective properties of Avène thermal spring water on biomechanical，ultrastructural and clinical parameters of the human skin［J］. Journal of Investigative Dermatology，2020，140（7）：S28.

［9］莴茂强，Peter M Elias. 特应性皮炎患者皮肤的水通透屏障功能改变及其临床意义，临床皮肤科杂志，2007，36（10）：671-673.

［10］王晶. Toll样受体3、9在皮肤中的作用机制和信号转导通路研究及药物的干预［D］. 第二军医大学，2007.

［11］胥静，丁力，张俊平. Toll样受体和其他分子识别受体在固有免疫中的相互作用［J］. 药学实践杂志，2014，000（005）：324-328.

［12］廖万清，朱宇. 皮肤瘙痒的研究进展及治疗现状［J］. 解放军医学杂志，2011（06）：555-

557.

［13］Schmelz M，Schmidt R，Weidner C，et al.Chemical response pattern of diff erent classes of C-nocicept ors to pru ritogens and algogens［J］. J Neurophysioly，2003，89（5）：2441-2448.

［14］Kanda N，Watanabe S. Histamine enhances the production of nerve growth factor in human keratinocytes［J］. J Invest Dermatol，2003，121（3）：570- 577.

［15］St einhoff M，Buddenkott e J，Shpacovit ch V，et al. Proteinase-activated receptors：transducers of proteinase-mediated signaling in inflammation and immune response［J］. Endocr Rev，2005，26（1）：1-43.

［16］Zhu Y，Wang XR，Peng C，et al. Induction of leukotriene B4 and prostaglandin E2 release from keratinocytes by protease-activated receptor-2-activating peptide in ICR mice［J］. Int Immunopharmacol，2009，9（11）：1332-1336.

［17］Yu Z，Cheng P，Jian-guo X，et al. Participation of proteinsae-activated receptor-2 in passive cutaneous anaphylaxis-induced scratching behavior and the inhibitory effect of tacrolimus［J］. Biol Pharm Bull，2009，32（7）：1173-1176.

［18］Lazar J，Szabo T，Marincsak R，et al. Sensitization of recombinant vanilloid receptor-1 by various neurotrophic factors［J］. Life Sci，2004，75（2）：153- 163.

［19］Bodó E，Kovács I，Telek A，et al. Vanilloid receptor-1（VR1）is widely expressed on various epithelial and mesenchymal cell types of human skin［J］. J Invest Dermatol，2004，123（2）：410-413.

［20］Basu S，Srivastava P.Immunological role of neuronal receptor vanilloid receptor 1 expressed on dendritic cells［J］. Proc Natl Acad Sci，2005，102（14）：5120-5125.

［21］Marziniak M，Pogatzki-Zahn E，Evers S. Localized neuropathic pruritus［J］. Pruritus，2010，Part 2：151-156.

［22］Greaves MW. Pathogenesis and treatment of pruritus［J］.Curr Allergy Asthma Rep,2010,10（4）：236-242.

［23］高莹，鲁楠，职蕾蕾，等. 婴幼儿皮肤结构和生理特征的研究进展［J］.中国美容医学杂志，2015（3）：77-80.

［24］Barry B W. Novel mechanisms and devices to enable successful transdermal drug delivery［J］. Eur J Pharm Sci，2001，14（2）：101-114.

［25］Szabo G. Pigment cell biology. In：Gordon M，ed. Mitochondria and Other Cytoplasmic Inclusions. New York，NY：Academic Press；1959.

［26］Griffiths CEM，Wang TS，Hamilton TA，Voorhees JJ，Ellis CN. A photodamage using a photographic scale［J］Br J Dermatol. 1994，130：167-173.

［27］Chung JH. Photoaging in Asians. Photodermatol Photoimmunol. Photomed. 2003，19：109-121.

［28］John Knowlton，Steven Pearce. Handbook of Cosmetic Science and Technology, 1st Edition, New York：Elsevier Advanced Technology，1993.

［29］Barel A，Paye M，Maibach H. Handbook of Cosmetic Science and Technology，Fourth Edition，2014.

［30］华微，李利.皮肤角质层含水量的电学法测量［J］.中国皮肤性病学杂志，2015，3（29）：314-317.

［31］蔺茂强，刘俐，吕成志.角质层的含水量机器对皮肤生物功能的影响［J］.临床皮肤科杂志，2008，12（37）：816-818.

［32］Jaroslav Valach，David Vrba，Tomáš Fíla，Jan Bryscejn，Daniel VavříkDigitising，3d Surfaces of Museum Objects Using Photometric Stereo-Device［C］. Proceedings of the Colour and Space in Cultural Heritage session at the Denkmäler 3D Conference. 2013.

［33］Quéau，Yvain，Roberto Mecca，and Jean-Denis Durou. Unbiased Photometric Stereo for Colored Surfaces：A variational approach［C］. Proceedings of the IEEE Conference on Computer Vision and Pattern Recognition. 2016.

［34］Quéau，Yvain，François Lauze，and Jean-Denis Durou. A L1-TV Algorithm for Robust Perspective Photometric Stereo with Spatially-Varying Lightings［C］. International Conference on Scale Space and Variational Methods in Computer Vision. Springer，Cham，2015.

［35］中国医师协会美容与整形医师分会毛发整形美容专业委员会.中国人雄激素性脱发诊疗指南［J］.中国美容整形外科杂志，2019，30（1）：前插1-5.

［36］吴园琴，范卫新，董青，等.毛发显微图像分析系统在雄激素性秃发疗效分析中的应用

［37］［J］.临床皮肤科杂志，2018，57（1）：3-7.

［38］周乃慧，范卫新.毛发生长的评价方法［J］.国际皮肤性病学杂志，2008，35（5）：267-271.

［39］后桂荣，肖艳，曾抗.斑秃共聚焦激光扫描显微镜影像学特征分析.中华皮肤科杂志，2012，55（5）：256-258.

［40］Alanen E.，et. al. Measurement of hydration in the stratum corneum with the Moisture Meter and comparison with the Corneometer［J］. Skin Res. Technol. 2004，10：32-37.

第三章 抗皱、紧致类化妆品

一、皮肤老化与纹理形成

1. 皮肤的老化

随着年龄的不断增长，人体各方面机能逐渐衰退，体内大分子和细胞的生化调节能力不断降低，相关器官和组织功能逐渐衰退，皮肤也会发生退行性变，出现皮肤变薄、缺乏弹性、干燥起皱、粗糙、不规则色素沉着等现象。

皮肤不仅会由于生理年龄的增长和某些疾病的产生而发生"内源性老化"，多种外界因素的干扰刺激也会使皮肤老化加速。这些外界因素主要包含：雾霾、粉尘、化学烟雾等空气污染；紫外线（UVA、UVB）、红外线等辐照；吸烟、饮酒、偏食等不良生活习惯；风吹、接触化学物质等。其中紫外线是引起皮肤老化的最主要因素。总之，一切不利于细胞生长的因素皆可影响细胞的衰老过程，进而加速皮肤老化。

皮肤老化是随着时间的流逝必然发生的自然现象和复杂过程，也是人体衰老的外在表现。目前，关于皮肤老化的机制主要有染色体遗传学说、基因调控学说、代谢失调学说、免疫力下降学说、内分泌失调学说及环境影响学说等。从组织学角度看，皮肤的老化主要表现在角质形成细胞、成纤维细胞数量减少与功能下降、真皮层胶原蛋白的合成减少及萎缩、降解加速，从而导致皮肤致密有序的胶原纤维网状结构变得紊乱，发生塌陷，最终使皮肤松弛并产生皱纹。

皮肤的衰老是一个多维度的、立体的过程。皮肤的老化主要表现在表皮、真皮、皮下组织和皮肤附属器。

（1）**表皮** 表皮老化主要表现为皮肤变薄，角质形成细胞增大，且部分角化不全，皮肤水分含量降低是其中较明显的变化。由于皮肤水合能力的降低，皮肤组织细胞的水分减少，细胞出现皱缩，容易出现细小的皱纹。

（2）**真皮** 真皮老化主要表现为成纤维细胞的数量减少、体积变小、排列不规则，细胞外基质中胶原纤维、弹性纤维和其他组成成分的减少和变性。皮肤的保湿能力与真皮的基质黏多糖和蛋白质的糖蛋白复合物有着密切关系。除此之外，真皮胶原纤维是皮肤真皮层纤维网状结构的主要成分，在维持皮肤组织的韧性和弹性方面起主要作用，随着年龄的增加，皮肤中可溶性胶原纤维减少、不溶性胶原纤维增加，皮肤的伸展度也随之减小。

（3）**皮下组织**　老化的机体由于激素分泌变化，出现脂肪组织的减少和变性，导致真皮网状层下部缺乏支撑，这也是造成皮肤松弛的重要原因。

（4）**皮肤附属器**　皮肤附属器主要包括外分泌腺、皮脂腺和毛发。老化皮肤中外分泌腺的数量与活性均会下降，分泌细胞中脂褐素逐渐增多，表现为皮肤干枯、暗黄。皮脂腺分泌的皮脂在青春期达到高峰，进入成年期后相对稳定，之后随着年龄的增长会逐渐降低。头发苍白也是判断衰老的重要标志，与此同时，毛囊的数量减少、体积变小，毛发生长缓慢且逐渐变细。

皮肤的衰老表现在人种和地域条件上也体现出一定的差异。对不同种族和地域的女性皱纹的研究中发现，黑种人女性的皱纹分数最低，白种人女性最高。比较日本、中国、泰国女性面部皱纹和皮肤下垂情况与年龄变化的关系发现，泰国女性表现出最严重的皱纹，其次是中国和日本。

2. 皮肤的纹理

皮肤纹理是由真皮乳头向表皮突出形成的乳头线（皮嵴）和乳头线之间的凹陷（皮沟）组成的。在皮肤的真皮组织结构中，弹性纤维和胶原纤维是按照特定方向进行排列分布的，因为这种排列具有一定的走向，有凹陷的地方，有凸起的地方，所以构成了皮肤纹路。皮纹的形成与表皮嵴的发育相关，而表皮嵴的形成与真皮乳头层的图案相关，在显微镜下观察到的皮肤隆起处形成的皮纹又称皮嵴，凹陷处形成的皮纹又称皮沟。在皮沟处有众多小孔，这些小孔就是汗毛孔，它是汗腺导管的开口处。皮纹自出生起就存在于皮肤表面，它使得皮肤变得柔韧、富有弹性，并使皮脂腺、汗腺中的分泌物能沿其纹路扩展到整个皮肤表面，这种皮肤自身的皮纹可以随意拉伸，因此皮肤具有伸缩性或延展性。年轻、健康的皮肤的皮嵴、皮沟明显，皮纹清晰，皮肤的伸缩性强；而老化粗糙的皮肤的皮嵴、皮沟不明显，皮纹模糊，皮肤的伸缩性降低。

据研究发现，皮纹的这些变化与性别、存在部位、年龄等多种因素有关。在同一年龄段，男性比女性的皮纹更深。皮肤自身的皮纹线就是皮肤张力线，张力线的走向根据人体皮肤部位的不同而不同，在不同的部位，其走向和深度也不同，手掌、颈部及关节活动处皮纹最深。一般来说，暴露在外的部位其皮纹深度越大，皮肤也就越粗糙。随着年龄增加，皮肤逐渐衰老。在皮肤的突起和沟纹构成的微型轮廓中，将皮肤割成形如长斜方形的线称为一级线，与一级线斜交并把表面再分割成三角形、梯形或长斜方形的线是二级线。当部分沟纹逐渐消退，皮肤网格相对个数减少，皮肤表面积增加；另一些沟纹则增粗变宽，缓慢地形成皱纹。年轻的皮肤纹理较致密，沟纹交错呈现出"米"字形的结构，而自然老化皮肤由于弹力减小，纹格变少，纹理有沿某方向延伸的趋势，形成了"川"字形的结构。因此以网格数来定量分析皮肤老化程度已成为一项特征指标，其结果可反映皮肤的自然老化程度。

二、皱纹产生机制及分类

1. 皱纹的产生机制

人体皮肤结构主要由表皮层、真皮层、皮下组织和皮肤附属器组成，其中真皮层中发生的变化与皱纹的形成最为紧密。真皮层可分为两层，上层为乳头层，下层为网状层，上层紧邻表皮，呈波浪形，主要由胶原纤维构成，纤维束细小，排列的方向不定，内含丰富的毛细血管网和感觉神经末梢；下层主要由胶原纤维和弹力纤维构成，纤维束粗大且排列与皮肤表面平行并交织成蜘蛛网状。其中胶原纤维具有一定伸缩性，可以起到抗牵拉的作用；弹力纤维具有较好的弹性，可使牵拉后的胶原纤维恢复原状。如果纤维含量减少，则会导致皮肤的弹性下降，进而导致皱纹形成。此外，成纤维细胞体积变小、排列不规则和数量的减少也促使皱纹形成。

表皮层老化主要表现为皮肤变薄，角质形成细胞增大且部分角化不全，此时皮肤特征为水分含量的缺失严重。由于水合能力降低，皮肤组织细胞的水分减少，细胞皱缩，出现细小皱纹。

老化皮肤中外分泌腺的数量与活性均会下降，分泌细胞中脂褐素逐渐增多，具体表现为皮肤出现干枯、暗黄的现象。皮脂腺分泌的皮脂在青春期达到峰值，在进入成年期后趋于稳定，之后随着年龄的增长皮脂腺的功能逐渐衰退，皮脂含量的不断降低导致皮肤松弛问题。

随着年龄越来越高，皮下组织萎缩，激素分泌水平发生变化，脂肪组织逐渐减少、变性，导致真皮网状层下部缺乏支撑，皮肤松弛问题也因此越来越严重。

皱纹一般在20岁左右开始逐渐出现，并随着年龄的增长而逐渐加深并增多，在45岁左右，皮肤老化逐渐加剧，皱纹形成开始加速。年龄的增加使得皮肤失去柔韧性，微笑或皱眉等面部表情形成的线条会被保留下来，随着时间的推移，这些"表情线"就会加深为皱纹。皱纹最初从前额部位开始出现，同时在外眼角部出现扇形展开的皱纹，接着围绕眼睑皱纹出现鱼尾纹和放射纹，口至颌部皱纹深沟逐渐发展起来，并向耳根部、颊部、颈部、下颌甚至全身延伸。

2. 皱纹的分类

皱纹可在面部任何部位发生，其形成原因和不同临床表现受众多因素共同作用，不同部位的皱纹主要受生活习惯、外界因素、局部因素等因素影响，如在睡眠时持续的重力拉力、频繁不断的面部皮肤位置压力，以及面部表情模拟肌肉收缩导致的反复面部运动等。皱纹具有诸多分类方法，主要可根据其分布区域不同、产生的原因、外观的差异等对其进行分类。

（1）**根据分布区域不同**　可以分为额纹、眼周纹、口周纹、唇纹和颈纹等。

额纹也称抬头纹，其产生与日常的面部表情和肌肉运动有着巨大的关系，如情绪改变时人会不自主地将眉部抬起，日积月累就会降低局部皮下纤维组织的弹性，甚至由动态纹路演变成为顽固的真性静态皱纹。随着年龄的增长，皮下脂肪、肌肉的萎缩老化，也会加重皮肤下陷，加深纹路。除遗传因素外，光老化等因素同样会导致皮肤松弛和额纹加重。

眼周纹包括眼角纹和下睑纹。眼角纹是最常见的皱纹之一，因眼角纹的纹路与鱼尾上的纹路相似，故也称为鱼尾纹，是在外眦区域到鬓角之间出现的皱纹。鱼尾纹的形成主要与眼轮匝肌的不断收缩相关。随着年龄的不断增长，鱼尾纹会越来越明显，其从外眦向外延伸出3~4条放射状的呈爪型的皱纹，情况严重的甚至会延伸至太阳穴。下睑纹的形成也与眼轮匝肌有密切联系，眼轮匝肌睑部运动过度会导致下睑纹的出现，早期为较浅的细纹，并随着年龄的增长而不断加深。此外，眉下垂、肌肉萎缩和面部皮肤的不断松弛也会加重眼皱纹的形态。

相较于面部其他部位，口周纹更易出现，此外，女性的口周纹会比同龄男性更加严重。血液流通有助于减缓皱纹的形成，然而口部周围的血液供应相对独立，且女性口周围的皮肤组织含有的血管少于男性，上皮组织也几乎没有皮脂腺分布，这会影响皮肤自然填补。另一方面，女性嘴唇周围的肌肉纤维比较接近皮肤中层，这可能会导致向内收缩，因此而产生更深的皱纹。口周纹的形成与唇部皮肤老化、胶原蛋白流失、上下唇黏膜和皮肤的萎缩相关。在年龄为40~50岁时，一般会出现唇型轮廓模糊，口角处皱纹明显并向下延伸的情况，方向一般为垂直方向，有些也呈放射状。

唇纹是唇黏膜上皱纹和沟槽所形成的特征图案，其不是简单地由一种凹槽组成，而是由不同类型的凹槽混合组成的特征图案，具有特异性、唯一性、稳定性、遗传性、多样性与差异性，可作为个体识别标志。口唇位于面部的正下方，是面部众多软组织中活动能力最大的结构，不仅具有语言、进食、吞咽及呼吸等功能，而且具有高度特征化的表情功能，是面部重要的表情标志。唇纹的形成与唇部真皮、皮下组织的胶原蛋白流失、上下唇黏膜肌肉及皮肤的萎缩相关。由于唇部皮肤较薄且皮下脂肪缺失，且唇部缺少了支撑结构，上下唇则容易形成明显的皱纹。在少年时期，唇部纹理相对较浅，规则清晰且数目较少，上唇纹理数目的增加量在青年、中年、老年阶段中都非常明显且呈匀速增加趋势，这表明上唇的老化是一个以自然老化为主的过程；下唇纹理的数目也是逐步增多的，其明显增加主要在少年到青年阶段。相较于上唇，下唇更容易曝光，因此下唇纹理数目增加的幅度大于上唇。

颈纹是人体颈部的皱纹，主要是由于结缔组织与表皮细胞衰老萎缩造成的。由于颈部皮肤相对较薄，皮脂腺相对较少；表皮细胞逐渐衰老使得皮肤活力变差，细胞代谢功能减弱，水分出现减少，其次结缔组织萎缩，胶原蛋白减少；且颈部是人们经常暴露在阳光下的部位，加之每天不断扭转、弯曲等不可避免的活动，颈部皮肤会逐渐失去弹性并产生颈纹。颈纹是颈部皮肤老化的标志，一般分为横向颈纹和垂直颈纹。横向颈纹也称为颈横纹，垂直颈纹也称为颈竖纹。颈竖纹是因颈括约肌的收缩和颈部两侧皮肤变薄而形成的垂直的棱纹，其可延伸至锁骨。颈纹的出现一般在30岁时比较明显，40岁后会显著影响外观。

（2）根据皱纹产生的原因　可将其分为体位性皱纹、动力性皱纹和重力性皱纹三大类。其中，体位性皱纹主要出现在颈部，主要是颈阔肌长期伸缩的结果，体位性皱纹的出现并非都因皮肤老化造成的，但随着年龄增长，横纹开始逐渐加深并演变成老化性皱纹。动力性皱纹主要是由面部相应部位表情肌长期反复、习惯性地收缩导致的，常与面部表情肌力的方向保持一致。动力性皱纹在初期仅出现在肌肉运动时，但随着皱纹的逐渐加深、变粗，肌肉静止时也会存在，如鱼尾纹、皱眉线、眉间纹、口角纹等。重力性皱纹的产生主要是由于皮下脂肪组织、骨骼和肌肉发生萎缩，皮肤的老化加之地心引力的作用而渐渐产生的，如双下颌等。

（3）**根据皱纹外观的差异** 可分为4个基本类型。Ⅰ型皱纹为轻度皱纹，当细小的浅皱纹受到横向拉力时可消失，当面部表情静止时不易发觉，体位发生变化时隐约可见，其方向和形状也会轻易发生变化。此类皱纹的产生主要是由于真皮层的网状层结构和真皮下部结缔组织中胶原纤维束萎缩导致的。其次，Ⅱ型皱纹为中度皱纹，是持久存在的面部皮肤线条，面部表情静止时隐约可见，在面部表情发生运动时可明显察觉，当受到垂直于皱纹轴的拉力时无法消失。随着年龄的增加，Ⅱ型皱纹逐渐增多，其多发生在脸部面颊、嘴唇上方及颈部等皮肤日晒区。Ⅲ型皱纹为重度皱纹，在面部表情保持静止时已明显可见，且同样持久存在于皮肤中，在用力伸展皱纹时纹路可减轻。Ⅳ型皱纹为严重皱纹，是由于重力导致的皮肤下垂或褶皱，即使用力伸展皱纹依旧清晰可见。

皱纹也可分为静态皱纹和动态皱纹。有研究发现，从幼龄时期到老年时期动态皱纹均存在，当肌肉收缩时，会暂时出现皱纹，导致皮肤像手风琴一样起皱，因此只有当人们有面部表情时才会看到动态皱纹。动态皱纹多见于25~30岁年轻女性，静态皱纹多见于40岁以上中年女性。

（4）**皱纹还有其他分类方法** 皱纹也可分为：细纹、表情纹和深层皱纹；萎缩型、肥大型皱纹；光化性、老化性皱纹；生理性、病理性皱纹。皱纹对人体外部形象有着直接影响，严重的甚至会影响人们的生活质量，因此，人们希望深入了解皱纹的产生机制，以帮助解决皱纹出现的烦恼和问题。

三、皮肤老化的生物学机制

皮肤老化分为内源性老化和外源性老化。内源性老化是由于遗传因素和不可抗因素（机体内分泌及免疫功能随着机体衰老所发生的改变）所引起的；外源性老化是由于环境因素导致的，其中光老化是导致皮肤老化的最重要因素。在对于外源性老化因素的研究中，有学者提出了一些学说，如基因调控学说、自由基学说、线粒体损伤学说、端粒学说、免疫衰退学说、非酶糖基化学说等。因此皱纹的出现，不仅取决于个人生活方式，还与基因有着密切关系。

1. 基因调控学说

基因调控学说认为衰老是由某种遗传程序确定并按时表达出来的生命现象，主要是从染色体及基因水平分析衰老现象。随着年龄的增长，修饰基因丧失、DNA甲基化减少且DNA自身修复的能力下降、磷酸化反应降低、端粒缩短、原癌基因和抑癌基因等调控异常导致染色体突变、正常细胞过度分化从而出现衰老表现。Spiering等证实了DNA复制与皮肤衰老密切相关，他们在皮肤成纤维细胞培养基中发现了DNA合成的抑制因子，利用它抑制细胞DNA合成将导致细胞复制速度减慢，延缓细胞的衰老。同时，随着年龄增加，细胞对DNA变异或缺损的修复能力下降，从而导致细胞衰老，甚至死亡。皮肤衰老主要是皮肤细胞染色体DNA及线粒体DNA中合成抑制物基因表达增加，许多与细胞活性有关的基因受到抑制及氧化应激对DNA损伤而影响其复制、转录和表达的结果，故基因调控被认为是皮肤及其他相关细胞衰老的根本因素。

有学者研究发现，人类已知基因中，在皮肤老化过程中发挥作用的基因有1500个左右。其中有700个基因控制着水合（皮肤吸收水分、保湿的过程）；40个基因决定了胶原蛋白的老化；200个基因控制着皮肤抵御自由基的能力，防止自由基损伤细胞和结构，引起炎症从而导致皮肤老化。其中 $p53$ 是一个重要的抗癌基因，其野生型可使癌细胞凋亡，从而防止癌变；还具有帮助细胞基因修复缺陷的功能。$p53$ 转录因子在细胞应激和DNA损伤时被激活，并诱导基因表达，它控制细胞的生长。研究显示，$p53$ 主要的负性调节因子Mdm2可诱导鼠类皮肤衰老改变，包括表皮变薄、愈合减慢、毛发进行性脱落。这可能是 $p53$ 介导的表皮干细胞的衰老和其功能的丢失。在正常人真皮的成纤维细胞中，抗坏血酸衍生物（AA-2G）能对抗由过氧化氢诱导的细胞损伤，阻断氧化应激，具有延缓细胞衰老的作用，主要就是通过影响 $p53$ 和 $p21$ 基因发挥作用。多梳基因（ PcG ）家族是果蝇发育时维持同源异形基因稳定表现的重要因子，在胚胎发育、肿瘤发生和转移及干细胞的维持中有着重要的作用。$Bmi-1$ 基因是 PcG 家族中重要成员之一，它具有阻抑基因的功能，能抑制细胞周期依赖性激酶抑制因子（CD-KI） $p16$ （INK4A）和 $p19$ （ARF），参与细胞的增殖、分化与衰老。有学者运用HE染色和总胶原组织化学染色，比较2周和4周龄野生型WT和 $Bmi-1$ 敲除小鼠皮肤的组织学差异。结果显示，$Bmi-1$ 敲除小鼠皮肤厚度在2周龄时与WT小鼠无明显差异，而总胶原阳性百分率在2周龄时已较WT小鼠明显降低。到4周龄时，$Bmi-1$ 敲除小鼠皮肤明显变薄，角质层增厚，皮下脂肪减少，总胶原阳性百分率进一步降低，从而证实 $Bmi-1$ 基因缺失会导致小鼠皮肤老化。

2. 自由基学说

正常情况下，外界环境因素和各种生理代谢活动都会使机体产生大量自由基，在正常情况下，体内的自由基清除剂一边还原自由基，一边增强抗氧化酶的活性以快速清除多余的自由基。机体氧化系统维持正常代谢时形成自由基产生与清除的动态平衡，而随着年龄的增加，机体内的抗氧化酶活性降低，抗氧化系统的功能就会被削弱，自由基的过量积累引发机体组织氧化性的不可逆损伤，影响细胞分化状态，因此自由基对组织的损伤是缓慢进行的，逐渐地导致各种衰老损伤（图3-1）。

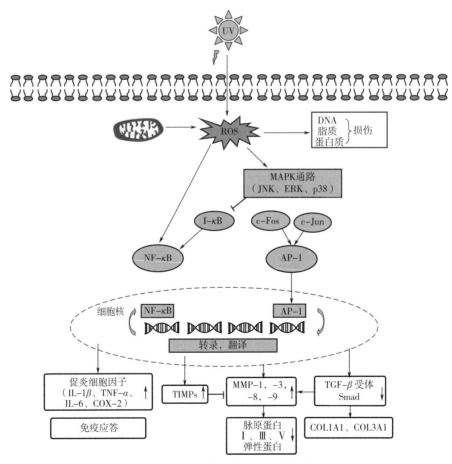

图 3-1　活性氧诱导皮肤衰老机制

（1）**对核酸的损伤** 活性氧加成到碱基的双键中或从戊糖部分抽提氢，可破坏碱基生成嘧啶、嘌呤自由基，碱基自由基相互结合或被过氧化，使碱基缺失甚至主链断裂，产生遗传突变。

（2）**对蛋白质的损伤** 活性氧与氨基酸或直接与蛋白质反应使多肽链断裂，促使皮肤中胶原蛋白、弹性蛋白等受到自由基攻击产生交联变性，使皮肤变薄、起皱，弹性降低，细胞生长变缓。

（3）**对糖的损伤** 皮肤中的黏多糖透明质酸极易被活性氧解聚氧化为糖醛类产物，进而与DNA、RNA、蛋白质发生进一步交联变性。

（4）**对脂质的损伤** 活性氧攻击生物膜上的不饱和脂肪酸（polyunsaturated-fatty acid，PUFA）引起膜通透性和硬度增加，胞内环境改变，形成多种脂质过氧化物及其代谢产物丙二醛（MDA），MDA是强效交联剂，易与蛋白质或核酸交联形成溶酶体无法消化的脂褐素（LPF），累积在皮肤结缔组织中形成老年斑。

导致自由基损伤的主要原因之一活性氧（reactive oxygen species，ROS）是一类由氧组成，并且性质活泼的物质，在自然界中具有极高的生物活性。体内常见的活性氧包括超氧自由基（$\cdot O_2^-$）、过氧化氢（H_2O_2）、高活性羟自由基（$\cdot OH$）、单线态氧（$^1O_2$）、脂质过氧化物和氮氧化物。$\cdot O_2^-$是细胞内产生的第一个ROS，在抗氧化酶的催化下形成H_2O_2。在应激条件下，$\cdot O_2^-$可以从蛋白质的铁硫中心释放出亚铁离子，参与Fenton反应，将H_2O_2转化为$\cdot OH$。$\cdot OH$很容易与体内周围的分子发生反应，半衰期只有9~10s。

ROS的来源包括多种酶和非酶物质，如线粒体电子传递链、环氧合酶、过氧化物酶体氧化酶、NADPH氧化酶和脂氧合酶。在正常情况下，ROS的产生和清除处于一个微妙的动态平衡状态，其中抗氧化系统起着重要的作用。一般来说，大多数抗氧化剂在表皮层的浓度高于真皮层。

ROS主要来源于细胞氧化代谢和紫外线辐射，根据自由基衰老理论，ROS在皮肤衰老中起主要作用。过量的活性氧可直接损伤细胞，如线粒体DNA损伤、单线态氧将鸟嘌呤氧化成8-氧鸟嘌呤（8-oxoG）、蛋白质碳化和4-羟基壬烯生成等，这些都将导致皮肤老化。

ROS可通过刺激丝裂原活化蛋白激酶（MAPK）和激活由c-Fos和c-Jun组成的异二聚体激活蛋白1（AP-1）来诱导MMPs的合成。MMPs能降解ECM中的胶原蛋白和弹性蛋白，在皮肤老化中起着复杂的作用。其中，胶原酶（MMP-1）是唯一能够分解胶原纤维的基质金属蛋白酶，而其他类型的MMPs，如92ku明胶酶（MMP-2）、基质溶解酶（MMP-3）和72ku明胶酶（MMP-9）都能进一步分解已降解的胶原碎片。此外，ROS和活化的MAPK信号通路可以激活NF-κB，从而影响介导炎症的多种细胞因子的表达。活化的NF-κB调节血红素加氧酶-1（HO-1）的表达，间接增加细胞内游离铁的水平，从而通过Fenton反应促进ROS的进一步产生。此外，NF-κB和AP-1能降低TIMPs的转录水平，进而降解胶原蛋白和弹性蛋白。NF-κB还释放MMP-8加速ECM的降解。AP-1可下调转化生长因子β（TGF-β）II型受体的表达，导致下游Smad/TGF-β信号通路受损，降低编码III型和I型胶原蛋白前体的COL3A1和COL1A1基因的转录，间接降低胶原蛋白的生物合成，如图3-1所示。

3. 线粒体损伤学说

1989年，Linnane等提出线粒体衰老理论，认为线粒体氧化损伤导致的基因突变是造成人体衰老与出现退行性疾病的主要原因。线粒体是机体有氧呼吸的主要细胞器，存在于真核细胞内。吸入机体的氧气95%以上在线粒体中经呼吸链被还原成水，还有1%~4%的氧气通过另一途径生成活性氧。因线粒体是机体内活性氧的主要产生场所，也是内源性自由基攻击的靶部位，所以线粒体膜上的脂质、膜内的各种酶和基质中的线粒体DNA（mi-tochondrial DNA，mtDNA）极易受到活性氧的攻击而变性，随着年龄增加，自由基连锁反应积累，线粒体的结构和功能极易被改变和破坏，造成细胞膜流动性、弹性降低，导致细胞破裂。并且mtDNA没有保护蛋白，易被攻击破坏，造成突变，同时mtDNA又缺乏修复和校正系统，其损伤不能及时被修复。当mtDNA发生损伤时，氧化磷酸化会被抑制，导致电子传递方向改变而进入活性氧的生成途径，使得氧化压力升高，形成自由基聚集及线粒体损伤的恶性循环，最后导致能量产生减少，细胞也因能量供应不足而丧失动力，引发细胞凋亡，最终加速机体衰老。

研究表明，与衰老有关的mtDNA突变有片段缺失、点突变、插入、替代环或D环（D-loop）区小的串联重复和DNA重排，报道较多的是点突变和片段缺失。氧化应激可以诱导线粒体的共同缺失（MCD）突变。线粒体氧化应激导致线粒体能量代谢失调，进一步损伤线粒体，另一方面，细胞暴露于环境因素，也会引起氧化应激。对于人类皮肤，最主要的环境损害因子就是UV照射，它能诱导共同缺失突变和外源性的皮肤衰老。在体实验证实，线粒体氧化应激可促进皮肤细胞衰老。

4. 端粒学说

端粒是位于真核生物染色体DNA3′-末端的帽状结构，由组蛋白与2~20kb的核苷酸高度重复片段（TTAGGG）$_n$构成，3′-末端为单链悬突（3′-overhanging）并回折形成T形（T-loop）结构，端粒的功能是保护3′-单链悬突，保证DNA结构在复制过程中的完整性和稳定性，防止核酸外切酶对DNA的降解，进而防止染色体末端降解、重组和融合。正常体细胞每分裂1次，端粒会丢失50~200个碱基对（bp），当端粒缩短到2000~4000bp时，正常人的二倍体细胞就不能再进行分裂，细胞开始凋亡。

1991年提出的端粒衰老假说认为生物的遗传基因通过端粒程序决定细胞分裂的次数，随着细胞分裂端粒逐渐缩短，短至一定程度则启动停止分裂信号，正常的体细胞即开始衰老死亡。因为DNA聚合酶不能复制DNA线性末端，所以端粒会随着细胞周期性缩短，直至不能维持DNA结构的完整和稳定性时，进入细胞增殖衰竭期，细胞不能增殖分裂，从而使皮肤表现出衰老的症状。

皮肤细胞中的端粒可能特别容易因为增殖和DNA损伤剂——ROS而加速缩短。氧化应激后端粒加速丢失可能由细胞内的DNA修复过程介导，DNA损伤会加速皮肤中端粒缩短，端粒还可介导衰老皮肤的黑色素形成。与成纤维细胞相比，角质细胞更容易因受到UV和电离辐射引起DNA损伤，并发生细胞凋亡和衰老。随着端粒缩短和DNA损伤，角质形成细胞以凋亡的形式被清除，成纤维细胞则会发生衰老，在真皮中以旁分泌和细胞外基质沉积的方式影响表皮组织的生长过程。

内源性老化和光老化均导致T辐照有关失稳定破裂，3′-末端单链悬突暴露：前者的原因在于更短或更"紧"的T辐照有关结构随机出现；后者则是因双胸腺嘧啶（TT）光产物或鸟嘌呤残基的ROS介导氧化作用使T辐照有关或悬突扭曲变形。影响皮肤老化的内源性因素主要与多次细胞分裂过程中端粒的进行性缩短有关，而光老化因素还与皮肤过量或长期暴露于UV辐照相关。端粒悬突重复序列TTAGGG三分之一是TT，二分之一是鸟苷酸残基。UV使DNA通常在TT处生成嘧啶二聚体，细胞代谢或ROS所致的DNA氧化损伤通常发生于鸟嘌呤残基，因此，暴露于UV和（或）氧化损伤会对端粒造成广泛的损伤，端粒3′-末端TTAGGG单链悬突暴露，激活共同的细胞内信号通路，启动DNA损伤诱导反应（SOS）样反应，导致细胞凋亡或增殖衰老，阻止其癌变。通过多项研究，已经知道紫外线暴露、DNA氧化损伤、与细胞进入衰老阶段及T-多胸腺嘧啶存在（模拟3′-末端单链悬突暴露）一样，使端粒环破裂，通过p53途径实现信号传递。这一在内源性老化和光老化之间交叉重叠的机制解释了两种老化实质上的相似性。

5. 免疫衰退学说

免疫系统在正常脊椎动物的衰老过程中具有调节功能，免疫衰退理论指的是在衰老过程中免疫功能不断衰退同时自身免疫反应增强。免疫功能衰退主要表现在两个方面：① 正常免疫功能减退：胸腺萎缩、纤维化，胸腺素分泌下降，免疫细胞减少，比例失调，免疫应答阻滞，细胞免疫功能下降；② 自身免疫反应增强：体液免疫功能紊乱，机体对抗外来性抗原能力下降，而对抗自身细胞的能力提高。

皮肤中的免疫组织老化、功能紊乱、细胞减少，从而导致皮肤感染性疾病的产生及皮肤对外界损伤因素的抵抗力下降。1983年，Sereilein等根据表皮朗格汉斯细胞递呈抗原作用、T细胞亲表皮性和角质形成细胞产生表皮胸腺活化因子等，提出了皮肤相关淋巴样组织（SALT）的概念，认为SALT包括4种功能不同的细胞，即角质形成细胞、淋巴细胞、朗格汉斯细胞和内皮细胞，每种细胞都以不同的方式在SALT中发挥作用。1989年Sontheimer提出的真皮微血管单元（DMU）及1993年Nickoloff等提出的真皮免疫系统（DIS）概念，均是对上述学说的重要补充和扩展，但皮肤衰老的免疫调节机制还有许多问题有待进一步阐释。随着年龄的增长，皮肤的免疫系统表现出适应能力下降是其显著特点。而免疫系统有防止皮肤受损害的保护机制。这些机制，包括防御素和补体的激活，调节后天获得性免疫。在基因的表达水平中证实，免疫调节和促炎介质对内源性的老化和光老化皮肤的影响显著。紫外线照射（UVR）对炎性的发生机制的影响直接破坏了分子和细胞中DNA、蛋白质和脂类，从而使皮肤受到损伤，最终导致衰老。

6. 非酶糖基化学说

非酶糖基化（nonenzymatic glycosylation，NEG）是指体内蛋白质的氨基与还原糖的羰基在无酶条件下发生的反应，其高级阶段形成糖基化终末产物（advanced glycosylation endproducts，AGEs）。AGEs与其受体（RAGE）结合后刺激各类信号通路活性，包括丝裂原活化蛋白激酶（MAPKs）中的细胞外信号调节激酶（ERK）1/2、磷脂酰肌醇-3激酶、p21Ras、SAPK/c-Jun-N-末端激酶和Janus激酶、核因子（NF）-κB、烟酰胺腺嘌呤二核苷酸磷酸（NADPH）-氧化酶（NOX）。而其作用的靶点包括多种细胞：角质形成细胞、成纤维细胞、黑色素细胞、免疫细胞、血管内皮细胞和细胞外基质。随着年龄的增长，AGEs在体内不断积累，能使相邻的蛋白质等物质发生交联，不仅影响上述物质的结构，也可造成其生物学功能的改变。主要发生反应的氨基酸残基有赖氨酸、精氨酸、组氨酸、酪氨酸、丝氨酸、色氨酸以及苏氨酸。由此可造成结构蛋白质的硬化和功能酶的损伤，如抗氧化酶和DNA修复酶。自由基损害正常组织功能，破坏基质正常组分，使胶原合成下降及基质金属蛋白酶释放增加，导致胶原降解大于合成，而胶原是皮肤的重要组成成分，这一系列的反应导致的变化会造成皮肤弹性下降，皱纹不易平复并不断加深，从而促进皮肤衰老。

四、抗皱、紧致类化妆品功效原料

皮肤的老化和皱纹的产生不是单一途径或诱因造成的，而是诸多因素共同作用的长时程的结果。由于老化的机制、途径不同，抗皮肤老化、抗皱类化妆品的研发思路不尽相同。在进行配方研发时，一般通过修复细胞外基质使肌肤紧实，或通过添加抗氧化剂，减少皮肤的自由基损伤，调节免疫和提高皮肤的自我保护功能，或加入植物成分来加速胶原蛋白分泌，延缓肌肤衰老。

1. 抗氧化酶类

（1）**超氧化物歧化酶**（superoxide dismutase，SOD）　是一种能够催化超氧化物通过歧化反应转化为氧气和过氧化氢的酶，广泛存在于各类动物、植物、微生物中，是一种重要的抗氧化剂，保护暴露于氧气中的细胞。SOD可以快速催化 $\cdot O_2$ 发生歧化反应生成水和氧，可清除细胞内新陈代谢等过程中产生的氧自由基，在保护细胞免受氧自由基的损伤中发挥着重要作用，是机体的天然清除剂，在防御 $\cdot O_2$ 毒性、抗辐射、抗衰老以及抗炎等方面起着重要的生理作用。

从各种生物体中分离得到多种SOD，根据其活性中心结合的金属离子不同，主要可分为三类：Cu/Zn-SOD、Fe-SOD、Mn-SOD，其中Mn-SOD在原核生物细胞及线粒体中均有分布。快速的酶催化反应，使其清除自由基的能力是维生素C的20倍，维生素E的50倍。毒理研究表明，SOD无毒无副作用，在化妆品中广泛添加。

（2）**过氧化氢酶**（catalase，CAT） 是一类广泛存在于动物、植物和微生物体内的末端氧化酶，也是抗氧化酶系统的标志酶。其主要作用为清除超氧化物歧化酶歧化超氧自由基产生的过氧化氢，进而保护细胞免受过氧化物的毒害，从而降低氧化损伤的程度，是在生物演化过程中建立起来的生物防御系统的关键酶之一。CAT在动物机体应对应激、疾病的变化时发挥着重要功能，体内CAT可减少蛋白质羰基含量，其活性的提高可以阻止蛋白质和脂肪的氧化；相关研究发现，CAT活性与ROS含量呈负相关，证明二者之间存在联系，在延缓机体衰老方面具有一定帮助。

（3）**谷胱甘肽过氧化物酶**（GSH-Px） 最初从牛红细胞中发现谷胱甘肽过氧化物酶（GSH-Px），因其分子结构中含硒，故又称硒谷胱甘肽过氧化物酶（SeGSH-Px），是体内清除过氧化氢和许多有机氢过氧化物的重要酶。GSH-Px的主要作用为清除脂类氢过氧化物，并在过氧化氢酶含量很少或过氧化氢产量很低的组织中，可代替CAT清除过氧化氢，减少有机氢过氧化物对机体造成的损伤，因此GSH-Px活性是衡量机体抗氧化力的重要指标。

2. 维生素

维生素是天然食物中的成分，既是不可缺少的食品营养素，也是人体最重要的抗氧化物质，维生素A、维生素E、维生素C等都是天然的抗氧化剂。

（1）**维生素A**（Vitamin A，VA）**及其衍生物** 具有活泼的化学性质，极易被氧化。维生素A通过与有机过氧化自由基结合，阻断氧化反应链，阻止机体内脂质过氧化反应的发生。维生素A衍生物维A醇在皮肤内部转化成为维A酸，促进角质细胞新陈代谢、刺激黏多糖生成、保护胶原蛋白以及抑制酪氨酸酶合成。

（2）**维生素C**（Vitamin C，VC）**及其衍生物** 维生素C也称抗坏血酸，是常见的水溶性食品抗氧化剂，对人体起到一定的保健作用。维生素C参与胶原蛋白和组织细胞间质的合成，增强机体免疫力，参与体内多种氧化还原反应，具有抗氧自由基的作用；可加强新陈代谢，影响机体酶的功能和生物活性物质含量，提高组织pH；抑制色素在皮肤的沉着，减少黑色素形成，并可以抑制酪氨酸酶活性而祛斑增白；可抑制生物膜中脂质过氧化的过程，促进胶原蛋白合成，从而具有明显的抗衰老作用；对DNA还有很好的保护作用。维生素C衍生物大多通过改善溶解性增加其渗透皮肤的效率和配方适应性。某些衍生物的结构也决定了其更优的稳定性，以及更优的刺激胶原蛋白产生的功效。脂溶性维生素C衍生物包括抗坏血酸磷酸酯镁（MAP）和抗坏血酸磷酸酯钠（SAP）。也有个别维生素C衍生物如三氧/二氧乙基抗坏血酸是水脂两溶性，此类原料可以同时兼顾配方相容和皮肤渗透性。

（3）**维生素E（Vitamin E，VE）**　是4种生育酚和4种生育三烯酚的统称，为人体必需的脂溶性维生素。维生素E可保护多价的不饱和脂肪酸免受氧化破坏；与维生素C相同，可以预防和阻止诱发脂质的过氧化，减少过氧化脂质的生成，维持生物膜的正常结构。维生素E的结构中苯环上含有一个活泼的羟基，环氧五碳环上有一个饱和的侧链，这决定了维生素E既具有还原性也具有亲脂性。当自由基进入脂相部分，发生链式反应时，维生素E可以迅速捕捉自由基并将其清除。因此，维生素E是重要的脂溶性断链型抗氧化剂。经研究发现维生素E还可下调核转录因子（NF-κB）、热休克蛋白-70（Hsp-70）、B淋巴细胞瘤-2（Bcl-2）和半胱氨酸蛋白酶-3（Caspase-3）的表达、上调Bcl-2相关X蛋白（Bax）的表达，提示维生素E可能通过阻抑NF-κB信号传导途径，抑制Hsp-70的合成，提高Bcl-2/Bax比率，阻抑Caspase级联反应，抑制细胞凋亡，进而呈现抗氧化的保护作用。

3. 类胡萝卜素

类胡萝卜素是一类黄色、橙色或红色的脂溶性物质，按照化学结构可以分为胡萝卜素和叶黄素两类，是广泛存在于微生物、植物、大型真菌、动物及人体内的微量元素，在植物中主要存在于新鲜水果和蔬菜里，具有抗氧化、抗肿瘤、增强免疫和保护视觉等多种生物学作用。类胡萝卜素共有600余种，主要由8个类异戊二烯单位组成含40个碳的类异戊二烯聚合物，且多数具有两侧对称的多个双键结构，这决定了其较强的还原性，在氧化还原反应起到电子转移作用，从而使得类胡萝卜素能够有效清除病理过程或正常代谢产生的活性氧和活性氮。类胡萝卜素中β-胡萝卜素、番茄红素、虾青素、叶黄素和玉米黄质等均具有显著的抗氧化性，其中番茄红素和β-胡萝卜素均为维生素A前体物质。

番茄红素是一种非环状脂溶性胡萝卜素，由11个共轭及2个非共轭的双键组成的线性全反式化合物。番茄红素具有良好的抗氧化和还原能力，并且随着浓度的增大而增强。相关文献报道，番茄红素是600余种天然类胡萝卜素中最有效的单线态氧捕获剂，其抗氧化能力是维生素E的100倍、维生素C的1000倍，是自然界最强的延缓衰老的抗氧化剂。其能接受不同电子的激发，生成基态氧或三线态氧番茄红素，一个三线态氧番茄红素可猝灭成千上万个单线态氧；还可以在蛋白质和核酸水平调节蛋白激酶、蛋白酪氨酸磷酸酶（PTP）、MAP激酶（MAPKs）等氧化还原相关激酶，从而淬灭体内 O_2，降低活性氧（ROS）水平；可有效抑制脂质等大分子氧化，明显减少脂质过氧化产物的生成；对 H_2O_2 引起的细胞氧化损伤和 DNA 损伤具有保护作用。

β-胡萝卜素由 4 个异戊二烯双键首尾相连而成，分子两端各有一个 β-紫萝酮环，自然界中主要以全反式、9-顺式、13-顺式及 15-顺式 4 种形式存在。其能通过提供电子抑制活性氧的生成达到清除自由基的目的；抑制人类皮肤成纤维细胞（FEK4）中血红蛋白加氧酶 1 基因的表达；与其他类胡萝卜素共同作用，能够有效清除自由基，其效率远远高于单独使用其他类胡萝卜素效率的总和；其与维生素 E 或维生素 C 共同作用，对活性氮的清除以及脂质过氧化的抑制产生协同效应，远远高于单一使用时的效果总和；研究表明 β-胡萝卜素和番茄红素均能显著降低 ROS 的产生和硝基酪氨酸的形成，提高 NO 生物利用率，维持氧化还原平衡；可通过抑制 $I\kappa B$ 降解以及随后的 NF-κB$p65$ 亚基核转位，导致 iNOS 启动子的活性受到抑制，从而调节炎症相关因子 TNF-α、IL-1β、PGE2、NO 的表达发挥抗炎作用。

虾青素是从虾蟹壳、牡蛎和某些藻类中分离出来的类胡萝卜素的含氧衍生物，与其他类胡萝卜素不同的是，其分子两端两个紫罗兰环的 3、4 位上各有一个羟基和不饱和酮基，这种相邻的羟基和酮基可构成 α-羟基酮。这些结构都具有比较活泼的电子效应，能向自由基提供电子或吸引自由基的未配对电子，极易捕获自由基；也能阻断由不饱和脂肪酸降解而引发的自由基连锁反应，从而降低或防止自由基的生成，预防免疫细胞过氧化损伤；通过长链的共轭烯烃结构将单线态氧的活跃能吸收，从而阻止单线态氧对其他分子或组织造成氧化伤害。作为一种链断裂型抗氧化剂，虾青素具有较一般类胡萝卜素更强的抗氧化性。有研究表明，虾青素可以直接促进细胞内 CAT 和 SOD 的表达，从而对 H_2O_2 导致的细胞内线粒体损伤有明显的保护作用；可以去除 NO_2、硫化物，也可以抑制自由基引起的脂质过氧化，虾青素对光、热不稳定，一般需要搭配螯合剂，协同抗氧化剂和 UV 吸收剂。能有效降低人体内过氧化脂质 MDA 的含量，并提高两种主要的抗氧化酶 SOD 和 GSH-Px 的活性。

4. 胶原蛋白

胶原蛋白是一种自然界中天然存在的蛋白质，是动物结缔组织中极重要的成分，有结构支撑、保护机体的功能，在机体内含量丰富，占总蛋白质的 25%~30%。在人体皮肤中，相对分子质量大于 300ku 的胶原蛋白属于结构蛋白质，位于真皮层细胞外基质中，可提供弹性、营养功能和保持水分。纯天然的胶原相比于人工合成的胶原来说，具有更好的生物组织相容性、生物可降解性、低抗原性、易被人体吸收性、促进细胞增殖性以及增强分化迁移等功能。

胶原蛋白具有保湿、增加皮肤组织柔软度和弹性等功效，已成为常见的多功效原料，广泛应用于多种品类的化妆品。根据国家食品药品监督管理总局发布的《已使用化妆品原料名称目录》（2021版），允许添加的胶原蛋白类化妆品原料如表3-1所示。

表 3-1 化妆品中允许使用的部分胶原蛋白

名称	结构	来源	主要特征	功效
胶原	三螺旋结构原胶原	细胞外基质中占皮肤真皮层80%的比例	构成一张细密的弹力网，锁水，支撑皮肤	锁水保湿、保持弹性
胶原氨基酸类	水解的小分子蛋白质	胶原蛋白水解成一个个相对分子质量比较小的分子	天然的氨基酸组成体，含有决定胶原蛋白特性的氨基酸	保湿、弹性、修复
胶原提取物	水解的小分子蛋白质	动物的猪蹄中、大豆中（大豆蜂蜡明胶）、海洋鱼类（鱼胶提取物）	构成支撑皮肤的弹力网	保湿、弹性、修复
可溶胶原交联聚合物	三维网状结构的聚合物	胶原蛋白提取物	胶原分子内部和胶原分子间通过共价键结合实现提高胶原纤维的张力和稳定性	提高了胶原蛋白的张力和稳定性
可溶性胶原	溶于水的小分子蛋白质	皮肤真皮层	其可溶性可以溶于水及其他溶剂，可形成液体更好的被人体皮肤所吸收利用	肌肤吸收其他物质的桥梁
鹿骨胶原蛋白	三螺旋结构的胶原	鹿的骨骼	营养丰富、蛋白质含量高	增强体质、延缓机体衰老，其酶解产物可以抗氧化、抗疲劳和提高免疫功能

续表

名称	结构	来源	主要特征	功效
缺端胶原	满足支架标准的去端肽胶原	胃蛋白酶处理小牛真皮的高度纯化的I型胶原蛋白	骨愈合过程中由骨细胞制成的初始结构蛋白	保湿、有抗衰老、软化并且消除细纹皱纹
水解胶原	小分子多肽	胶原蛋白	胶原蛋白水解成较小的分子,容易被人体、皮肤较好地吸收	抗疲劳、提升骨骼强度、保护胃黏膜、延缓衰老
水解胶原蛋白锌	两性离子表面活性剂－氨基酸型	科技研发的小分子制成	可以作为调理剂、抗静电剂,应用于个人护理用品领域,与皮肤的相容性较为相配	乳化、分散、去污、抗静电
原胶原	三螺旋结构的胶原	胶原蛋白原料	胶原蛋白的基本结构单位,促进成纤维细胞生长,为真皮层提供能量、弹性	保持皮肤的柔软、给予皮肤弹性、抗皱
L－肌肽	13丙氨酸组氨酸	肌肉、脑部组织	调节皮肤的酸碱度、清除过多的氧自由基及其代谢产物,调控人体成纤维细胞的生长,修复已经老化的人体细胞	抗氧化、美白
谷胱甘肽	生物活性多肽类	谷氨酸、半胱氨酸和甘氨酸经肽键缩合而成,存在于几乎身体的每一个细胞	高效清除皮肤代谢中所产生的过多自由基及过氧化物,并能防御细胞内线粒体的脂质过氧化等	保护皮肤组织、抑制多巴色素生成、预防脂褐素(老年斑)的形成加重、延缓皮肤衰老
美容胜肽	小分子多肽	化学方法合成的小分子功能多肽	如乙酰基六肽－3、乙酰基四肽－5、棕榈酰寡肽(棕榈酰三肽－1等、棕榈酰四肽－3等)和肌、动物多肽、植物多肽等	二肽、三肽五肽有助于促进皮肤组织加快产生胶原蛋白,四肽有助于皮肤抗炎、抗氧化,六肽有助于阻止面部皮肤神经递质释放

5. 神经酰胺

神经酰胺（ceramides，Cers）又称神经鞘脂类，是存在于皮肤中的一种脂质，对细胞分化、增殖、凋亡、衰老等生命活动具有重要调节作用。神经酰胺不仅在鞘磷脂途径中作为第二信使分子，还在表皮角质层形成过程发挥重要作用，具有维持皮肤屏障、保湿、抗衰老、美白和疾病治疗等作用。局部使用神经酰胺可导致皮肤电导率明显增高，具有很强的缔合水分子能力，能通过角质层中形成网状结构维持皮肤水分，因此，可以防止皮肤水分丢失；其中的鞘氨醇碳链具有双键，且有端位羟基，易发生氧化使双键断裂，因此具有抗氧化的作用；可改善干燥、脱屑、粗糙等皮肤状况；增加角质层厚度，提高皮肤持水能力，减少皱纹，增加皮肤弹性。有研究表明低浓度的神经酰胺可刺激成纤维细胞增殖，并抑制MMPs的表达，因此神经酰胺有一定的抗衰老功效。

6. 谷胱甘肽

谷胱甘肽（glutathione，GSH）是一种小分子活性寡肽，在体内具有两种存在形式：氧化型谷胱甘肽（GSSG）和还原型谷胱甘肽（GSH），结构中含有活泼的巯基（—SH），易被氧化脱氢，这一特异结构使其成为自由基清除剂。例如当细胞内生成 H_2O_2 时，GSH在谷胱甘肽过氧化物酶（GSH-Px）的作用下，把 H_2O_2 还原成 H_2O，其自身被氧化为GSSG，GSSG在谷胱甘肽还原酶催化下再还原成GSH，形成一个循环过程。GSSG由于巯基键的转化，特征气味变淡，因而更易在配方中使用。有研究表明，GSH的自由基清除能力和抑制酪氨酸酶活性功效远远优于GSSG。

7. 细胞生长因子

细胞生长因子主要是一类生物活性肽，可以刺激靶细胞的增殖和分化，促进靶细胞合成和分泌细胞外基质如胶原等重要成分。多项研究证实了许多生长因子参与其中，如VEGF、bFGF等能调节皮肤伤口愈合及重建细胞外基质，并确保胶原蛋白和弹性蛋白的稳定生产。但需要注意的是，依据我国现行化妆品及原料监管法规，细胞生长因子并不在已使用原料目录中，且基于有效性和安全性方面的考虑，明确人EGF等生长因子不得作为化妆品原料在我国生产及销售的产品中使用，只能作为医用外用制剂应用。

（1）**表皮生长因子** 表皮生长因子（epidermal growth factor，EGF）是Cohen（1962）首次在小鼠的颌下腺中发现的一种小分子蛋白。1975年，人们从人尿中提取出人表皮生长因子（human EGF，hEGF）。EGF可以促进细胞有丝分裂以及糖、蛋白质、DNA、RNA合成，因此有着广泛的促进上皮细胞分裂增殖的作用，在临床上与很多疾病，如免疫性皮肤病、创面组织修复及牙周炎等的治疗密切相关。EGF与细胞增殖调控及细胞衰老密切相关。研究发现，EGF对细胞周期蛋白依赖性蛋白激酶（CDK）的抑制物基因 $p21^{WAF-1}$ 的表达有双向性影响，先是一过性诱导，随后转为阻抑；衰老细胞 $p21^{WAF-1}$ 的表达明显高于年轻细胞，但其对EGF的反应性有所降低。

（2）**碱性成纤维细胞生长因子** 碱性成纤维细胞生长因子（basic fibroblast growth factor，bFGF）是成纤维细胞生长因子蛋白（fibroblast growth factors，FGFs）家族中的一员。bFGF在体内和体外均能明显促进新生血管形成，可趋化血管内膜的各类细胞，并促进其增殖和迁移，是主要的血管生成因子。在对移植血管及损伤血管的再生作用研究中发现，手术创面早期分泌的bFGF是促进血管形成的重要因素之一。最新研究发现，bFGF在体外能与其他生长因子联合诱导外周单个核细胞定向分化为血管内皮细胞。组织损伤后，局部bFGF表达增加，不仅可通过趋化作用使单核细胞、中性粒细胞、巨噬细胞、成纤维细胞等向损伤部位聚集，而且能促进血管和肉芽组织的生成，促进软组织和骨组织中各种与损伤修复重建有关的细胞分裂增殖，对组织的损伤修复起至关重要的作用。动物实验已证实bFGF具有明显的促进创伤修复和组织再生作用，例如神经组织再生、炎症、溃疡、某些组织移植术后的修复等。另外，在临床研究中也已证实，外源性bFGF可通过对细胞的调控有效促进伤口愈合，同时通过部分重建基底膜结构而减轻瘢痕的形成。

8. 植物提取物

（1）**黄酮类成分** 张英等发现竹叶黄酮可以有效抵抗自由基、抗氧化、抗辐射活性和显著的抑菌和抗炎作用。在 0.005%~0.050% 的剂量范围内，能显著地促进皮肤细胞的增殖，并能显著地抑制黑色素的合成，能显著减少MDA生成，并提高SOD的活性。竹叶黄酮对皮肤和黏膜无刺激、过敏性反应。同类的还有银杏黄酮也是强有力的氧自由基清除剂，能有效保护皮肤细胞不受氧自由基的过度氧化，从而延长皮肤细胞的寿命，还能加速新陈代谢，改善血液循环，增强抗衰老能力和细胞活力。芦丁是从槐米中提取的黄酮类化合物，具有抗辐射、抗氧化等作用。陈雨亭等发现芦丁能够明显地清除细胞产生的活性氧自由基，对超氧自由基的清除率高达78.1%，远远大于维生素 E 12.7%的清除率，而且对羟自由基的清除作用也优于维生素 E。

（2）**多酚类成分**　多酚类成分是一大类广泛存在于植物体内的复杂多元酚类化合物，多指相对分子质量在 500~3000 的单宁（tannins）或鞣质，还包括了小分子酚类化合物，如花青素、儿茶素、栎精、没食子酸、鞣花酸、熊果苷等天然酚类。植物多酚的大量活性酚羟基赋予它很强的抗氧化性，其主要形式表现为对各种活性氧自由基的清除作用。植物多酚还可以避免细胞中的维生素C被氧化，与多种维生素具有协同抗氧化的作用。如绿茶、葡萄籽、银杏、棉花叶、槐花等提取物也是化妆品中广泛应用的抗氧化、抗衰老功效原料。

五、抗皱、紧致类化妆品功效评价

（一）生物化学方法

生物化学方法除常规的清除自由基实验、清除超氧自由基实验、清除羟自由基实验和氧自由基吸附能力（ORAC）实验外，还有抑制金属蛋白酶法和抑制弹性蛋白酶法等。生物化学法的特点是操作简单、成本低、易于实现、速度快捷，可用于对抗皱原料的高通量筛选。但由于条件局限性，此方法不能全面地反映评估体系的作用机制，大多作为原料初筛的方法。

1. 自由基清除

自由基是生命活动过程中生物化学反应的中间产物。在正常情况下，机体内自由基的产生和清除处于动态平衡之中，但它若在体内产生过多或清除过慢，就会在分子水平、细胞水平以及器官水平给机体造成损伤，并可加快机体的衰老过程。因此，是否具有清除自由基的能力是评价延缓衰老化妆品原料的重要指标之一。与生命老化有关的生物自由基主要是一些含氧的自由基，如超氧自由基（$O_2\cdot$）、过氧化氢自由基（$HO_2\cdot$）、羟基自由基（$\cdot OH$）等。根据测定的自由基类型不同，抗氧化活性评价方法也不同。针对化妆品功效原料的自由基清除试验主要包括清除DPPH自由基实验、清除超氧自由基（$O_2^-\cdot$）实验、清除羟自由基（$\cdot OH$）实验和氧自由基吸附能力ORAC实验。另外，针对人工合成的自由基测定方法有ABTS自由基实验、DMPD自由基实验。实验结果应综合考虑样品清除自由基过程中作用时间与作用强度两方面的因素。

李树炎等测试了福鼎大白茶树鲜叶和鲜花对2,2-二苯基-1-三硝基苯肼（DPPH）自由基的清除能力，结果表明，其浓度越大与清除能力呈正相关。郭丽等以羟自由基（$\cdot OH$）清除活性为考察指标，将 $\cdot OH$ 清除率 IC_{50} 作为复配依据，发现花青素的添加可明显提高明质酸-胶原蛋白复合物对 $\cdot OH$ 的清除率。

2. 抑制基质金属蛋白酶

基质金属蛋白酶（MMPs）是一类生物活性依赖于锌离子、有降解细胞外基质能力的内肽酶家族。MMPs分泌增加会加速胶原蛋白的降解，造成皮肤胶原蛋白流失，皮肤松弛，弹性下降，细纹增多且不断加深。因此可以通过抑制金属蛋白酶的能力大小评价化妆品的抗皱功效。抑制基质金属蛋白酶的实验方法包括荧光底物法、酶联免疫测定法、明胶酶谱法、高效液相色谱法和毛细管电泳法等。

来吉祥等分析了茶多酚、大黄提取物、马齿苋提取物和丁香酚等4种植物成分可抑制MMP-1的表达水平。王艳春等将基质金属蛋白酶1μL和不同浓度的覆盆子提取物1μL加入缓冲溶液中，用荧光酶标仪检测荧光强度，计算出不同浓度覆盆子提取物对MMP-13的抑制率，证明覆盆子水提物对MMP-13有抑制作用。

3. 抑制弹性蛋白酶

弹性蛋白酶作为具有极高选择性和专一性的蛋白分解酶，对许多氨基酸如甘氨酸、亮氨酸、丙氨酸、缬氨酸等含羧基的多肽键具有催化水解的作用，可以使结缔组织蛋白质中的弹性蛋白分解。弹性蛋白酶抑制剂能够有效抑制弹性蛋白酶活性，减慢弹性蛋白的降解速度，起到延缓衰老、减少皱纹的作用。抑制弹性蛋白酶的实验原理是猪胰腺弹性蛋白酶（PPE）Ⅳ型与底物 n-succ-（Ala）3-Pnitroanilide（SANA）发生催化反应，添加活性物质后吸光度发生变化，通过吸光度变化的大小反映弹性蛋白酶抑制剂抑制率大小，从而对弹性蛋白酶抑制剂进行筛选。

Moon等取活性猪胰弹性蛋白酶PPE的Ⅳ型、底物SANA和不同的植物提取物混合，在25 ℃、pH=8条件下反应后测定410nm吸光度证实，日本七叶树、樟寄生和车梁木提取物具有较好的抑制弹性蛋白酶活性的能力。Kim等采用类似方法测试了莲的叶、种子和花提取物的弹性蛋白酶抑制率，证明其具有一定的抗皱、抗衰老功效。

（二）细胞分子生物学方法

在皮肤老化的研究中，使用MTT比色法、CCK-8法、RTCA法对体外培养的成纤维细胞增殖能力进行检测，抑或通过ELISA法可以对成纤维细胞和角质形成细胞产生的透明质酸（HA）含量分析，以及原料对作用细胞的清除自由基能力（如ROS）和抗氧化能力（SOD、CAT、GSH-Px、MDA等）、胶原蛋白含量、紧密连接蛋白（tight junction protein，TJP）含量、AQP3表达量，都是评价抗皱、抗衰老原料功效性的有效指标。

1. 角质形成细胞模型

角质形成细胞（keratinocytes，KC）是人体表皮中的主体细胞成分。从婴幼儿或成人皮肤中原代分离培养人表皮角质形成细胞（human epidermal keratinocytes，HEK）技术已经成熟，经免疫组化进行角蛋白、层粘连蛋白等多种HEK特征性蛋白表达等鉴定后即可传代备用，原代HEK在医学上已经被广泛用于皮肤病理学及药理学研究中。人皮肤永生化角质细胞HaCaT是非肿瘤来源的永生化人正常皮肤HEK细胞株，较之HEK易被培养及传代。传代的HaCaT与正常HEK分化特性相似，在医学研究中被用作正常HEK的代替细胞，已被广泛应用于化妆品的抗衰老及透皮性的研究中。皮肤维持一定的含水量和角质层内外的水平衡，对于抵抗由内外因素造成的皮肤干燥，防止皮肤衰老都具有重要意义。皮肤自身的保湿系统的天然保湿因子随着年龄的增长而逐渐流失，细胞的含水量下降，使皮肤的保湿功能下降。皮肤中的皮脂膜还具有抗氧化功能，干燥的皮肤更容易受到氧化伤害，细胞中胶原蛋白和弹性蛋白的合成减少，加速了皱纹的形成，并最终导致皮肤的衰老。通过检测角质形成细胞中与保湿能力相关的水通道蛋白（AQPs）、紧密连接蛋白和透明质酸等，以及活性氧（ROS）、丙二醛（MDA）、超氧化物歧化酶（SOD）、过氧化氢酶（CAT）、谷胱甘肽过氧化物酶（GSH-Px）含量及细胞凋亡指标可用于评价化妆品原料的清除自由基能力，以及抗氧化、抗衰老功效。生物体内存在一套完善的氧化-抗氧化体系，正常情况下ROS将维持在一个稳定的范围内，但是当ROS过量时，则会对DNA和蛋白质产生氧化损伤，会在细胞水平上损伤皮肤。MDA是生物体内自由基作用于脂质发生过氧化反应的终产物。因此，通过检测其中HaCaT细胞内ROS和MDA的含量变化，反映细胞内氧化应激的水平，评价化妆品原料的抗氧化能力。SOD、CAT和GSH-Px均属于抗氧化酶系统，以清除或降低氧自由基造成的损伤。SOD是已知的唯一能直接清除自由基的酶，具有很高的特异性和效率。CAT是对过氧化氢有催化作用的酶，主要功能是将超氧化物歧化酶催化产生的过氧化氢分解成水和氧，也是一种主要的胞内抗氧化酶。GSH-Px可利用还原型谷胱甘肽催化有机过氧化氢还原为水或相应的醇，其活力与体内抗脂质过氧化反应密切相关。通过检测SOD、CAT和GSH-Px的活力，可反映化妆品原料对HaCaT细胞内自由基的清除能力的影响，以此来评价化妆品原料的抗氧化能力。

王丽雯等研究发现藏雪莲提取物可通过影响HaCaT细胞中MDA含量、SOD、CAT活性、GSH含量变化以起到清除自由基、抗氧化的功效。EunjiKim等检测了没食子儿茶素没食子酸酯（EGCG）对HaCaT细胞内保湿因子相关基因FLG、HAS-1和HAS-2表达的影响，发现EGCG可显著提高FLG、HAS-1和HAS-2的表达水平。EGCG还可下调HaCaT细胞中Caspase-3和Caspase-8的表达，显示了EGCG对自由基诱导的细胞凋亡以及清除自由基、抗氧化的积极预防作用。Li等通过反转录聚合酶链反应及蛋白质印迹法检测不同年龄段的健康人群腹部皮肤细胞发现，老年组皮肤中AQP3表达量显著低于中青年组，提示在非曝光部位皮肤的老化过程中，AQP3表达下调可能是导致皮肤自然衰老的原因之一。而在中波紫外线诱导的体外培养人HaCat细胞中AQP3出现下调，薏苡仁提取物和反式玉米素可抑制这种效应。全反式维A酸也可诱导AQP3表达，抑制紫外线诱导AQP3和水通透性下调。以上这些研究都证实了AQP3具有抗老化的重要作用。

2. 人皮肤成纤维细胞模型

人皮肤成纤维细胞（human skin fibroblast，HSF）是人体皮肤真皮中的主体细胞成分，它与自身分泌的胶原纤维、弹性纤维及基质成分一同构成了真皮主体。HSF除合成和分泌胶原纤维、弹性纤维、基质大分子物质和某些生长因子外，同时还有趋化性和黏附性，对维持皮肤的弹性和韧性具有重要作用，HSF的数量减少是引起皱纹产生的重要原因。已有大量的研究证明HSF因特有的生物学性能改变，在皮肤老化过程中扮演着重要角色。目前从胎儿或儿童皮肤中分离培养原代 HSF 相关技术已成熟，经免疫组化进行特征性波形蛋白（vimentin）或胶原表达鉴定后，即可以体外传代培养备用。真皮中 HSF 的数量及活力均会影响胶原蛋白的分泌、胶原蛋白纤维的数量以及胶原蛋白纤维束构造。胶原蛋白降解与合成失衡、胶原纤维减少或构造紊乱会导致皮肤失去弹性并形成皱纹。

Chiang 等使用一定剂量的 UVB 照射人皮肤成纤维细胞 HSF 后，添加榄仁舅水提物培养一段时间后发现，榄仁舅水提物能降低 MMP-1、MMP-3 和 MMP-9 的表达，促进胶原蛋白的生成。

3. 三维皮肤模型

3D 全层皮肤模型，可通过对真皮细胞外基质合成相关基因的表达分析、Ⅲ型胶原蛋白合成或含量、弹性蛋白量检测指标来筛选活性物对皮肤细胞活力，细胞外基质（Ⅲ型胶原蛋白，弹性蛋白等）以及细胞增殖等指标的提升作用。而针对抗光老化引起的衰老和皱纹的功效则侧重于在紫外辐射刺激下，真皮细胞外基质合成相关基因的表达分析、Ⅰ型胶原蛋白合成量、弹性蛋白含量、DNA 损伤 CPD 等指标来评估活性物对皮肤细胞、组织的保护、抗凋亡以及综合抗衰作用。

（1）**表皮模型**　是将 HEK 培养在胶原或其他生物材料构成的支架上或由成纤维细胞组成的饲养层细胞上，以皮肤组织分离出的角质形成细胞为种子细胞，使用精细调节的无血清培养基促使细胞在体外发育成复层化结构的 3D 表皮模型。表皮模型具有高度类似于天然皮肤的复层化结构、生理及代谢功能，可广泛用于体外腐蚀、刺激以及屏障修复等领域的检测。

（2）**真皮模型**　将 HSF 培养在胶原等生物材料构成的支架上，由某些天然材料如甲壳素、明胶蛋白等与胶原及成纤维细胞成分组成。其中去表皮的真皮组织（de-epidermized dermis，DED）是一种体外构建皮肤、肿瘤组织及进行肿瘤侵袭性研究等的良好基质。近年来用人的去表皮真皮组织（human de-epidermized dermis，HDED）作为真皮替代物研究表皮的结构和功能，取得了相应的进展。人去表皮真皮组织来源于人体，贴近于在体的真皮，是一种体外构建皮肤、肿瘤组织及进行肿瘤侵袭性研究等的良好基质。这种人工皮肤一般应具有表皮和真皮双层结构并具备皮肤的生物学特征，通过检测蛋白质的合成、过氧化产物等可以帮助了解和深入研究化妆品与皮肤发育和修复相关的诸多问题。

（3）**全皮模型**　全层模型主要由表皮层、真皮层和细胞外基质层（含胶原纤维）构成，含分层培养的 HEK 和 HSF。全层模型具有与真人皮肤高度相似的表皮屏障和包括多种类型皮肤细胞的表皮或真皮层分布，在基因表达、组织结构、细胞因子和代谢活力等方面高度模拟真人皮肤，不仅能用于化妆品的安全性测试，还可以用于配方产品中功效原料的皮肤吸收和作用机制研究，以及分析不同细胞间的相互作用，提供原料或配方产品从安全到功效的全方位整合信息。

Santamaría 等发现米糠中的某些酶提取物能显著抑制皮肤模型中脂质的过氧化，且效果优于在单层角质形成细胞中观察到的结果。Frei 等构建了包括真皮层的全皮模型，并考察了含有大豆多肽的化妆品对成纤维细胞和角质细胞的增殖以及对胶原蛋白、弹性蛋白的表达和透明质酸含量的提升作用，对该原料的抗衰老功效进行了评价。Grazul-Bilska 等研究发现 EpiDermTM 模型经保湿面霜处理后的总抗氧化能力（TAC）明显增强。

（三）动物实验法

动物实验可以更接近真实的模拟皮肤组织与相邻器官之间的相互作用，具有体外细胞模型无法替代的优点。可以通过建立实验动物的皮肤衰老模型，对原料及化妆品进行使用评价。表观指标是皮肤衰老临床判定的重要依据，也应是皮肤衰老动物模型判定依据的核心指标，如：① 皮肤干燥、粗糙、下垂；② 出现小细纹，松弛、变薄、血管凸显，皮肤萎缩；③ 面色晦暗无光泽，皱纹较深且粗，呈橘皮样或皮革样外观。皮肤衰老动物模型制备成功后，一般取背部正中皮肤，固定、切片、HE 染色，弹力纤维染色采用 Weigert.S 间苯二酚品红法；胶原纤维染色采用 Mallory-Heidenhain.S 改良法。病理指标是皮肤衰老的直接证据，也是核心指标。衰老动物局部皮肤病理观察还可见表皮厚薄不匀，真皮胶原纤维变性，排列紊乱、疏密分布不均，皮肤附属器减少，炎性细胞浸润，胶原纤维、弹力纤维退化，可见少量炎性细胞浸润。皮肤衰老动物模型皮肤中羟脯氨酸（HYP），血液和皮肤中谷胱甘肽过氧化物酶（GSH-Px）、过氧化氢酶（CAT）、超氧化物歧化酶（SOD）均降低，丙二醛（MDA）含量升高。生化指标是皮肤衰老模型发生、发展、恢复过程的机体反应，但特征性不强，是间接相关指标。

1. 小鼠/大鼠模型

衰老小鼠、大鼠模型主要是通过注射 D-半乳糖或者紫外线照射使特定鼠种皮肤老化产生衰老变化，过量供给D-半乳糖导致代谢紊乱，使体内氧化酶活性改变，形成更多氧化产物等，引起细胞损害，致机体功能减退，制备皮肤衰老模型。给药一定时间后，用取血测定、细胞方法、皮肤观察法等进行定量分析。利用小鼠、大鼠模型还可研究特定化合物对小鼠、大鼠生长性能、抗氧化及免疫功能的系统影响。

王灿等利用小鼠模型给药后，眼眶采血测SOD、MDA、CAT和GSH-Px等含量，并取脱毛后皮肤组织称重测量含水率，证明桑叶黄酮具有一定的抗衰老作用。韩小苗等采用红花籽油灌胃D-半乳糖致衰老小鼠模型，测定小鼠脑肝组织的丙二醛（MDA）含量，单胺氧化酶（MAO）、谷胱甘肽过氧化酶（GSH-Px）及超氧化物歧化酶（SOD）活性，结果表明红花籽油组小鼠脑肝组织MDA含量和MAO活性显著或极显著低于衰老模型组；GSH-Px、总超氧化物歧化酶（T-SOD）、铜锌超氧化物歧化酶（CuZn-SOD）和锰超氧化物歧化酶（Mn-SOD）活性极显著高于衰老模型组。红花籽油的抗衰老机制可能是通过清除自由基，抑制自由基诱导的脂质过氧化反应，减少脂质过氧化物产生的；通过改善机体新陈代谢，促进D-半乳糖分解和代谢，改善物质能量代谢，调节与衰老有关的基因表达，抑制MAO基因表达，降低脑肝组织的MAO含量；促进GSH-Px、CuZn-SOD和Mn-SOD基因表达，提高脑肝组织GSH-Px、CuZn-SOD和Mn-SOD含量，具有显著的抗衰老作用。申佳佳等通过检测红景天苷对自然衰老小鼠模型不同器官组织抗氧化酶活性及过氧化脂质水平的影响，探索红景天苷在老龄动物体内可能的抗衰老作用机制。与未加药对照组相比，红景天苷高剂量给药组自然衰老小鼠的血清、心脏、肝脏及肾脏的超氧化物歧化酶活性显著提高。此外，高剂量红景天苷给药组小鼠的肾脏和大脑中谷胱甘肽过氧化酶活性与对照组相比出现一定程度的升高。结论说明红景天苷能够有效提高自然衰老小鼠体内不同器官组织的抗氧化酶活性并且降低过氧化脂质和脂褐素水平，从而起到延缓衰老的作用。梁颖敏在发现铁皮石斛具有抗炎、抗应激和免疫调节作用的基础药效，将其应用到D-半乳糖致亚急性衰老雌性小鼠模型和自然衰老雌性小鼠模型上。结果发现铁皮石斛具有体内抗衰老的作用，其机制是一方面通过增强血液中的抗氧化酶活性、促进脾淋巴细胞增殖，另一方面抑制促炎症因子的释放、抑制NF-κB通路，从而达到抗氧化、促进免疫、抑制炎症来达到抗衰老的目的。汪群红等建立D-半乳糖诱导的衰老大鼠模型，8周后，测定各组大鼠血清以及全脑、肝脏和肾脏匀浆中的超氧化物歧化酶（SOD）活性、谷胱甘肽过氧化物酶（GSH-Px）和丙二醛（MDA）含量。结果表明西红花能有效提高D-半乳糖致衰老大鼠模型抗氧化能力而达到延缓衰老的功效。

2. 斑马鱼模型

研究表明，斑马鱼的老化与人类的衰老过程都有一定的相似之处，均表现为体内脂褐素的积累、认知功能下降等症状。斑马鱼还具有体积小、生殖能力强、体外受精且胚胎发育透明等特点，因此是能够进行高通量药物筛选的唯一脊椎动物模型。

Lai等以斑马鱼为模型研究黄芪中的活性成分，发现黄芪多糖通过作用于血管内皮生长因子（VEGF）信号通路表现出促血管生成活性，通过提高细胞活力促进DNA的合成，刺激人微血管内皮细胞（HMEC-1）的增殖。Xia等以斑马鱼为模型，对枸杞多糖的作用机制进行研究，发现枸杞多糖能够显著降低 $p53$、$p21$ 和 Bax 等基因的表达水平，升高Mdm2和TERT等基因的表达水平，表明枸杞多糖通过调节 p53 信号通路发挥抗衰老的作用。黄理杰探讨琼玉膏（由生地黄、蜂蜜、茯苓、人参4种成分组成）可提高 H_2O_2 诱导氧化损伤的斑马鱼衰老模型中血清超氧化物歧化酶（SOD）活性、还可在一定程度上逆转肾组织Klotho基因的甲基化水平，从而通过抗氧化应激损伤从而延缓衰老的机制。

（四）人体评价法

抗皱、抗衰老的人体试验是依据临床医学理论，通过测定产品使用于皮肤前后，皮肤生理指标（如皮肤皱纹、弹性和水分）的变化，从而达到评估产品实际的使用效果。其优势就是通过受试者正常的使用产品，直观地评估使用产品后，皮肤的实际变化情况。

1. 主观评估

主观评估由研究人员的视觉评估和受试者的自我评估组成。首先要对皮肤皱纹的轻重程度制定统一的分级标准，由研究人员根据已定的评分标准对样品的使用效果进行打分，研究人员根据该标准直接对使用产品前后的受试者皱纹或皱纹照片进行等级评分，属于半定量评分方法，此方法简单，容易操作，不需要复杂设备，结果具有一定的可重复性，参评人员需经过专门培训和反复训练。

目前，较为常用的直接评价方法有以下几种。

（1）**直接肉眼评分（又称描述性评价）** 先以语言描述皱纹的轻重程度，制定统一的评分标准，研究人员根据该标准直接对受试者面部皱纹进行等级评分。

（2）**照片等级评分**　将直接对面部评价改为对面部标准照片评分。通常采用正面和左右两侧面45°拍摄，即每位受试者拍摄3张照片，对面部每个部位的皱纹进行等级评分。

长期以来，各国学者们采用了不同的研究方法，对皱纹进行了不同标准的分级。

直接Fitzpatrick's皱纹分级法，按照皱纹严重程度分为4个等级（0~9分），分别为：无（0分）、轻度（1~3分）、中度（4~6分）、重度（7~9分）。

Glogau's皱纹分级法，分为Ⅰ级（无皱纹）、Ⅱ级（动态下才出现皱纹）、Ⅲ级（静态下有皱纹）、Ⅳ级（皮肤几乎无皱纹）。

Weiss等对光老化皱纹分级，将描述性分级与照片举例相结合分为轻中重三级；以上评分方法虽然简单，但是对于评价者的要求较高，如果仅凭评价者的个人经验或者主观判断进行评价，结果会存在误差，影响评价的准确性。

受试者自我评估是通过采用让受试者填写问卷等方式评估化妆品使用效果的，该方法要求问卷设计合理、问卷数据真实可靠、实验样本数量充足。高雅倩等让受试者分别在第2和4周随访时完成自我评价问卷，根据个人主观感受对产品功效进行评价，发现同时使用肌底液产品和抗衰老面霜比单独使用抗衰老面霜具有更好的效果。区梓聪在测定产品的人体功效性评价时，分别从皮肤松弛、皮肤弹性、皱纹、肌肤白度、色斑等5个项目，使受试者对使用前后皮肤的状态进行评价（有效、较有效、效果一般、基本无效），并收集数据，计算出受试者主观评价的有效率。Lin等评估面部穿线对面部皮肤粗糙、水合、黑色素指数和绒毛的影响，并辅以主观评估皮肤的触感和肤色改善的情况。每个受试者（实验前两周没有使用过去角质）每21d进行一次面部穿线，共3次。结果显示面部穿线使前额、右脸颊和嘴角的皮肤粗糙度显著降低，而且主观上皮肤触感和颜色都有改善。Jung等分别评估了25名和19名健康女性受试者使用美白皮肤和抗皱药妆品的功效。在单一盲区设置中，每个受试者在脸部左侧接受了为期8周的局部应用高价药妆，右侧使用较低价药妆。然后，测量受试者的生物物理参数以客观评估结果。随后进行问卷调查，以获得主观评估。结果显示使用高价功能性药妆品或较低价的药妆品后，皮肤生物物理参数没有差异。主观问卷调查也表明，受试者对于这两个产品之间的感知效果没有差异，即受试者未能区分这两种产品的使用差异。

2. 客观仪器评估

（1）**皮肤皱纹**　皱纹形态是防衰老抗皱化妆品的功效评价的重要指标之一。皮肤纹理是人体皮肤表面微小的、呈多角形的皮丘皮沟，自出生时就存在于皮肤表面，它使得皮肤变得柔韧、富有弹性，并使皮脂腺、汗腺中的分泌物能沿其纹路扩展到整个皮肤表面。

法国Pixience公司的C-Cube多功能皮肤成像分析系统是目前唯一能够通过光度立体测量进行3D测量的便携式集成系统。该系统利用了计算机视觉中最近开发的技术——光度立体，通过在不同照明条件下从独特的角度观察物体来估计物体的表面法线，允许从多个图像估计深度和表面方向，提供了非常高的分辨率，相当于激光轮廓术，可以达到类似于三维皮肤重建的技术水平，并能够同时估计颜色反照率。通过拍摄受试者面部粗糙度、深度和纹理，如不同年龄鱼尾纹深度等指标，利用专门的计算方式，对比产品使用前后的差异，如图3-2所示。

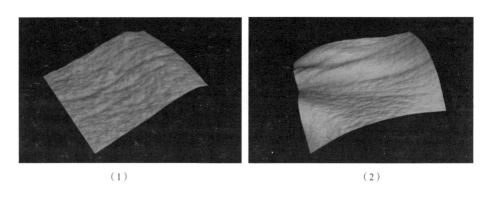

（1）　　　　　　　　　　　　　（2）

图3-2　C-Cube多功能皮肤成像实例

（1）皱纹和毛孔（前额）　（2）鱼尾纹

（2）**皮肤弹性**　弹性测定试验主要包括吸力法、扭力法和测量弹性切力波传播速度法。近年来国外采用无创方法分析皮肤弹性，并以此作为抗皱化妆品疗效的重要指标。

弹性测试时常用的是基于吸力和拉伸原理设计的吸力法，通过皮肤拉伸长度和时间的关系曲线得到皮肤的弹性参数，该方法简便迅速，测量不受皮肤厚度影响，对于研究皮肤老化来说是一个较好指标，缺点是测试部位较为局限，并且无法对较硬皮肤完成测量。皮肤弹性测量使用Cutometer（MPA580，2mm探头，Courage+Khazaka，德国），选取最接近皮肤弹力真实状态的参数R_2值来进行评估。

R_2值是无负压力时皮肤的回弹量Ua与有负压力时的最大拉伸量Uf之比，测量3次取平均值。皮肤弹性指标同样需要和其他指标共同评价化妆品抗皱功效，如图3-3所示。

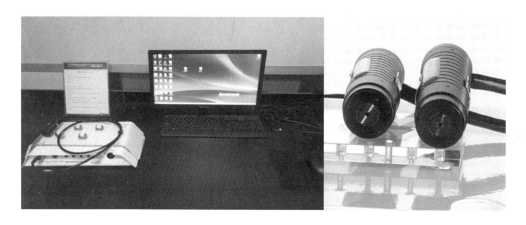

图3-3　皮肤弹性测试仪（Cutometer MPA 580，Courage+Khazaka，德国）

　　赵乐荣等选取30名志愿者连续使用4周含青梅花提取物的护肤霜，通过对皮肤粗糙度和皮肤弹性的测量得出，含青梅花提取物护肤霜能使皮肤粗糙度降低，皱纹深度变浅，皮肤弹性增强。Phetcharat等对食用玫瑰果粉补充剂的34名志愿者连续8周摄入后测量皮肤弹性及含水量，发现摄入标准化玫瑰果粉可改善衰老引起的皮肤状况。唐莉采用皮肤弹性仪（Cutometer MPA 580），活性皮肤表面分析系统（VISIOSCAN VC 98）及皮肤皱纹测试仪（VISIOMETER SV 600）检测前额、眼角、颧部、前臂屈侧正中和下腹5个部位的皮肤弹性、皱纹、粗糙度，量化评价女性皮肤纹理、粗糙度、弹性，并分析其与年龄和部位的关系。董伟等通过对紫花地丁进行提取，分析紫花地丁提取物应用于化妆品的功效依据，并将紫花地丁提取物制备成护肤霜和护肤乳液，同时对产品进行理化性能测试及功效评价。通过受试者分别在前臂内侧皮肤（6h短期试验组）和面部皮肤（28d长期试验组）上分别使用护肤霜和护肤乳液，使用MPA580（水分测试仪Corneometer CM825、油分测试仪Sebumeter SM815、弹性测试仪Reviscometer RV600），经表皮失水率测试仪（Tewameter TM210），考察了紫花地丁提取物对皮肤水分含量、皮肤经皮水分散失（TEWL）值的短期影响和对皮肤油脂分泌和皮肤弹性的长期影响。结果显示紫花地丁提取物在短期能有效提高皮肤水分含量和降低水分流失，长期使用能有效控制油脂分泌和提高皮肤弹性。朱丽平等对参抗衰老面膜进行临床功效测试，评价了面膜抗衰老的功效。测试了皮肤弹性R_2值，并用VISIA智能拍照系统拍摄左侧脸、正脸、右侧脸。分析结果显示，使用人参抗衰老面膜，能够显著提高皮肤弹性，减少面部皱纹。这说明人参抗衰老面膜具有良好的抗衰老功效。蔡义文研究了富番茄红素酵母菌提取物（LYE）在化妆品乳化体系的应用，设计出了一款W/O抗衰老眼霜。双盲随机半脸临床测试表明，所制得的眼霜具有显著的提升皮肤含水量和弹性、降低经皮水分丢失、减少皱纹、改善皮肤暗黄的长效护肤作用。组织志愿者进行人体功效评价，试验表明所制得的面贴膜具有显著的提升皮肤含水量、降低TEWL、提升皮肤弹性的作用，具有良好的即时改善肤质的效果，且持续时间超过8h。梁晓宇分别以人参茎叶总皂苷和神经酰胺作为护肤品中的抗衰老活性物，进行了临床使用效果测试，结果发现使用8周后皮肤弹性：A组（维生素E醋酸酯0.5%，人参茎叶总皂苷85%）和B组（维生素E醋酸酯0.5%，神经酰胺85%）分别有70%和73.7%的人有轻度改善，10%和10.5%的人有中度改善。可见配方A和配方B在提高测试者的皮肤含水量、提高皮肤弹性以及减轻皮肤细纹等方面都有不同程度的作用，但总体趋势则是含神经酰胺的配方B优于含人参茎叶总皂苷的配方。

（3）**面部轮廓测量** 轮廓仪测量方法主要包括机械性皮肤轮廓测量法、光学皮肤轮廓测量法、激光皮肤轮廓测量法和透视皮肤轮廓测量法，是一种间接测量方法。所谓间接测量方法，主要是因为需要制备皮肤表面硅胶复制模型，而硅胶模型的制作过程比较复杂，容易造成复制模型与皮肤软组织的不一致，模型中的气泡对结果影响也很大，所以对操作人员有较高的技术要求。

使用CCD摄像机摄取皮肤使用化妆品前后的硅胶复制模型图像，再用计算机对图像进行处理，取得皮肤皱纹的相关参数，实现皱纹的定量研究。

（4）**皮肤酸碱度测试** 一般生理状态下，皮肤表面通常呈弱酸性，pH范围在4.5~6.5，随着年龄的增长，维持皮肤弱酸性的皮肤酸性物质生成减少，皮肤pH呈上升趋势，逐渐丧失对外界酸碱变化的缓冲作用和皮肤防护作用。因此对皮肤酸碱度的测定，可以观测抗衰老化妆品延缓皮肤衰老的作用效果。

（5）**皮肤油脂测试** 随着年龄改变，皮脂分泌下降，水脂乳化物形成减少，导致皮肤干燥、粗糙、无光泽等症状出现。Sebumeter SM815（Courage + Khazaka Electronic，德国）提供了全世界使用最广泛的方法，可重复、准确地确定皮肤表面以及头皮和头发上的皮脂水平。Sebumeter SM815可用于客观的检测皮肤脂质分泌变化的过程，综合其他的仪器和客观指标为抗皱化妆品提供功效支持。Hung等研究了UVA和UVB是否会影响皮肤对药物和防晒霜的吸收，包括四环素、槲皮素和氧苯酮。裸鼠背侧皮肤分别接受UVA（24、39J/cm^2）和UVB（150、200、250mJ/cm^2）照射，用Sebumeter SM815评估皮肤皮脂水平，比较24周龄的小鼠衰老皮肤。结果显示UVA使四环素和槲皮素的皮肤沉积分别增加了11倍和2倍。较低的UVA剂量比较高剂量使药物更多地在皮肤上沉积。暴露于UVB后，四环素的皮肤沉积和通量均下降，槲皮素通量也显著降低。自然老化的皮肤的吸收行为接近UVA组，UVB组的皮肤表现出对药物和防晒霜吸收增强。说明紫外线造成的皮肤光损伤取决于紫外光的波长、被辐射的能量和透皮的物理化学性质。

（五）图像分析法

目前国际上广泛采用皮肤显微镜摄像技术，结合计算机图像分析技术进行皮肤表面结构研究，通过检测皱纹在斜射光下形成的阴影面积，得到皮纹与皱纹的深度，并可直接得到皮肤皱纹参数等直接反映皮肤衰老程度的指标。对皮肤表面结构进行精细分析，重现皮肤的三维结构，使得测定的重复性、灵敏度以及精确度都得以提高。通过图像定量分析可以很好地对各种皮肤改善的效果进行分析。图像分析法和常规的探头测试法相比有明显的优点：图片分析采集数据时不直接接触皮肤，避免了探头压迫接触带来的负面影响。

Derma TOP Visio-3D（Breuckmann，德国）采用条纹光投影技术，通过三维皮肤快速成像系统和计算机处理图像可以对皮肤进行深皱纹扫描，测试皱纹的粗糙度参数、体积面积和平均深度，是皮肤深皱纹扫描和分析的有力工具。Jegasothy等使用Derma TOP皮肤快速光学成像系统对33名平均年龄45.2岁的女性使用一款新的纳米透明质酸样品后，进行为期8周的研究。从三维皮肤图像的分析结果发现，使用样品后的皱纹深度降低率可达40%，皮肤粗糙度明显降低，表明这种纳米透明质酸是一种很好的抗皱原料。李诚桐运用Derma TOP和VISIR-CR相结合的方法，测试428名志愿者眼角外眦部位的皱纹。在30岁左右脸部开始出现肉眼可见的皱纹，在50岁左右皱纹成为普遍现象，进一步证实了年龄与皱纹的相关性。组织学分析表明，男性的口周皮肤皮脂腺数量明显增多，并且真皮中的血管面积与结缔组织面积之间的比率更高。男人和妇女之间的毛囊的量没有显著不同，尽管男性每个毛囊的皮脂腺的平均数量更多。说明女性在口周区域显示出更多和更深的皱纹，并且其皮肤包含的附属物的数量明显少于男性，这可能是为什么女性更容易发生口周皱纹的原因。Lagarde等使用Derma TOP在前臂和眼角对人体皱纹进行研究，40名男性和40名女性被均匀地分为两组：第一组年龄25~35岁，第二组年龄50~65岁。结果显示两个部位的粗糙程度随年龄增长而增加，与性别无关，但女性的粗糙程度比男性小；在男性和女性中，前臂和眼角的各向异性水平随年龄增长而增加，暴露在光线下的部位受影响更大；沟密度在两性和两个部位都随年龄而减小，而眼角的增加更大，因为眼角更多地暴露在太阳光中。说明这些新参数的研究可用于客观评价局部皮肤和美容治疗的作用，以及整形外科的新技术（例如激光美容）的效果，并将为某些病理的准确诊断提供依据。Hurley 等采用 Derma TOP 和 Antera 3D 技术对 20 名年龄在 50~75 岁的女性志愿者进行眼睑形态测量，评估 Derma TOP 和 Antera 3D 测量的重现性和产品效果检测能力。结果显示 Derma TOP 和 Antera 3D 成功测量了皮肤松弛特征体积，证明了测量的可重复性，而且还具有很高的灵敏度，可以在单次使用水性紧肤血清后检测到下垂特征量的减少。Derma TOP 参数与 Antera 3D 参数呈中度相关，说明 Derma TOP 和 Antera 3D 都可以定量测量眼睑下垂的特征体积，进而可以评估针对眼睑的抗衰老化妆品。

VISIA-CR（Canfield，美国）皮肤检测系统是全球先进的皮肤图像分析系统，具有多种光源模式：标准光、UV 光、交叉偏振光、平行偏振光。由于多种光源的采用，VISIA-CR 极大地提高了皮肤特征可视化的程度，能够快速测量和获取图像。一个拍照过程包括多种光源模式，最多可以得到七幅图片，配合计算机进行图像分析处理，可以测试出皮肤皱纹数量、形状大小以及皮肤平滑度。DeniseDicanio 等使用 VISIA 测出参数，运用面部皮肤参数的线性组合来计算表观年龄，进而预测化妆品功效。赵小敏等应用标准化多光源的图像采集仪器 Visia-CR 和皮肤显微镜 Photomax Pro 采集了 39 名使用化妆品前后的照片，结合图像分析软件 Image-Pro Analyzer 7.0 分析对比功效化妆品使用前后的脸部皮肤参数，包括反映美白功效的脸部非斑区域的 L^* 值、祛斑功效的斑点本身的 L^* 值、皮肤肤色均匀性参数、祛红斑抗刺激功效的 a 值、皮肤暗沉/暗黄的 ITA° 等，并关联抗皱效果的皱纹参数和关联控油效果的油脂分泌量及活跃皮脂腺数量等参数。

C-Cube 多功能皮肤成像分析系统（Pixience，法国）是一种应用光度立体测量技术，对皮肤进行 3D 测量的便携式集成系统，可以呈现出较高分辨率的图像数据，实现对皮肤粗糙度、皱纹长度等指标的测量。C-Cube 可以获得不受外部光照影响的图像，而且可以复制。该设备有三个主要特性：一个 10MPx CMOS 传感器，可获得 1.6mm×1.2mm 视场的超高清图像，视场放大 50 倍；具有特定的照明原理，能实现均匀照明，无眩光；实时颜色校准程序，校正从 RGB 传感器到 sRGB 颜色空间，到 CIE $L^*a^*b^*$ 颜色空间的实时和获得的图像，在不同的 C-Cube 探针之间获得可重复的图像，以及可靠的颜色测量。这种便携式皮肤镜的主要优点是可以集体检测和测量几个不同的参数，如红斑、黄色、颜色均匀性和干燥。Narda 等通过评估某美容面霜（FC）对碳颗粒与皮肤黏附的影响，以及对皮肤中的氧化和炎症途径的影响来评估该产品的抗污染的功效。将碳E153粉末附着于皮肤上，并在标准条件下清洗皮肤。使用C-Cube皮镜拍摄图像以确定颗粒附着的区域。每个参与者都作为自己的对照，一侧前臂接受FC治疗，对侧前臂不接受FC治疗，但其他方面遵循相同的方案。结果表明在体内附着研究中，经标准化洗涤后，FC处理的皮肤上的碳粒子沉积明显低于未处理皮肤上的碳粒子沉积。说明这种FC减少微粒对皮肤的黏附，并保护皮肤免受污染诱导的氧化和炎症途径。Pillon等进行了一项转化研究，比较了人类和UVB照射的小鼠模型中光化性角化病（AK）发育的各个阶段，并优化了小鼠AK病变皮肤的照片采集，还使用C-Cube评估了小鼠的病变皮肤。对人和小鼠AK病变皮肤进行组织学和表型分析，显示小鼠整体AK建模与临床情况相关。在损伤的小鼠皮肤中观察到更明显的棘皮现象，如基底层角质形成细胞紊乱和一些非典型性细胞核。通过使用C-Cube优化小鼠AK损伤皮肤部位的照片采集，可用于进一步可靠地评估小鼠皮肤损伤，并可重复采集照片。Christos等在特征长度估计方面对C-Cube和Epsilon E100进行简单的比较。使用C-Cube和Epsilon E100仪器采集同一前臂掌部皮肤区域，在手掌皮肤上随机选取三个犁沟。C-Cube软件通过在捕获帧上绘制线段提供长度测量作为默认特征。Epsilon E100不能提供这样的特征，所以对检测的区域进行裁剪，并应用长度估算法。用C-Cube与Epsilon E100进行比较研究，以检验GLCM法估算皱纹长度的准确性。比较前臂掌侧区域三条皱纹的长度，计算得到两种测量方法的相关性为0.9。结果表明如果在图像中没有相邻伪影，这两种系统都可以很好地计算出沟槽的长度。研究说明电容成像传感器可以用于皮肤纹理分析和人类皮肤年龄分类。

皮肤快速三维成像系统PRIMOS（GFM，德国）是基于数字显微条纹投影器基础上研发的数字光学三维图像分析仪器，通过测试条纹光的位置变化和所有图像点的灰度值，可以得到整个测试皮肤表面或测试物体的数字三维图像。成像结果可以以二维和三维的形式展示，可用于评估皮肤衰老程度或皮肤的纹理粗糙度等参数。也有相同原理PRIMOS手持设备，使用更加灵活，能够对目标区域进行皱纹深度的评估。Gollner等为评价一种抗衰老宣称的口服剂的功效，招募20例年龄45~60岁的健康女性连续40d服用产品，使用皮肤快速三维成像系统PRIMOS采集志愿者使用产品前、使用20d和40d后的皮肤图像并进行客观分析，得出服用该口服溶液可显著降低皮肤粗糙度和皱纹深度。Trojahn等为了评估非接触式光学法的信度和效度，并进行皮肤粗糙度的内部分离，在12名健康老年人前臂左掌和右掌四个皮肤区域进行了VC98和PRIMOS测量。分析了视觉粗糙度和PRIMOS粗糙度参数的信度和相关性。结果发现VC98参数SEr、R_{max}和rzr显示出最可靠和有效的值，并且这些数据在老年受试者对侧前臂皮肤部位基本一致。Jaros 等选取 30 名年龄在 30~60 岁的女性为研究对象，每天涂抹一次 5% 维生素 C 浓缩物。皱纹深度采用 PRIMOS 系统［2 倍 DO 和 6D（42）］测定。在 6 周的研究后，PRIMOS 测定 87% 的参与者的鼻唇沟深度和体积都出现了下降。说明 5% 维生素 C 浓缩物对治疗光敏老化皮肤有效，它使皮肤皱纹消失。Poetschke 等检查了每天使用含透明质酸的抗皱霜是否对皱纹深度以及皮肤紧致度和弹性有影响。将 20 例患者分为四组，选择了 4 种在不同价格范围内的面霜（Balea，Nivea，Lancôme，Chanel）。在 3 个月的试验前后，使用 PRIMOS 对皱纹深度进行了评估，并使用 Cutometer MP580 对皮肤的紧实度和弹性进行了评估。结果显示所有组的口腔和眼眶皱纹深度均明显减少，深度减少幅度在 10%~20%。所有组的皮肤紧致度均显著提高，提高了 13%~30%。说明定期使用含透明质酸的抗皱霜超过 3 个月，对皱纹深度和皮肤紧致效果明显而积极。Żerańska 等通过 HF 超声和 3D 成像系统，来评估含有成纤维细胞生长因子（rFGF-1）的面霜的抗衰老特性。从 PRIMOS 获得的结果表明受试者的皱纹体积和深度减少了。Jang 等为找出评估鼻唇纹（NL）的定量方法，招募了 100 名 20~60 岁的韩国女性受试者。使用光源调整的 VISIA-CR 拍摄面部图像，并通过 PRIMOS 评估 NL 区域的三维皱纹深度，使用处理后的图像获得 NL 区域的像素数和角度。NL 的严重程度通过视觉评分来评估，皮肤弹性通过 Cutometer MPA580 测量。结果显示通过光源调整的 VISIA-CR 获得的光学图像易于区分 NL，并且依赖年龄显著增加。随着年龄的增长，NL 区域的三个弹性参数（R_2，R_5 和 R_7）逐渐减小。NL 区域的像素数、角度、NL 区域上的皱纹深度（Ra）和视觉分数均依赖于弹性而降低。NL 区域的像素数与 Ra 和视觉评分高度相关。这项研究表明，使用定量新方法处理光学图像，NL 的严重程度与皮肤弹性和年龄的降低有关。Ablon 等评估了自动微针设备（Exceed，Amiea Med，MT.DERM GmbH，Berlin，Germany）在修复面部皮肤时的功效和安全性。招募了 48 名年龄在 35~75 岁且有面部皮肤老化的迹象的受试者。每个受试者相隔 30d 进行四次微针治疗。在基线以及首次治疗后 30、60、90、150d 对受试者进行评估。使用 Lemperle 分级量表评估皱纹，使用改良的 Alexiades-Armenakas 评分量表评估皮肤松弛和质感，PRIMOS 用于确定眼眶周和近睑区的皮肤形貌。与基线相比，第 150d 的整体皱纹评分（平均 9 个面部区域等级）、皮肤松弛和皮肤质地都得到改善。PRIMOS 确认了皱纹等级和皮肤纹理的改善。研究表明，四次微针治疗面部皮肤，间隔四周，在第一次治疗 90d 和 150d 后，皱纹、皮肤松弛和皮肤纹理都得到显著改善。

超声皮肤影像仪 DUB® SkinScanner（tpm GmbH，德国）可通过超声波测量真皮的回声度，进而判断胶原蛋白和胶原纤维的真皮结构的完整性，如图3-4所示。

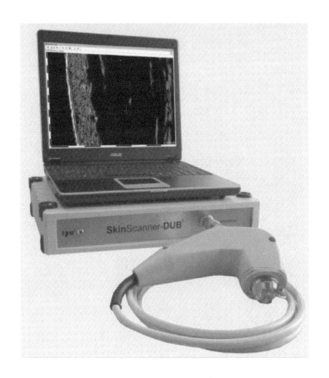

图 3-4 超声皮肤影像仪 DUB® SkinScanner

资料来源：tpm GmbH，德国。

Kim 等使用 DUB® SkinScanner（tpm GmbH，德国）用超声波评估真皮的回声度。采用22MHz探头（轴向分辨率72，横向分辨率33，扫描深度10mm）测量后，通过纳入软件的自动分析模式对各测区回波进行分析。结果显示年轻组在脸颊和前臂掌部的回声明显高于年长组（$P < 0.05$），胶原蛋白和弹性纤维更丰富，皮肤生物力学性能更好。Безуглый 等定量评估使用高频超声对面部皮肤进行物理治疗矫正的有效性。有43名年龄在42~63岁的女性参与评估，她们面部皮肤有年龄相关的变化。通过用高频超声定量监测皮肤的形态和功能参数，选择 DUB® SkinScanner与22MHz线性探针来测量皱纹深度、表皮厚度、真皮厚度及回声密度。使用高频超声对皮肤结构进行定量分析，发现矫正后真皮厚度明显增加，细纹和深纹的深度减少。在本研究中，使用高频超声，首次确定联合应用电流和低频脉冲电流矫正皮肤年龄变化的效率。

皮肤是具有特殊光学性质的混浊介质。角质层对光的作用是前向散射，角质层下表皮中的角质形成细胞对可见光是透明的，真皮乳头层胶原对光高度后向散射，真皮网状层胶原对光高度前向散射，皮下组织则是对光吸收。此外，皮肤中的黑色素能强烈吸收可见光谱中的蓝光和紫外线，而血红蛋白则是蓝光和绿光的选择性吸收物质。SIAscopy（MedX Health Corp，加拿大）通过发射400~1000nm的可见光和红外光作为入射光，入射光作用于皮肤，分别与皮肤内的靶色基如黑色素、血红蛋白、胶原等成分相互作用，被皮肤成分吸收和散射，然后在皮肤表面形成汇出光。汇出光携带了皮肤内部组织结构的信息，被成像系统接收后，利用基于皮肤显色模型的物理学方法，通过计算机SIA软件进行处理分析，在电脑屏幕上形成黑色素、血红蛋白、真皮乳头层胶原3种不同参数的SIA图，表征皮肤内血红蛋白、黑色素和胶原蛋白的量。测试的成像深度可达皮肤表皮下2mm，能清晰地显示皮肤黑色素、血液和胶原的位置、分布和数量，如图3-5所示。

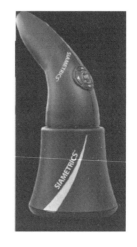

图3-5　SIAMETRICS

资料来源：MedX Health Corp，加拿大。

Sadick等评估一种新型手持家用多源射频设备用于面部年轻化的安全性和有效性。45名受试者均接受NEWA®3DEEP™家用设备（EndyMed Medical，以色列），在前四周内每周使用3次设备，之后在接下来的八周内减少为每周使用两次。评估包括专家临床疗效分级、仪器评估、图像分析和摄影。使用MPA 580测试皮肤硬度和弹性，使用SIAscopy测试皮肤胶原蛋白和血红蛋白含量，结果显示这些皮肤参数都有显著的改善。

Miravex公司的Antera 3D是一款用于体内皮肤形貌和颜色（如L^*a^*b，皮肤色素）测量的手持相机，该仪器依靠与阴影、光度立体技术等相关技术，利用7种不同波长的光源下拍摄的多幅图像，以3D方式重建皮肤。光度立体技术使用朗伯反射模型，对漫反射的表面敏感，如角质层，相机所采用的技术可以从表面移除镜面反射组件来克服这一限制。用于精确测量与皮肤粗糙度相关的几个参数，包括平均皱纹深度；细纹（横向尺寸1.5mm以下）、褶皱（横向尺寸2.5mm以下）和起皱（横向尺寸5.0mm以下）的压痕指数；细纹、褶皱和皱纹的纹理粗糙度。由于相机的开口被直接放置在皮肤上，图像不受周围光照条件的影响，在脸颊和眼角区域进行测量。利用发光二极管获得多方向光照，据报道在皱纹和毛孔粗大的评估上比VISIA更准确。Antera 3D依靠仪器内部360度光源发出的多方向照明，该光源从不同角度照亮物体表面，允许计算机辅助重建该物体的3D，通过对获取的图像数据进行空间和光谱分析，可以得到皮肤形貌和发色团浓度。

Rui等招募了297名受试者进行了面部图像和生活方式问卷调查，使用Antera 3D模型采集了11个面部区域，包括前额、眉间膜、眼眶周、眼角、面部和口腔图像，将获得的图像转换为黑色素浓度图像、血红蛋白相对变异图像、皱纹图像和肤色图像进行进一步定量分析。结果说明该仪器可应用于皱纹和粗糙度测量、毛孔测量、肤色侧脸、红度和黑色素含量的研究。利用这一先进工具的老化评估方法，可以为皮肤老化评估提供方便而准确的解决方案，建立了一种新的预测模型和皮肤老化评价方法，并分析了与老化性状相关的因素，可应用于化妆品效果等方面的研究。Trivisonno等通过临床评估、患者自评和Antera 3D真皮数字化设备对面部皮肤纹理、颜色和皱纹特征进行无创、客观、可靠、准确的评估，研究微脂肪转移是否能改善与光老化相关的真皮和皮下组织厚度损失。仪器评估显示：平均皱纹深度减少41%，皮肤质地得到改善，肤色更加均匀，面部血红蛋白和黑色素浓度下降。

除仪器测量外，通过对产品使用前后的受试者面部图像中一些具体参数进行比较分析，也可以计算得出产品的抗皱、紧致功效差异。如杨泽茹等利用以图像分析法为依据，参考医学面部评价方法，通过采集使用功效化妆品前后受试者面部图像，应用计算机软件分析受试者面部特征点数据改变规律，寻找研究面部皮肤紧致提升的数据化方法。经验证下半面宽度、鼻唇角、眼部角度A及眼部角度B有统计学意义（$P<0.05$），应用于抗衰老护肤品紧致及提升面部的功效评价，可通过测算角度改变程度来评价产品功效强弱，补充和完善现有护肤品功效评价方法，使评价体系更加丰富立体，如图3-6所示。

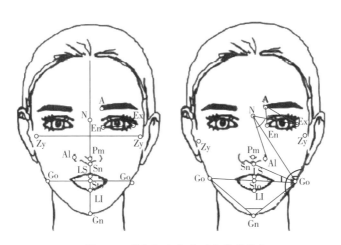

图3-6　面部标志点及测定角度设定

日本皱纹图谱
(《日本化妆品学
会杂志》)

T/ZHCA006—
2019化妆品抗
皱功效测试方
法——浙江省
保健品化妆品
行业协会

参考文献

［1］李利.美容化妆品学，第二版.北京：人民卫生出版社，2011.

［2］王宏侠，唐有志，刘在群.含羟基取代基的Schiff碱捕获自由基性能［J］.应用化学，2007，24（10）：1105-1108.

［3］杨盈，严宝珍，聂舟，等.α-生育酚与自由基DPPH·的反应机理的研究［J］.波谱学杂志，2008，25（3）：331-336.

［4］金春英，崔京兰，崔胜云.氧化型谷胱甘肽对还原性谷胱甘肽清除自由基的协同作用［J］.分析化学，2009，37（9）：1349-1353.

［5］聂少平，谢明勇，罗珍.用清除有机自由基DPPH法评价茶叶多糖的抗氧化活性［J］.食品科学，2006，27（3）：34-36.

［6］郭雪峰，岳永德，汤锋，等.用清除有机自由基DPPH法评价竹叶提取物抗氧化能力［J］.光谱学与光谱分析，2008，28（7）：1578-1582.

［7］张海容，秦文玲，赵二劳，等.沙棘多糖和黄酮清除氧自由基的研究［C］.中国化学会第二十五届学术年会论文摘要集.北京：中国化学会，2006.

［8］王笑晴.基于DPPH自由基清除能力的姜黄提取物抗氧化活性评价［J］.药物评价研究，2011（34）：360-363.

［9］林恋竹，赵谋明.反应时间对DPPH·法、ABTS+·法评价抗氧化性结果的影响［J］.食品科学，2010（31）：63-67.

［10］赵保路.自由基、营养、天然抗氧化剂与衰老［J］.生物物理学报，2010，26（1）：26-36.

［11］阮征，邓泽元，严奉伟，等.菜籽多酚和Vc在化学模拟体系中清除超氧阴离子和羟自由基的能力［J］.核农学报2007，21（6）：602-605.

［12］王艳，杜爱玲，薛岩明，等.D4020大孔树脂分离姜油树脂中的姜酚［J］.山东大学学报（工学版），2011，41（3）：148-153.

［13］张昊，任发政.羟基和超氧自由基的检测研究进展［J］.光谱学与光谱分析，2009，29（4）：1093-1098.

［14］张翠利，付丽娜，杨小云，等.活性氧自由基与细胞衰老关系的研究进展［J］.广州化工，2015，43（19）：5-7.

［15］程德竹，杜爱玲，李成帅等.生姜提取物对邻苯三酚自氧化生成超氧自由基的清除［J］.中国调味品，2014，39（11）：35-39.

［16］刘骏.结晶紫分光光度法测定Fenton反应产生的羟自由基［J］.武汉工业学院学报，2005，24（2）：53-55.

［17］雷学军.清除氧自由基的功能性食品［J］.保健食品工业，2002，（3）：41-44.

［18］翟继英.光度法测定羟自由基及蔬菜抗氧化性［J］.卫生职业教育2005，23（7）：107-108.

［19］刘玲英.芦荟多糖对体外培养人成纤维细胞增殖及胶原合成与分泌影响［D］.福建医科大学，2009.

［20］张丽宏，熊辉，胡中花，等.白桦脂醇对人皮肤成纤维细胞胶原蛋白及相关蛋白酶基因的调控机制研究［J］.国际中医中药杂志，2016，38（5）：420-423.

［21］陆幸妍，邹燕燕，杨国柱，等.淫羊藿提取物对体外培养成骨细胞的毒性试验及细胞效应研究［J］.中国中医药咨讯，2010，02（12）：197-198.

［22］宋丽雅，来吉祥，信璨，等.抑制非酶糖基化反应体外实验方法的建立及应用［J］.日用化学工业，2012（03）：201-204.

［23］化妆品功能评价法指南，日本香妆品学会志，第30卷，No.4别册，2006.

［24］高桥元次.日本抗衰老化化妆品技术的发展［J］.中国化妆品研究与应用，2011，11，102-111.

［25］李利，王曦，刘蔚，等.女性面部皮肤皱纹相关因素研究-1004例成都地区汉族女性调查［J］.中国实用美容整形外科杂志，2004，15（3）：126-128.

［26］陈雅，孟德胜，徐果.抗皱眼霜抗皮肤衰老作用实验研究［J］.中国药师.2012，Vol.15 No.12，1709-1710.

［27］叶希韵.紫外线致皮肤光老化研究进展［J］.生物学教学，2015，40（11）2-4.

［28］房林，赵振民.皮肤衰老机制的研究进展［J］.人民军医，2010，53（2）149-152.

［29］汤璐佳，李青峰.皮肤抗衰老研究进展［J］.组织工程与重建外科杂志，2007，3（3）：172-175.

［30］曾鸣，徐良.皮肤老化机制及老化状态评估方法的研究进展［J］.中国美容医学，2014，23（23）：2025-2028.

［31］李成桐，赵华.化妆品功效评价（Ⅳ）——延缓皮肤衰老功效宣称的科学支持［J］.日用化学工业，2018，48（4）：188-195.

［32］李成桐，赵华，王敏.化妆品功效评价（Ⅸ）——图像分析法在化妆品功效评价中的应用［J］.日用化学工业，2018，48（10）：551-557.

［33］张洁尘，侯伟.皱纹研究的现状与进展［J］.国际皮肤性病学杂志，2007，33（1）：39-41.

［34］杨泽茹，韦月仙，范展华，等.基于图像分析的化妆品紧致功效评价方法研究［J］.日用化

学工业，2021.

［35］Moetaz El-Domyati，Walid Medhat，Hossam M Abdel-Wahab，Noha H Moftah，Ghada A Nasif, Wael Hosam. Forehead wrinkles: a histological and immunohistochemical evaluation［J］. Journal of Cosmetic Dermatology，2013，13，188-194.

［36］Makrantonaki E，Bekou V，Zouboulis CC. Genetics and skin aging［J］. Dermatoendocrinol，2012，4（3）：280-284.

［37］Farage MA，Miller KW，Elsner P，et al. Intrinsic and extrinsic factors in skin ageing：a review［J］. Int J Cosmet Sci，2008，30（2）：87-95.

［38］Mancini M，Lena AM，Saintigny G，et al. MicroRNAs in human skin ageing［J］. Aging Res Rev，2014，17：9-15.

［39］Adachi H，Murakami Y，Tanaka H，et al. Increase of stratifin triggered by ultraviolet irradiation is possibly related to premature aging of human skin［J］.Exp Dermatol，2014，23（Suppl. 1）：32-36.

［40］Yin L，Morita A，Tsuji T. Skin aging induced by ultraviolet exposure and tobacco smoking：evidence from epidemiological and molecular studies［J］. Photodermatol Photoimmunol Photomed，2001，17（4）：178-183.

［41］Vierkotter A，Schikowski T，Ranft U，et al.Airborne particle exposure and extrinsic skin aging［J］. J Invest Dermatol，2010，130（12）：2719-2726.

［42］Vierkotter A，Krutmann J. Environmental influences on skin aging and ethnic-specific manifestations［J］. Dermatoendocrinol，2012，4（3）：227-231.

［43］Li N，Sioutas C，Cho A，et al.Ultrafine particulate pollutants induce oxidative stress and mitochondrial damage［J］. Environ Health Perspect，2003，111（4）：455-460.

［44］Ryu JH，Seo YK，Boo YC，et al. A quantitative evaluation method of skin texture affected by skin ageing using replica images of the cheek［J］. International Journal of Cosmetic Science 36.3（2014）：247-252.

［45］method of skin texture affected by skin ageing using replica images of the cheek［J］.Int J Cosmet Sci，2014，36（3）：247-252.

［46］Longo C，Casari A，De Pace B，et al. Proposal for an in vivo histopathologic scoring system for skin aging by means of confocal microscopy［J］. Skin Res Technol，2013，19（1）：e167-e173.

［47］Miyamae Y，Yamakawa Y，Kawabata M，et al. A combined near-infrared diffuse reflectance spectroscopy and principal component analysis method of assessment for the degree of photoaging and physiological aging of human skin［J］. Anal Sci，2012，28（12）：1159-1164.

［48］Simic-Krstic JB，Kalauzi AJ，Ribar SN，et al. Electrical properties of human skin as aging biomarkers［J］. Exp Gerontol，2014，57：163-167.

［49］Alis Choudhary M I，Rahman A U. Superoxide anion radical，an important target for the discovery of antioxidants ［J］. Atherosclerosis Supplements, 2008, 9（1）: 268-270.

［50］Li J, Tang H, Hu X, et al. Aquaporin-3 gene and protein expression in sun-protected human skin decreases with skin ageing ［J］. Australas J Dermatol, 2010, 51（2）: 106-112.

［51］Shan SJ, Xiao T, Chen J, et al. Kanglaite attenuates UVB-induced down-regulation of aquaporin-3 in cultured human skin keratinocytes ［J］. Int J Mol Med, 2012, 29（4）: 625-629.

［52］Ji C, Yang Y, Yang B, et al. Trans-Zeatin attenuates ultraviolet induced down-regulation of aquaporin-3 in cultured human skin keratinocytes ［J］. Int J Mol Med, 2010, 26（2）: 257-263.

［53］Zou Y, S ong E, Jin R.Age-dependent changes in skin surface assessed by a novel two-dimensional image analysis ［J］.Skin Res Technol, 2009, 15（4）: 399-406.

［54］Bogdan A I, Baumann L. Antioxidants used in skin care formations ［J］. Skin Therapy Lett, 2008, 13（7）: 5-9.

［55］Sumino H, Ichikawa S, Abe M, et al. Effects of aging and postmenopausal hypoestrgenismon skin elasticity and bone mineral density in Japanese women ［J］. Endocr, 2004, 51: 159-164.

［56］Nakanishi M, Niida H, Murakami H, et al. DNA damage responses in skin biology-implications in tumor prevention and aging acceleration ［J］. J Dermatol Sci, 2009, 56（2）: 76-81.

［57］Jaroslav Valach, David Vrba, Tomáš Fíla, et al. 3D Surfaces of Museum Objects Using Photometric Stereo-Device ［C］. Proceedings of the Colour and Space in Cultural Heritage session at the Denkmäler 3D Conference. 2013.

第四章　保湿、滋润类化妆品

一、皮肤屏障与保湿

1. 皮肤屏障

作为人体面积最大的器官，皮肤像"铠甲"一般覆盖于人体表面。保护作用（含屏障作用）也是皮肤的首要功能和存在价值。皮肤屏障的含义具有广义和狭义之分。其中，从广义的角度上，皮肤屏障包括机械性屏障、物理性屏障、化学性屏障、生物性屏障以及色素屏障等。从狭义的角度上，皮肤屏障主要指物理屏障。皮肤屏障包括表皮水合的保湿屏障、通透屏障、防水屏障、抗微生物屏障、抗氧化屏障、抗UV照射防护屏障、免疫屏障和机械屏障等。皮肤屏障不仅能够保护机体内各种器官和组织免受外界环境中机械的、物理的、化学的和生物的有害因素的侵袭，也可以防止体内营养成分、水分以及电解质的丢失，在维持人体内环境稳定方面有着十分重要的作用。

2. 保湿

正常皮肤的含水量为20%~35%，当外界的相对湿度较低时，角质层的水分就会流失。当相对湿度低于60%时，皮肤含水量会下降到10%以下，此时屏障功能受损，导致皮肤出现发痒、红肿、脱屑等临床症状，甚至会发生已有的皮肤疾病的恶化。其主要原因为：角质层缺水变薄，外界有害物质（细菌、病毒等）可以通过角化细胞或者其间隙以及毛囊、皮脂腺等侵入皮肤引起皮肤过敏。角质层增厚可以明显抑制有害物质的侵入，避免细菌、病毒等物质的侵入引起的皮肤敏感，角质层越厚对刺激源侵入的限制作用越大。正常皮肤pH维持在4.5~6.5，弱酸性环境对维持皮肤正常的生理功能，防止微生物（特别是病原体微生物）的侵袭具有较重要的防护作用。如果皮肤缺水，导致水油不平衡，皮肤表面的pH发生变化，将会导致皮肤容易敏感。除此之外，水分含量增加还可以起到抗炎、抗细胞分裂和止痒的作用。

皮肤保湿系统是由水源、水渠和拦水结构组成的。真皮层相当于整个保湿系统的水源，真皮层具有大量的毛细血管，可以通过血液循环系统输送充足的水分和营养物质，是整个保湿系统的源头。同时，真皮层中含有大量胶原蛋白和透明质酸，能够结合大量的水分，形成凝胶状基质，这种含水的凝胶状基质构成了整个皮肤的水分储存库。基底膜位于真皮层和表皮层之间，是一种具有很多网孔的薄膜状结构，水分和营养物质可以通过这个网状结构顺利到达表皮层，表皮与真皮在交界处呈波浪状的嵌合结构（基底膜）增加了水分输送的面积，它是保湿系统的水渠。角质层皮肤屏障能够防止水分和营养的流失。天然保湿因子是一类皮肤自有的，具有吸水特性的小分子复合物，能够有效吸收并锁住水分，与角质层皮肤屏障共同强化锁水屏障，也可以视为保湿系统的保水结构。

保湿类产品在增加皮肤水分含量的同时还能够增加皮肤表面的细腻度、柔韧度、平滑度及弹性，改善皮肤粗糙，并延长这种效果的持续时间。皮肤保湿对维持皮肤健康、防御从外界受到的各种刺激、防止皮肤老化以及滋润、美容皮肤都具有重要意义，也是改善皮肤生理环境、促进皮肤新陈代谢的先决条件。

二、保湿、滋润的生物学机制

1. 角质层皮肤屏障与保湿

皮肤的屏障功能作为皮肤的六大功能之一，对预防外界刺激、保护肌肤至关重要。角质层皮肤屏障结构主要由角质细胞、细胞间脂质构成，现多采用"砖块-灰浆"结构来形容角质层皮肤屏障结构，表皮角质形成细胞层层相叠，这些角质形成细胞是"砖（brick）"，而形成细胞间的间质是"灰浆（mortar）"，共同维持角质皮肤屏障的结构和功能。

保湿对皮肤屏障起着至关重要的作用。结构中与保湿最相关的是"砖"，中间丝聚蛋白和细胞角蛋白交联形成的角蛋白纤维束是皮肤屏障"砖"结构的支柱。中间丝蛋白可通过酶的催化后分解为游离的氨基酸，游离氨基酸又能分解代谢为大量的天然保湿因子（natural moisturizing factor，NMF）。这些天然保湿因子具有强烈的吸水能力，不仅能够吸收水分而且能分解自身的水分，起到缩小角质细胞间隙，加强紧密度，维持角质层含水量，防止外界有害物质或过敏原侵入的作用，从而维护皮肤屏障功能。

2. 表皮基底层水分转运与保湿

皮肤的保湿中水通道蛋白起到了重要的保水作用，水通道蛋白（aquaporin，AQPs）是一类位于细胞膜上的内在膜蛋白，能够在细胞膜上组成"孔道"，能快速转运水或控制水的进出。AQPs蛋白家族在不同组织和器官上都有表达，其中AQP3是人皮肤中表达量最丰富的水通道蛋白亚型，其在表皮的基底层表达最明显。体内循环的水分和甘油可以通过AQP3到达表皮，从而促进角质层的水合作用。由于表皮层没有血管，表皮层中的水分都是从真皮中扩散而来的，因此，表皮细胞间的AQP3就构成了细胞间水分输送的主要通路，是维持皮肤水合作用的一个关键因素，也是目前应用于化妆品保湿功效的主要蛋白。

3. 真皮层内源性水分生成与保湿

真皮层位于表皮层下面，绝大部分空间由胶原纤维形成的立体网格和透明质酸水合基质充满。真皮层含有丰富的管网系统（血管和淋巴管），负责运送皮肤新陈代谢所需要的水分和营养，是整个皮肤的水分营养库。以透明质酸（hyaluronic acid，HA）为主要成分的多糖基质具有很强的水合能力。真皮层是皮肤水分供给的源头，真皮层中的透明质酸能够结合大量的水以维持皮肤水分含量。

三、保湿类化妆品功效原料

皮肤的干裂不仅是由于皮肤表面缺乏类脂性物质，更重要的原因是皮肤角质层中水分不足。要保持皮肤的良好状态，除了要有滋润作用的油脂性物质外，还要使角质层中含有一定量水分。保湿剂又称湿润剂，能够保持、补充皮肤角质层中的水分，防止皮肤干燥，或使已干燥、失去弹性并干裂的皮肤变得光滑、柔软和富有弹性。

1. 保湿剂的分类

保湿剂按其来源可分为天然保湿剂和合成保湿剂，发挥保湿作用的保湿剂主要有以下几类。

（1）**油脂类成分**　这类保湿成分较难被皮肤吸收，但经涂抹后会在皮肤表面形成一层油脂膜，可以起到防止或减少角质层水分蒸发，封闭保湿的作用。代表性的常用原料是凡士林，除化妆品外，皮肤科也较常使用，但其较为油腻，肤感较差。其他油脂类原料有硅油、植物油（橄榄油、杏仁油、霍霍巴油）、矿物油、羊毛脂等。

（2）**吸湿性原料**　此类保湿剂多为一些小分子的醇类、酸类、胺类等有机化合物，能够从真皮层中吸取一定量的水分并向上运输至角质层中，也可从周围环境吸收水分，提高皮肤角质层的含水量，如甘油、氨基酸、吡咯烷酮羧酸钠、乳酸和乳酸盐等。此类保湿剂单独使用时只适合于相对湿度高的季节及南方地区，不适合北方干燥的冬季，但可通过配合油脂类保湿剂加以解决，常见的有乳酸、尿素、山梨糖醇、胶原蛋白等。

（3）**亲水性成分**　此类保湿剂为亲水性高分子化合物，加水溶胀后能够形成空间网状结构，将游离水结合在网内，使自由水变成结合水而使水分不易蒸发散失，起到锁水保湿的作用，是一类比较高级的保湿成分，使用范围广，适用于各类肤质、各种气候条件。代表原料为透明质酸（也称为玻尿酸），这是一种黏多糖类物质，保湿作用强而温和，是一种非常优秀的保湿剂。

（4）**修复性成分**　角质层为人体的天然屏障，若屏障作用降低，则皮肤的失水量增加。在保湿产品中添加具有修复角质层作用的物质，提高角质层的屏障功能，降低经过皮肤散失的水量而达到保湿作用，如神经酰胺、维生素E等。

2. 主要的保湿原料

（1）**甘油**　丙三醇是化妆品中最早也是至今最常使用的保湿剂，是一类动植物油脂皂化过程中的副产物。甘油无色无臭、澄清味甘、质地黏稠、具有很强的吸湿性，可完全溶于水或酒精，不溶于乙酸乙酯、碳氢化合物、氯仿、油脂。浓度高的甘油具有强吸湿性，不但可以从空气中吸收水分，而且还从真皮中吸收水分，反而使皮肤干燥甚至灼伤，因此并不能直接用在皮肤上。化妆品中用于保湿剂的甘油添加浓度一般为5%~20%。丙二醇性质类似甘油，但黏滞度较小，刺激性与毒性较低，在化妆品中可与甘油配合使用，或代替甘油作为保湿原料，还可作为香精香料和色素的溶剂。

（2）**吡咯烷酮羧酸**　α-吡咯烷酮-5-羧酸钠，是皮肤天然保湿因子（natural moisturizing factor，NMF）的主要成分，也可以从谷氨酸制备得到。成品为透明无色或微黄色，无臭，略带咸味的液体或盐，易溶于水，具有很强的保湿作用，其吸湿性能远强于甘油、丙二醇、山梨醇，与透明质酸相当。在同等温度、浓度下，吡咯烷酮羧酸黏度远低于其他保湿剂，无黏腻厚重感；且安全性高，对皮肤和黏膜几乎无刺激，与其他保湿原料具有很好的协同性，长效性保湿效果好，还可对角质层起到柔润的效果。

（3）**透明质酸**　透明质酸也称玻璃糖醛酸、玻尿酸，是一种以乙酰氨基葡萄糖与葡萄糖醛酸双糖单元交替链接而成的高分子直链酸性黏多糖，空间上呈现刚性的螺旋柱体内侧存在大量羟基而具有强亲水性，在化妆品和生物医药材料中已有非常广泛的应用。成品多为白色纤维状固体或粉末状颗粒，相对分子质量较大，易溶于水，不溶于有机溶剂。透明质酸亲和吸附的水分可为其自身质量的500~1000倍，是一种非常理想的保湿水剂。皮肤中所含的天然透明质酸存在于细胞间的胞外基质中，与其他硫酸化多糖、胶原蛋白、弹性蛋白等共同组成含大量水分的胞外胶状机制，使皮肤柔韧富有弹性。与其他保湿原料相比，周围环境的相对湿度对透明质酸的保湿性影响相对较小，适合皮肤在不同季节不同环境湿度下对化妆品保湿功效的要求。透明质酸涂于皮肤表面时，可形成一层黏弹性水化膜（分子网络），起到维持和加强角质层自身的吸水能力和屏障功能，以及保持角质层湿润的作用，促进皮肤对护肤品中其他活性营养成分的吸收，防止皮肤干燥，使皮肤柔软光滑，延缓和防止皮肤老化。此外，透明质酸还具有抗炎抑菌，促进皮肤修复的作用。

（4）**神经酰胺**　神经酰胺（ceramide）作为皮肤角质层细胞间脂质的主要成分，角质层中40%~50%的皮脂由神经酰胺构成，神经酰胺也是细胞间基质的主要部分，在保持角质层水分的平衡中起着重要作用。神经酰胺具有很强缔合水分子能力，它通过在角质层中形成网状结构维持皮肤水分。神经酰胺因其结构特性，可渗入角质层内直接补充脂质，维持和修复角质层的结构完整性和防止水分流失，增加角质层的含水量。神经酰胺也可与细胞表面蛋白质通过酯链连接，黏合细胞以维持皮肤的砖墙结构及屏障功能。神经酰胺还具有优秀的生物调节作用，低温时吸收周围水分，高温时吸水能力下降，以保证皮肤状态可根据周围环境来调整吸水和储水能力。化妆品中可以添加人工合成的神经酰胺渗入到真皮的生理结构中，对皮肤原有的神经酰胺的功能起到强化的作用。此外，神经酰胺还可以诱导角质层形成细胞的分化。

（5）**尿囊素**　尿囊素（allantoin）是尿素的衍生物，因最早从牛的尿囊液中发现而得名，乙醛酰脲或5-脲基乙内酰脲。在20世纪30年代，国外将其作为用来缓解和治疗慢性溃疡、创伤的药物，沿用至今。尿囊素的纯品是一种无毒、无味、无刺激性的白色晶体。尿囊素可以促进细胞生长，加快伤口愈合，软化角质蛋白，是皮肤创伤的良好愈合剂和抗溃疡药剂，也可用作缓解和治疗皮肤干燥症、鳞屑性皮肤病、皮肤溃疡、消化道溃疡及炎症的有效成分。作为一种两性化合物，尿囊素添加在化妆品配方中，可以结合多种物质形成复盐，性能稳定，即使加到膏霜和乳剂配方中，也不会发生变色或破坏料体和基质的稳定性，具有避光、杀菌防腐、止痛、抗氧化作用，促进肌肤、毛发和嘴唇组织中的水含量，赋予肌肤、毛发和嘴唇以柔软、弹性、光泽。

（6）**甲壳素及其衍生物**　甲壳素（chitin，CT），又称甲壳质、几丁质，大量存在于虾、蟹等海洋节肢动物的甲壳中，在一些低等动物菌类、昆虫、藻类的细胞膜和高等植物的细胞壁中也有分布。甲壳素的一些衍生物具有良好的吸湿、保湿性能。如羧甲基甲壳素的保湿性能优于甘油，与透明质酸的保湿效果相当，对头发有亲和性，可在头发上形成干燥的薄膜。壳聚糖的溶解性优于甲壳素，除良好的保湿和润肤性外，还可用于洗发、护发配方中，使头发保湿、抗静电、增强柔顺性。尤其是水溶性壳聚糖衍生物，如羟基化衍生物、羧化壳聚糖衍生物、酰化衍生物等，在保持壳聚糖原有特性的基础上，还具有性质稳定、增稠、防腐等效果。

（7）**烟酰胺**　烟酰胺（nicotinamide）是烟酸的酰胺化合物，作为一种常见的美白祛斑原料，不仅可以抑制黑色素小体的转运，抑制皮肤早期衰老过程中伴随产生的皮肤黯淡、发黄等，还可以促进合成表皮层蛋白质，增强肌肤的抵御能力，改善皮肤质地，补充肌肤水分。烟酰胺外用时，还可以降低经皮水分丢失，减少皮脂分泌，增强皮肤的屏障功能；增强角质层的黏结性，增加角质层厚度，提高角质层成熟度，起保湿、改善皮肤屏障功能作用。因此含有烟酰胺的护肤品还具有极强的锁水和保湿功效。

近年来，部分含有抗炎功效的非类固醇化合物（nonsteroidal anti-inflammatory）和NMF等新型保湿剂问世。新型保湿剂多含有NMF、神经酰胺或促进神经酰胺与脂质屏障修复、AQPs合成表达的成分，或者是某些具有抗炎功效的非类固醇化合物，如 N-palmitoylethanolamide（N-酰基乙醇胺家族的一员）。

四、保湿、滋润类化妆品功效评价

保湿和维持皮肤正常的屏障功能是皮肤护理类化妆品最基本的功能，化妆品的保湿性对于维持皮肤健康和良好的视觉效果非常重要。保持充足的水分是维持皮肤正常新陈代谢的基础，不同的保湿剂对水分子的作用机制不同。皮肤类保湿性化妆品的功效评价实质上就是测试和评价化妆品对皮肤水分的保持作用。

（一）体外法及分子细胞生物学方法

体外细胞生物学及分子生物学方法是通过体外培养的人角质形成细胞或成纤维细胞建立细胞模型来进行测试的方法，可通过观察细胞接触受试物前后培养细胞的状态并检测与保湿相关的蛋白表达情况，如天然保湿因子（NMF）、水通道蛋白（AQPs）、紧密连接蛋白（claudins）、透明质酸（HA）等指标，进而研究保湿剂对皮肤细胞的影响，评价化妆品及原料的保湿功效。

1. 吸湿性

在给定温度和相对湿度条件下，保湿剂不断从环境中吸收水分，潮解或者形成溶液。基于化妆品中不同保湿剂分子对水分子的作用力不同，吸收水分和保持水分的能力也略有差异。通过称重法测试保湿剂的吸湿率可以表征该成分的保湿功效。

保湿剂在一定时间吸收的水分质量占该保湿剂质量的百分比，即为此保湿剂在该时间内该相对湿度下的吸湿率，前述一般为采用饱和硝酸钾溶液维持94%的相对湿度。将涂抹有受试物的玻璃板置于简易恒湿器的多孔隔板上，并保证隔板上下空气的流通，放置一段时间后（第2、4、6、8h）取出、称重，计算吸湿率。

本方法适用于吸水性保湿原料或含有该类型保湿成分的保湿产品的吸湿率测定。油脂类保湿剂和水剂、乳液等含水量较高的产品不宜采用该方法。

2. 保湿性

保水率为在某一固定相对湿度的前提下，样品放置不同时间后（样品放置后的质量-样品放置前的质量）/样品放置前的质量×100%，反映产品随时间的变化所呈现的吸湿性的大小。

不同保湿剂分子对水分子的作用力不同，保持水分的能力也略有差异。试验常采用称重法测试失水率表征保湿剂的保水能力，从而表征化妆品及其原料保持水分能力的大小。采用一定体积的饱和碳酸钾溶液维持约43%的相对湿度下，称取一定量受试物溶液，均匀涂覆在贴有3M®胶带的玻璃板上，放置一段时间后（第2、4、6、8h）称量受试物的质量，计算失水率。失水率越大表示该保湿剂的保水性越差。失水率越小表示该保湿剂的保水性越强，长期保湿效果越好。

本方法适用于吸水性保湿原料或含有该类型保湿成分的保湿产品的失水率测定，油脂类保湿剂或含水量较低的膏霜类产品不宜采用该方法。

3. 吸湿稳定性

理想的保湿剂除了能够在周围环境中吸收水分，在一般湿度下保持水分外，其所吸收的水分也不能随相对湿度变化过大。当外界相对湿度变小时，如果保湿剂的吸收水分的能力变小将会导致皮肤干燥。吸湿稳定性的测定一般称取同质量的某一固定保湿剂，将其放置在不同相对湿度的环境中，一段时间后比较其各自的吸湿量。如果不同环境中的吸湿量变化不大，表明该保湿剂的吸湿稳定性好。

4. 皮脂分析

皮脂膜是指由皮肤表面的皮脂与汗液和水乳化后在皮肤表面形成的乳化皮脂薄膜，覆盖在皮肤和毛发的表面。皮脂膜像一层无形的屏障影响皮肤的健康。皮脂膜可有效滋润皮肤，使皮肤柔韧、润滑、富有光泽、防止干裂。另外，皮脂膜可防止皮肤水分过度蒸发、防止外界水分及其他物质大量进入、锁住水分，阻止营养物质、保湿因子及水分的散失，使皮肤含水量保持正常，对皮肤内的水分起到重要的屏障保护功能。

皮肤表面皮脂成分含量：甘油三酯占20%~60%、蜡脂占23%~29%、角鲨烯占10%~14%、游离脂肪酸占5%~40%、胆固醇及胆固醇酯占1%~5%。皮肤表面脂质受多种因素的影响，皮脂成分含量也是在一定范围内变动。通常情况下，通过分析神经酰胺、胆固醇、脂肪酸含量及其比例，分析皮脂成分是否存在偏颇，可间接反映皮脂膜的健康状态。

5. 天然保湿因子

天然保湿因子（NMF）是存在于角质层内与水结合的一些低分子质量物质的总称，包括氨基酸、吡咯烷酮羧酸、乳酸、尿素、尿刊酸（UCA）、离子碳水化合物、氨、多肽、葡萄糖胺及其他未知物质，是一类皮肤自身存在的、具有吸水特性的小分子复合物。与皮肤水合作用密切相关的NMF中最具代表性的为吡咯烷酮羧酸（PCA）、UCA、尿素，可以吸收大量的水分并保持水分不被散失。NMF作为一种低分子质量水溶性的高效吸湿性分子化合物，能帮助角质细胞吸收水分，维持水合功能。

对NMF的定量测试常见的方法有以下几种。① 利用胶带剥脱，采用高效液相色谱、液相色谱质谱联用技术，对剥脱下的角质层细胞中UCA、PCA等成分进行分析。② 基于保湿的原理，从二维/三维细胞水平检测与保湿相关基因的表达情况，利用3D皮肤模型直接检测皮肤角质层中PCA、UCA、尿素的含量变化，再利用相似相溶原理，采用高效液相色谱对角质层PCA、UCA、尿素进行分离和检测。

6. 皮肤屏障相关蛋白及其基因表达

人体正常的皮肤有两方面的屏障功能：一方面抵御外界各种物理、化学和生物等有害物质对皮肤的侵害，对酸、碱、有机溶剂及物理性摩擦具有一定的抵抗力；另一方面对外界物质的吸收、内部物质的流失具有明显的限制作用，可阻止体液外渗与化学物质的内渗，防止水分散失。皮肤屏障受损表观上将会导致细胞连接松散、易脱落，细胞间紧密连接能力变弱，角质细胞表面TEWL升高，皮肤保水能力下降，皮肤变得敏感、脆弱。所以，皮肤屏障功能在保持机体内环境的稳定上起着重要的作用。

皮肤屏障功能主要依靠角质层的"砖墙结构"。角质层的主要成分是角蛋白和脂质紧密有序的排列。所以，对皮肤屏障功能的检测可以通过测定相关蛋白的表达间接反应皮肤的水合力、保水力。与皮肤屏障直接相关的蛋白主要包含角蛋白、丝聚合蛋白、外皮蛋白、兜甲蛋白、转谷氨酰胺酶、紧密连接蛋白-1等。其检测方法主要包含定量即时聚合酶链式反应（quantitative real-time polymerase chain reaction，qRT-PCR）、免疫细胞化（immunocytochemistry，ICC）/免疫荧光（immunofluorescence，IF）、免疫组化。

7. 水通道蛋白（aquaporins，AQPs）

皮肤固有的水合能力不仅由于角质细胞中NMF的存在，还依赖于皮肤内水分的运输。AQPs是一类膜蛋白家族，可选择性地转运水和小分子溶质（如甘油）。

在人体皮肤中，AQP3是AQPs家族表达最丰富的水通道蛋白亚型。AQP3主要表达于人表皮基底层、棘层、颗粒层，到角质层逐渐消失，呈现出空间层次，AQP3在基底膜带的高表达，可以促使水、甘油及尿素的转运，担负着角质层甘油运输的重要作用。AQP3将内源性的甘油以及皮脂腺中的甘油三酯运输进入表皮，使其直接或间接影响皮肤保湿功效。通过抗原抗体的特异性结合，可以用荧光基团标记出表皮细胞表达的AQP3，荧光强度即对应了该蛋白的表达量，同时，通过定量即时聚合酶链式反应测定其mRNA的表达，从而可以一定程度上反映出皮肤转运水分的能力。

（二）动物实验法

1. 小鼠皮肤模型

建立小鼠皮肤模型，观察各组小鼠背部裸露皮肤的色泽、光滑程度、皮屑脱落程度、粗糙度等外观的形态。按照皮肤测试相关指南，分别在造模前后、给药后使用皮肤水分测试仪于小鼠背部皮肤裸露部分测定。

2. 斑马鱼模型

人和斑马鱼的皮肤细胞在高渗溶液中会出现失水皱缩，有研究使用高于斑马鱼体内渗透压的氯化钠处理斑马鱼，导致斑马鱼尾部因脱水而面积皱缩、变小。正常对照组未加入氯化钠，模型对照组与补水保湿剂组加入了等量的氯化钠（氯化钠通过溶解到养鱼用水中的方式摄入到斑马鱼体内）。补水保湿剂组在加入氯化钠的同时加入补水保湿剂，观察斑马鱼尾部面积的变化判断保湿效果。

（三）人体评价法

皮肤水分含量的测试可以直接反映保湿产品的保湿效果。人体评价法是将测试样品直接作用在人体皮肤上，以此使得产品可以直接与皮肤接触，进而得知功效物质在人体局部皮肤循环中是否能达到相应的功效，其皮肤变化的结果更加直接、客观。

1. 电化学法

电化学法测定水分含量多采用电容法、电阻法、电导法。主要仪器包括德国CK公司的Corneometer CM825、皮肤水分分布测试仪MoistureMap MM100、芬兰的MoistureMeter、Biox公司的Epsilon介电成像系统、日本的Skicon-200 EX皮肤电导测试仪等。其中，采用电容法测定人体皮肤角质层的水分含量是基于水是皮肤中介电常数最大的物质，水和其他物质的介电常数差异显著，按照皮肤角质层水分含量的不同，测得的皮肤电容值不同的原理，通过测定电容值的变化间接反映皮肤水合状态，其参数可代表皮肤水分含量。

2. 光谱法

拉曼共聚焦显微镜、近红外光谱法（NIR）、衰减全反射－傅里叶变换红外光谱法ATR-FTIR、共振频率法都是常用的水分含量检测光谱学方法。其中，应用较多的为拉曼共聚焦显微镜测定皮肤水分含量。共聚焦拉曼光谱是基于皮肤对光的拉曼散射得到光谱图，通过检测CH—（2800~3000cm^{-1}）和OH—（3100~3700cm^{-1}）的信号强度比例进而通过计算得到水分含量值。皮肤含水量越高，得到的谱图中水分的吸收峰强度越强。其优势是可实现在体、实时、无创测试，受试物不受其剂型限制、无需复杂的样品预处理、可实现分子层面的逐层分析。同时，也可通过分析使用产品前后皮肤拉曼光谱的变化，定性或半定量分析物质的经皮吸收情况。

3. 皮肤经皮水分散失

皮肤经皮水分散失（transepidermal water loss，TEWL）又称透皮失水率，是指水分从真皮层经表皮层，在单位时间内流失水分的速度。TEWL对评估皮肤水分保护层的功能是非常重要的参数，在国际上已经得到了广泛的认可。

皮肤生理和功能上的变化常导致皮肤屏障功能的损伤，同样，皮肤屏障功能异常也常会导致皮肤出现生理及功能上的变化。例如，皮肤屏障受损表观上将会导致细胞连接松散、易脱落，细胞间紧密连接能力变弱，角质细胞表面TEWL升高，皮肤保水能力下降，皮肤变得敏感、脆弱。对使用化妆品前后皮肤角质层的经表皮水分散失（TEWL）值进行测试，通过这些指标变化来反映化妆品的保湿功效。

　　TEWL是较常用的表征皮肤水分散失的方法。测试原理是根据A.Fick于1885年发现的漫射原理来测量邻近皮肤表面水分蒸汽压的变化。使用特殊设计的两端开放的圆柱形腔体测量探头在皮肤表面形成相对稳定的测试小环境，通过两组温度、湿度传感器测定近表皮（1cm以内）由角质层水分散失形成的在不同两点的水蒸气压梯度，直接测出经表皮蒸发的水分量，以此来衡量皮肤表面水分流失情况，从而可以评价化妆品在皮肤表面的保湿功效。TEWL值是皮肤屏障好坏的一个重要标志，皮肤的TEWL值越低，说明皮肤的屏障功能就越好，反之则越差。所以，评价化妆品或者化妆品原料对皮肤屏障功能的改善可以通过使用产品前后TEWL值的变化评估皮肤屏障功能，进而评价化妆品的保湿效果。

　　目前，检测TEWL的仪器目前主要分为开放式探头和封闭式探头两大类。分别为CK公司的皮肤水分流失测试仪Tewameter TM300、Delfin公司的Vapometer和Biox公司的Aquaflux AF200。Vapometer的内置湿度传感器在测试时由测量表面封闭成一个密闭的腔室，因此不受环境气流的影响，可用于检测经皮水分流失TWEL和水分蒸发率 $[g/(m^2·h)]$。

4. 皮肤鳞屑指数

　　皮肤缺水常导致皮肤表面鳞屑的产生。为将保湿后的效果通过科学的手段，可视、可触、可感知地传递给消费者，我们常采集皮肤鳞屑照片，通过分析皮肤鳞屑指数判断产品的滋润、保湿功效。常用的仪器为CK公司推出的皮肤显微表面活性分析系统Visioscan VC98。Visioscan VC98可以用来测试受试者使用产品后面部或其他区域的灰度参数以及SELS参数，反映皮肤的状态（如皮肤光滑度、皱纹等）变化。其中，皮肤鳞屑指数（SEsc）可表征皮肤的滋润程度。数值越小，角质层的鳞屑指数越小，皮肤越滋润。

5. 角质层剥脱指数

　　当角质层表层细胞的桥粒消失，细胞间连接松动时，扁平的角质细胞就会呈鳞屑状从皮肤表面脱落，形成皮屑，通过分析皮屑剥脱的速率和皮屑的形状可以评估皮肤的干燥程度和皮肤屏障的完整性。Visioscan VC98 也可以用来进行角质细胞剥落的测试，分析得到的图片参数 SEsc 可反映皮肤角质剥落程度，SEsc 数值越小，说明皮肤角质层的剥落越小，皮肤屏障越好。

（四）感官评价法

感官评价法属于主观评估，包括视觉评估和受试者自我评估。视觉评估通常由专家对受试者的皮肤状态如皮肤弹性、皮肤透亮度等指标进行定性或分级评测；受试者自我评估多采用调查问卷形式进行，指标包括感觉到的皮肤滋润、不干燥等，从而对受试者自身皮肤干燥程度进行评分分级。主观评估法因存在主观因素，不能客观表征保湿化妆品的保湿功效性，故需与客观仪器检测方法结合，研究主观评估结果与客观仪器检测结果的相关性，进而更加全面地表征化妆品的保湿功效。

在护肤品的感官分析中，通常借助对其使用前（如易涂抹性、厚重感等），使用中（如水润感、油润感、吸收性等）及使用后（如滋润度、光泽度等）等阶段的各项感官性能进行评价，寻找化妆品的优势感官特性或者是筛选优良的配方，支持产品的开发与优化。

参考文献

［1］田燕．皮肤屏障［J］．实用皮肤病学杂志，2013（6）：346-648．

［2］王珊珊，梁虹，胡英姿，等．功效性化妆品对敏感性皮肤的防护作用［J］．中国美容医学，2009，18（10）：1486-1489．

［3］邹鹏飞，刘志河，路万成，等．皮肤自身保湿系统和保湿护肤品设计思路［J］．日用化学品科学，2012，35（1）：18-20．

［4］宋秀祖．皮肤屏障功能［J］．国际皮肤性病学杂志，2007，33（2）：122-124．

［5］刘玮．皮肤屏障功能解析［J］．中国皮肤性病学杂志，2008，22（12）：758-761．

［6］虞瑞尧．天然保湿因子与保湿化妆品［J］．中国美容医学，2000，9（1）：67-68．

［7］杨素珍．透明质酸在美容化妆品方面的应用［J］．食品与药品，2010，12（7）：275-278．

［8］尤桦菁，陈木开，周晖．保湿剂的临床应用现状［J］．社区医学杂志，2016，14（2）：80-83．

［9］郭立群，王敏．化妆品功效评价（Ⅶ）——细胞生物学在化妆品功效评价中的应用［J］．日

用化学工业，2018，48（7）：371-377.

［10］王春晓，赵华.化妆品功效评价（Ⅱ）——保湿功效宣称的科学支持［J］.日用化学工业，2018，48（2）：67-72.

［11］赖维，吕瑛，万苗坚，等.保湿类护肤品功效评价方法的探讨［J］临床皮肤科杂志，2005，34（7）：441-442.

第五章　美白、祛斑类化妆品

一、肤色与美白

（一）肤色的形成与影响因素

人体皮肤颜色各不相同，不同种族、年龄、性别的人群的皮肤颜色各不相同，同一人体不同部位的皮肤颜色也有所区别。皮肤的多层结构决定了皮肤的光学属性，人体皮肤可简要分为表皮层、真皮层和皮下组织。人体肤色的形成与两个因素密切相关：① 皮肤内各种色素的含量与分布状况；② 皮肤的厚度及光线照射在皮肤上产生的反射、散射、透射和吸收等光学过程。

皮肤内的色素主要为黑色素、血红蛋白素和胡萝卜素。黑色素只存在于表皮层，由黑色素细胞产生，有真黑素和褐黑素两类，是决定皮肤颜色深浅的主要因素。黑色素小体是黑色素细胞内合成和转运的特异性细胞器，人类皮肤的颜色不是取决于黑色素细胞的数量，而是取决于产生各种黑色素的量，取决于黑色素小体的数量、大小、分布及黑色素化程度。血红素又称血红蛋白，存在于真皮层中，其中氧和血红蛋白呈红色，还原血红蛋白呈蓝色，额面部肤色受皮肤血液中血红蛋白（血红素）含量的影响而呈粉红色。胡萝卜素呈黄色，以胸腹部和臀部较多。

皮肤表皮角质层、透明层及颗粒层的厚薄可以影响肤色。在皮肤较薄处，因光线的透光率较大，可以折射出血管内的血红蛋白而透出红色来。在皮肤较厚的部位，光线透过率较差，只能看到皮肤角质层内的黄色胡萝卜素，手掌、足底由于角质层很厚，呈黄色，颗粒层和透明层较厚的皮肤更易显白色。光线照射在皮肤上会产生复杂的光学过程，主要有反射、散射、透射和吸收四类。其中，反射现象包括表面漫反射、表面镜面反射以及下表面反射三种。下表面反射是由于表皮层和真皮层中可能存在的后向反射，使得光线又重新返回表面产生的。总的反射率可以通过积分球仪测量。皮肤内则同时存在透射、散射以及吸收等物理现象。角质层生理学上属于表皮层，许多研究都把角质层作为单独的一层进行研究。角质层中含有水且没有色素，对入射光线的吸收能力弱，表面的油脂可反射少量光线，大部分光线都穿透角质层进入皮肤下层。入射光在进入表皮层后将有一部分被黑色素吸收，一部分被散射，还有一部分穿透表皮层射入下面的真皮层。真皮层也同样会对光线进行吸收和散射，真皮层中的散射更为复杂，既有向前散射又有向后散射，实验表明大部分光线无法穿透皮下组织。

人类肤色分为构成性肤色和选择性肤色。构成性肤色主要由遗传基因决定，也称固有肤色，目前已发现参与调节黑色素合成、代谢的基因超出120个，这些基因的突变往往会导致白癜风等疾病的产生，由于遗传基因的不均一性，同一人种的构成性肤色也可有一定差别。选择性肤色主要由体内、体外众多的影响因素导致，体内因素有内分泌、代谢、年龄、疾病等。体内分泌的部分种类激素可能会促进黑色素的合成或转运，如孕激素、雌激素等。人体老化是不可避免且无法逆转的生理过程，衰老会使皮肤颜色逐渐加深并失去弹性光泽。一些疾病也会使肤色产生变化，使其变黑，如营养不良性疾病、体内氧化与抗氧化平衡失调、内分泌失调、微生态失衡、代谢紊乱、机体微量元素含量异常、发炎、感染等。服用某些药物或食物可能在一定程度上改变肤色，如对黑色素亲和力强的氯喹类。体外因素主要指环境因素，如日光照射、湿度、温度、气候、机械擦伤、蚊虫叮咬等。

（二）人种、地域、肤色与审美差异

人类学以肤色作为划分种族的标准之一，分有黑种人、棕种人、黄种人、白种人、红种人等，皮肤中黑色素的含量很大程度上决定了皮肤的颜色。黑色素可以吸收蓝光波段和紫外线波段的光照辐射，因此它能帮助皮肤抵挡紫外线的侵害。赤道附近大陆所受紫外线直射时间最长，在此地生活的多为黑种人或棕种人，其皮肤中含有更多的黑色素，且黑色素颗粒较大，呈黑色、棕黑或棕色；而寒带等高纬度地区由于常年较少阳光直射，光照强度相对较低，居住于此的白种人皮肤中黑色素含量较少，且黑色素颗粒更为细小，呈淡红色、黄红色或红棕色，其皮肤更容易被晒伤；介于黑、白两种之间的黄种人多居住在气候温和、光照适宜的亚洲，其黑色素颗粒大小同样介于二者之间，颜色呈浅棕色、棕色或棕黑色。

皮肤的美感一般通过皮肤的颜色、光洁度、滋润度、质地及皮肤附属器的具体特征来表现。肤色能够反映人体健康状态，承载人体美学要素，释放美感信息。人们时常表现出对稀缺事物的偏好性，某些肤色的形成需要付出高昂的代价，某些时代肤色一定程度上是一种阶级的象征，欧洲、美国人最初以白为美，随后以古铜色为美，说明针对肤色的审美偏好是较为主观且不断变化的。对中国人而言，"白里透红"是最漂亮的皮肤颜色，但为了追求白皙皮肤而过度去除黑色素是不恰当的行为。一般认为，无论是何种人群，只要肤色均匀、没有明显色斑且色泽自然不暗淡而无疾病的皮肤就应该被认为是健康美丽的皮肤。

（三）传统与现代美白

1. 中国古代的美白文化

中国素有"一白遮三丑"的审美观念，中国女性对白皙、白里透红的肌肤的向往从未停止。从《楚辞》《战国策》里的"粉白黛黑"，到《洛神赋》里的"芳泽无加，铅华弗御"，都将女性的美丽与皮肤洁白无瑕联系在一起。春秋时期的人们最初使用青黑颜料画眉、白粉敷面，作为基本的妆容，此时的粉多为米粉制成，主要用于美白，这也是古代中国女性最早使用的美白化妆品。秦汉时，人们开始使用以铅、锡等材料经化学处理后得到的铅粉，使人容貌增辉生色，故又称铅华，"洗尽铅华"一词也是由此而来。东晋医学家葛洪（281—341年）所撰《肘后备急方》卷六，列《治面疱发秃身臭心昏鄙丑方第五十二》，其中所列美容方19首，涉及头发、面容、五官，"肥白""细腰身""除胡臭""汗臭""阴下股里臭"，以及手脂、澡豆等。隋唐时期的著名医药学家孙思邈的《千金药方》和王焘《外台秘要》都有介绍化妆品配方和使用场景的篇章，如宫廷非常重视用粉敷面，以黛画眉。帝后常以"口脂面药随恩泽"赐给臣子，臣下则每每"晓随天仗入，暮惹御香归"。诗人王建在《宫词》中写道："月冷天寒近腊时，玉街金瓦雪漓漓。浴堂门外抄名入，公主人家谢面脂"，充分说明美容化妆品已成为当时上层人际交往的礼物。近代中国与西方国家开放交流，妇女多以好莱坞影星为模仿对象，妆容大多是注重偏白的肌肤及五官的描绘。20世纪30年代，肤色表现仍旧以白色为底。现代妆容的审美开始多元化，但仍以白为美。

2. 欧洲、美国、日本的美白文化

古希腊时代的欧洲上层社会的女性，绝大多数时间都待在家中，因此拥有洁白或者苍白的肤色。古希腊人也使用铅白来美白皮肤，希腊哲学家和化学观察家泰奥弗拉斯托斯在《论石》中详细描述了当时铅白的制作过程。古罗马女性曾一度把各种爬行动物的排泄物敷在脸上，如"鳄鱼粪"与淀粉、白垩或是欧椋鸟的风干粪便混合用来制造美白化妆品。在欧洲的其他国家，同样以没有瑕疵、未经日晒的皮肤受到人们的偏爱。白皙代表着上流社会，而黝黑皮肤则意味着从事大量户外工作的下层阶级。

进入工业时代后，"晒黑肌肤（Bronzage）"成为了年轻、健康、富贵、时尚、性感、品位等形象的代名词。1927年7月，英国《时尚》杂志封面首次刊登了用于晒黑的设备，标志着"美黑"开始被时尚界所关注。1928年6月，英国《时尚》杂志再次提及"美黑"："以往流行和健康势不两立，而现在它们变得亲密无间。任何充满智慧、追求完美的女性，如果希望能成功地站在社会和流行时尚的前沿，都不会忽略日光浴。"

从飞鸟时代到平安时代，日本均推崇洁白肌肤。据记载，公元692年，一位佛家僧侣制作出含铅的美白化妆品，献给当时的持统天皇。这期间，日本摆脱了中国和朝鲜长达数百年的文化影响，日本的皇族和贵族女性发展出新的审美标准：用华美的绸袍包裹身体，但一定露出涂着厚厚白色粉底的脸庞和脖子作为引人瞩目的焦点。

黄种人和其他深肤色人种追求美白，白种人对变黑或古铜色肤色趋之若鹜，这种反差揭示了人们对美白的概念不仅关乎个体的审美，还蕴含着文化与经济、政治的多重含义。

3. 美白与当代不同政治背景下的审美

自古以来，白皙的皮肤不仅代表着审美标准，更在一定意义上体现了社会阶层的认知差异。

"肤色主义"一词最早提出于1982年，源自作家Alice Walker，是指社会大众对浅肤色的偏好和对深肤色的歧视。这种建立在肤色基础上的等级体系深刻体现在我们的社会文化习俗和社会结构中。这是一种"肤色主义"偏见。不等同于种族主义，但却又不可否认地与种族主义紧密相连。

2020年6月25日，联合利华宣布，为增进种族包容性，将在营销语言中弃用"whitening（美白）"、"lightening（提亮）"和"fair（白皙）"等词汇。欧莱雅表示将从晚间护肤产品中删去"美白""提亮"等宣称用语。美国保健产品巨企强生公司（Johnson & Johnson）决定，集团将停止贩售旗下在印度销售的"可伶可俐"（Clean & Clear）净白系列商品。和在亚洲和中东地区贩售的"露得清"

（Neutrogena）细白系列商品。强生认为，公司部分产品的名称或淡斑产品所标榜的功效，给人一种无瑕或白皙肤色更胜于原本自身独特肤色的印象，"这从来都不是我们的本意，健康肌肤就是美"。

中国人心目中的"美白"一词，不仅代表了"白皙"，更在此基础上默认"白皙"为"美"。而西方国家对应的表述只有"白"。同时，源于中国汉字文化的博大精深，中国消费者以及受到汉文化影响的邻近国家和地区的消费者，对于"美白"的理解不止局限于"美"和"白"，而呈现出多维度、多层次的涵义。我国消费者对于"美白"的追求，开始更多样地扩展为"粉白""祛黄""亮肤""光泽感"等。而据调查，中国、日本、韩国等亚洲国家是申请美白、提亮专利和产品研发活跃度最高的市场之一。

二、美白、祛斑机制

（一）黑色素细胞与黑色素

黑色素细胞位于皮肤表皮的基底层，数量约占基底细胞的10%，功能是生成并分泌黑色素。黑色素细胞的发育大致经过神经脊细胞、黑色素母细胞及黑色素细胞三个阶段。黑色素的形成包含一系列复杂的生理生化过程：黑色素细胞迁移、分裂并成熟后，细胞内的黑色素小体形成并成熟，黑色素颗粒在上述过程中被合成随后转运，即黑色素通过黑色素细胞的树状突起运输到角质形成细胞内，转移至角质细胞的黑色素颗粒将随表皮细胞向上转运至角质层，最终随角质层脱落而排泄或形成永久色斑。

黑色素在黑色素细胞内的黑色素小体中被合成储存，黑色素小体也称黑色素体，属于溶酶体类细胞器。黑色素小体是在高尔基体中产生的，早期黑色素小体又称前黑色素小体，来源于细胞内膜系统。同一黑色素细胞可合成不同种类的黑色素，但同一黑色素小体仅能合成一种黑色素，根据其合成的黑色素种类可分为真黑素小体和褐黑素小体。真黑素小体整体呈椭圆形，内有成熟早期的真黑素整齐有序排列；褐黑素小体是圆形的，内部蛋白质含量更高，褐黑素多以运动状态存于其中。黑色素小体内存在多种在黑色素合成过程中伴有重要角色的酶或蛋白，如酪氨酸酶（tyrosinase，TYR）、多巴色素互变异构酶（DOPA chrome tautomerase，

DCT）、酪氨酸相关蛋白（tyrosinase related protein，TRP）TRP-1和TRP-2等，其中，TRP-1又称二羟基吲哚羧酸（DHICA）氧化酶、TRP-2又称多巴色素互变酶（DDT）。黑色素小体的成熟过程可分为表5-1中所示的4个阶段。成熟的黑色素小体需要被转运至角质细胞来发挥作用，有细胞吞噬模型、膜融合模型、脱落吞噬模型和胞外分泌内吞模型四种转运模型。

表5-1　黑色素小体的成熟阶段及特点

阶段	特点
Ⅰ期	属于前黑色素小体，含有大量膜腔内囊泡和少量蛋白质微丝，具有不定形基质，无黑色素形成
Ⅱ期	随囊泡延长而延长，含大量微丝蛋白，内部产生纤维基质，可检测到淀粉样纤维，仍无黑色素形成，末期时酪氨酸酶类被转运至黑色素小体内
Ⅲ期	在酪氨酸酶类的催化下，黑色素开始合成并存储在纤维薄层上，黑色素小体因而增大变黑
Ⅳ期	黑色素继续在纤维层上合成和沉积直到充满，酪氨酸酶类活性降低甚至失活

人体黑色素主要分为两种类多酚聚合体，即碱性难溶的真黑素和碱性易溶的褐黑素。黑色素具有重要的生理功能，能够吸收紫外线、清除自由基、保护胶原蛋白和弹性蛋白、抑制弹力纤维变性导致的皮肤老化，可有效降低皮肤癌的发生率。黑色素的合成是一系列以酪氨酸为底物，经酪氨酸酶等多种酶催化，必须有氧参与的复杂酶促反应，酪氨酸酶是黑色素合成过程中的主要限速酶。黑色素细胞生成黑色素的活性受许多细胞因子的影响，这些因子可以调控黑色素细胞的增殖分化、树突形成和黑色素合成。外界刺激（主要是紫外线）转化成胞外信号，再转化成胞内信号，在黑色素细胞中通过信号级联放大而影响黑色素合成，其中胞内信号传导途径主要有四条：甘油二酯/蛋白质激酶C途径、一氧化氮/环磷酸蛋白激酶G途径，环磷酸腺/蛋白激酶A途径及丝裂原激活的蛋白酶级联途径。

黑色素的形成过程如图5-1所示，酪氨酸在酪氨酸酶的催化下形成多巴，多巴迅速氧化成多巴醌，多巴醌将经由两种不同途径生成褐黑素或真黑素。一部分多巴醌经过半胱氨酸或谷胱甘肽的催化发生共轭反应，生成半胱氨酰多巴，再经系列反应生成褐黑素。另一部分多巴醌经多次聚合反应并与无机离子、还原剂、硫醇、生物大分子等发生一系列反应生成白色的多巴色素，随后在TPR-2的作用下，生成黑棕色真黑素的单体吲哚前体——5,6-二羟基吲哚（DHI）和5,6-二羟基吲哚酸（DHICA），再分别由酪氨酸酶和TPR-1催化氧化成5,6-吲哚醌和吲哚-2-羧酸-5,6-醌，最后与其他中间产物结合形成真黑素。

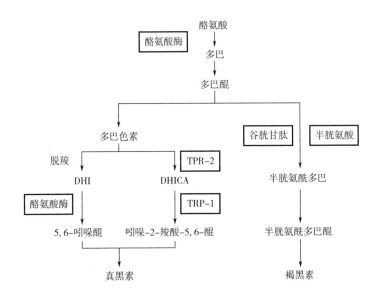

图 5-1　黑色素生成过程

（二）影响黑色素形成的因素

影响黑色素形成的因素较多，大体上可以分为细胞内因素、细胞外因素以及外源性因素等。细胞内因素主要指参与调控黑色素生成的各种酶，主要是酪氨酸酶，另有DHICA氧化酶（TPR-1）、多巴色素互变酶（TPR-2）、过氧化物酶起到重要的协助作用。细胞外因素主要指能够调控黑色素细胞的形态结构的细胞外胞质网络，能够促进黑色素细胞生长和存活的因子有碱性成纤维细胞生长因子（bFGF）、内皮素（ET-1）、神经细胞生长因子（NGF）等，而抑制黑色素细胞增殖并使酪氨酸酶活性降低的有IL-1、IL-6、肿瘤坏死因子（TNF）等。紫外线是人体长期接触的主要外源性刺激因素，可激活酪氨酸酶，使氧自由基增多，刺激黑色素细胞增殖，并使细胞合成黑色素和转运黑色素小体的功能增强，出现皮肤色素沉着。

（三）黑色素生成抑制途径

根据黑色素生成机制可得出黑色素生成抑制途径，即黑色素细胞胞内抑制、胞外抑制及控制外源性影响因素。

最主要的胞内抑制途径是直接控制、抑制黑色素生成过程中所需的酪氨酸酶、多巴色素互变酶（TRP-2）、DHICA氧化酶（TRP-1）以及过氧化酶四种主要酶。影响酶促反应的因素有酶浓度、底物浓度、pH、温度、抑制剂和激动剂等，其中抑制剂是指能够使酶活力下降但不发生酶蛋白质变性的物质，分为不可逆性抑制剂和可逆性抑制剂，可逆性抑制分为竞争性抑制、非竞争性抑制和反竞争性抑制。

酪氨酸酶又称多酚氧化酶，是一种含铜的金属酶，在黑色素合成过程中的多个反应步骤中起关键作用，是黑色素合成的关键酶、限速酶。目前针对酪氨酸酶的抑制主要有破坏Cu^{2+}等活性中心、抑制酪氨酸酶的生物合成以及干扰酪氨酸酶与底物作用等，即酪氨酸酶的合成抑制剂、酪氨酸酶糖苷化作用抑制剂及酪氨酸酶作用底物替代剂。针对多巴色素互变酶主要是竞争性抑制，即寻找一种物质能与该酶原来的底物竞争。另外两种酶的抑制剂研究较少，尚未见报道。

有选择性地破坏黑色素细胞，抑制黑色素颗粒的形成以及改变其结构，如氢醌、壬二酸，也可以起到减少黑色素生成的作用。不同作用物质破坏黑色素细胞的机制各有不同，氢醌由于对黑色素细胞毒性过大，现已被禁用。添加还原剂是抑制黑色素生成的又一途径，通过还原黑色素生成过程的各中间体，或者与中间体结合从而阻断黑色素的生成，抗氧化作用还能减少各种外源性因素如紫外线辐射、烟雾等产生的自由基。

胞外抑制有调控黑色素形成的胞外信号因子、控制黑色素的转运以及加速黑色素代谢脱落等途径，通过抑制胞外信号因子，减少黑色素细胞增殖和黑色素合成。对于已生成的黑色素，可以通过阻断其从黑色素细胞的树突转移到角质细胞的方法，使表皮黑色素的出现减少，当黑色素到达表层皮肤使肤色改变或形成色斑后，可以通过加快角质细胞中的黑色素向角质层方向转移，同时加强角质代谢，使皮肤角质层细胞之间的黏着力降低，老旧的角质层细胞更容易脱落，角质层脱离加快，实际上加快了黑色素代谢，从而改善皮肤的肤色。控制外源性因素影响主要指防护紫外线并清除自由基，饮食上可以多摄取维生素C和维生素E。

三、美白类化妆品功效原料

根据抑制黑色素生成机制入手，可得到皮肤美白途径，根据美白途径对常见的美白类化妆品功效原料进行分类。

（一）酪氨酸酶抑制剂

酪氨酸酶又称多酚氧化酶，是一种含铜的金属酶，在黑色素合成过程中的多个反应步骤中起关键作用，是黑色素合成的关键酶、限速酶。酪氨酸酶抑制剂是现今市场上最为常见的美白功效原料，过去部分这类原料不能兼具安全性和功效性，如含汞化合物、氢醌等，现都已经被禁用。随着人们对美白技术的研究，越来越多安全有效的酪氨酸酶抑制剂被发现。

1. 氢醌

氢醌（hydroquinone），又称对苯二酚，可以有效抑制和降低酪氨酸酶的活性，还能降解黑色素小体。许多植物及其提取物中都含有氢醌成分。皮肤科临床使用一定浓度的氢醌（2%~10%）或联合维A酸、维生素C等治疗黄褐斑或其他色素沉着性疾病。一般皮肤科认为，在限用浓度范围内使用，氢醌可以视为安全的。但不可忽视的是氢醌的不当使用会导致皮肤刺激或接触性皮炎。还有一定的潜在致癌风险。现在氢醌在欧盟、日本、中国《化妆品安全技术规范》（2015版）已被列为禁用成分，只允许在处方药中使用。但在美国，氢醌可用于美白、祛斑的护肤品中，需要控制用量保证安全。

2. 曲酸及其衍生物

曲酸（kojic acid）又称为曲菌酸，化学名为5-羟基-2-羟甲基-4-吡喃酮，分子式为$C_6H_6O_4$，外观为白色针状结晶体，熔点152℃，溶于水、乙醇和乙酸乙酯，略溶于乙醚、氯仿和吡啶，微溶于其他溶剂。曲酸是环状的吡喃酮化合物，能够与酪氨酸酶中的铜离子螯合，使铜离子失去作用，抑制酪氨酸酶活性。曲酸无色、无味、安全无毒，但稳定性较差。研究发现，通过酯化和烷基化曲酸上的两个羟基得到曲酸衍生物不仅稳定、刺激性小，且具有更强的酪氨酸酶抑制作用，在已开发的曲酸衍生物中曲酸单双脂肪酸酯衍生物是最为重要的一类衍生物。

3. 熊果苷

熊果苷（arbutin）是从植物分离得到的天然活性物质，化学名为4-羟苯基-B-D-吡喃葡萄糖苷，白色粉末，易溶于水和极性溶剂，不溶于非极性溶剂。从分子结构看，熊果苷是氢醌的衍生物，但其安全性更高。根据结构差异，可分为α-熊果苷、β-熊果苷和脱氧熊果苷，熊果苷属于可逆竞争性抑制，通过自身与酪氨酸酶结合，竞争底物结合点，从而抑制黑色素生成。熊果苷在适当酸、酶存在下可释放游离氢醌，因此具有一定的风险和刺激性。同时，熊果苷添加量大于7%时有潜在光敏风险，也可能促进黑色素的生成。欧盟消费者安全科学委员会（Scientific Committee On Consumer Safety，SCCS）认为α-熊果苷在面霜中的添加量不超过2%和在体内不超过0.5%、β-熊果苷在面霜中不超过7%（氢醌低于0.0001%）是安全的。

4. 甘草提取物

甘草提取物是指从双子叶豆科植物乌拉尔甘草（*Glycyrrhiza uralensis* Fisch.）、胀果甘草（*Glycyrrhiza inflata* Bat.）或光果甘草（*Glycyrrhiza glabra* L.）的干燥根和根茎中提取的甘草素、光甘草定、甘草苷、异甘草素、异甘草苷、光甘草素等活性成分。甘草酸又称甘草甜素，是甘草中一种常见的三萜皂苷类化合物，分子式为$C_{42}H_{62}O_{16}$，属于二氢黄酮类，甘草素为白色针状结晶，难溶于水。光甘草定是提取自光果甘草中黄酮类成分，分子式为$C_{20}H_{20}O_4$，淡黄色粉末，光甘草定抑制酪氨酸酶活性作用显著，且对黑色素细胞毒性较低，同时具有很强的抗炎和抗氧化作用，是一种安全的美白剂，被誉为"美白黄金"。甘草提取物的美白作用主要是通过抑制酪氨酸酶和多巴色素互变酶（TRP-2）的活性、阻碍5,6-二羟基吲哚（DHI）聚合来阻止黑色素的形成。2021年，新法规的实施使国内众多原料公司将不同规格的光甘草定原料进行注册备案作为美白原料应用。

5. 根皮素

根皮素（phloretin）是存在于苹果、梨等水果及多种蔬菜根部的天然活性物质。根皮素及其苷具有抑制酪氨酸酶和黑色素细胞活性、淡化皮肤色斑、有效抗氧化并增强皮肤渗透的特性。通过体外酪氨酸酶抑制试验测得浓度为0.3%时，根皮素的抑制率可达98.2%，结果优于曲酸和熊果苷。与曲酸和熊果苷复配，可使抑制率达到100%。

除上述美白原料外，还有鞣酸（单宁酸）、2-羟基-4-甲氧基苯甲醛、二苯乙烯及其相关的4位取代间苯二酚、芦荟素（葡糖基蒽酮）、苦参碱、嫩桑叶提取物以及异黄酮、花青素、黄酮醇、黄烷酮等类黄酮化合物均有抑制酪氨酸酶活性的作用。

（二）还原剂

还原剂可将多巴或多巴醌等黑色素中间体还原，阻碍黑色素形成过程中各个环节的氧化链反应，通过参与代谢黑色素细胞内的酪氨酸来减少酪氨酸转化成黑色素或还原淡化已合成的黑色素，使醌式结构的黑色素还原为浅色的酚式结构，来达到抑制黑色素生成的目的。

1. 维生素C及其衍生物

维生素C（ascorbic acid）又称抗坏血酸，白色结晶粉末，是一种多羟基化合物，因结构中含有两个容易解离出氢离子的相邻烯醇式羟基而具备酸的性质。维生素C具有优异的抗氧化、清除自由基能力，可以将使氧化性黑色素还原为无色的还原性黑色素。能够被皮肤吸收的左旋维生素C极不稳定，易被氧化，因此，美白化妆品普遍添加性质更为稳定的维生素C糖苷、维生素C磷酸酯盐等维生素C衍生物。

2. 维生素E及其衍生物

维生素E又称生育酚，天然维生素E是由天然生育酚及其衍生物生育三烯酚的多个异构体组成的混合物。维生素E能够阻断细胞膜脂质过氧化物的链式反应，稳定细胞膜，能够抑制不饱和脂肪酸的过氧化，从而有效抑制黑色素的沉积、淡化色斑。维生素E具有捕获自由基的能力，广泛应用于防晒、美白、抗衰化妆品中。

3. 原花青素

原花青素（procyanidin）是由不同数目的黄烷-3-醇单体或黄烷3,4-二醇单体聚合而成，2~4个聚合体为低聚体原花青素，5~10个聚合体为高聚体原花青素。它的多羟基结构使它具有特殊抗氧活性和清除自由基的能力，在280nm处有较强的紫外吸收性。原花青素可从葡萄籽、松树皮、大黄、山楂等植物中提取。低聚原花青素可抑制酪氨酸酶活性，将黑色素的邻苯二醌结构还原成酚型结构，使色素褪色；也可抑制美拉德反应，减少脂褐素、老年斑的形成；并且可与维生素C或维生素E协同促进。

（三）黑色素胞外抑制剂

1. 内皮素拮抗剂

内皮素是一类由二十余种氨基酸构成的多肽物质，是促细胞分裂剂的一种，是黑色素形成信号传导途径中的重要胞外信号，紫外线照射时，角质细胞会释放内皮激素，被黑色素细胞受体接受后，活化酪氨酸酶活，刺激其生成更多黑色素。内皮素拮抗剂即对抗内皮素的物质，当内皮素拮抗剂进入表皮与黑色素细胞的受体结合后，黑色素细胞不再受内皮素的影响，从而让每个黑色素细胞内黑色素的合成速度都降低到该生物体本身的遗传因子和调节因子所规定的正常水平。目前内皮素拮抗剂的主要来源有天然德国洋甘菊分离、酶水解纯化、生物合成等途径。

2. 抗促黑色素细胞激素类制剂

在皮肤中，α-促黑色素细胞激素（α-MSH）在胞外刺激黑色素的形成过程中起重要作用，而此过程又受控于抗促黑色素细胞激素（anti-MSH）。在皮肤受到光线照射程度大时，皮肤中MSH的量大于anti-MSH，MSH与细胞膜受体结合加速黑色素生成；在皮肤受到光照射程度小时，皮肤中MSH的量小于anti-MSH，anti-MSH与细胞膜受体结合减少黑色素生成。在美白化妆品中加入anti-MSH，改变其与MSH的比例来调节黑色素细胞活力，即可使皮肤处于anti-MSH优势的生理状态，可增强皮肤抵抗α-MSH的能力，减少黑色素的合成。

3. 细胞因子

许多角质形成细胞所分泌的物质，如成纤维细胞生长因子bFGF、神经细胞生长因子NGF、组织细胞生长因子TGF-β、前列腺素PGE2、一氧化氮（NO）、白三烯C4等均对黑色素细胞的转移、树突发育、分裂等有不同程度的影响。抑制这些角质形成细胞所产生的炎性因子，理论上也可以达到美白的效果。

（四）黑色素代谢干扰剂

黑色素代谢干扰剂可通过抑制黑色素颗粒从黑色素细胞转运至角质形成细胞、加速角质形成细胞中黑色素颗粒向角质层转移或加快角质细胞的更新速度等方式达到美白的效果。这类美白原料主要有烟酰胺、茶叶提取物、果酸等。

1. 烟酰胺

烟酰胺又称尼克酰胺（AA）、维生素PP、维生素B$_3$，白色结晶或结晶性粉末，无色无味，可溶于水、乙醇等，微溶于醚和氯仿。烟酰胺可在黑色素颗粒通过表皮细胞上移至角质层，直至皮肤色斑形成前这一阶段起到很大作用，能够有效抑制黑色素的传递。当黑色素不可避免地被转运至皮肤表面后，烟酰胺可加速角质细胞的脱落从而促进带有黑色素的角质细胞脱落。因此烟酰胺常用于祛斑美白、抗皱化妆品中，也可用于特应性皮炎和痤疮等皮肤病的治疗中。

烟酰胺在化妆品中已有较广泛的应用，被认为是一种安全的美白原料。美国化妆品原料审查委员会专家小组根据多项检验结果认定，在化妆品中使用3%浓度的烟酰胺，对皮肤无显著刺激性、致敏性和光敏性，且烟酰胺本身无致癌作用，一般认为可以长期使用。

烟酰胺中含有的副产物烟酸具有一定刺激性，部分消费者使用烟酰胺后出现皮肤过敏、泛红和瘙痒等现象，也有部分长期使用含烟酰胺化妆品的消费者表示，出现了身体绒毛增长的副作用。但是，针对这一现象的争议颇多，部分观点认为，是皮肤变白后使绒毛更加明显。同时，有研究表明，局部应用烟酰胺会抑制毛发生长。由于目前没有烟酰胺可以促进毛发生长的充足科学证据，此说法仍存在争议。有研究提出，化妆品中烟酰胺成分浓度如果超过4%，则可能引发20%的人发生不耐受反应。因此，皮肤敏感人群、皮炎患者应慎用高浓度烟酰胺产品，同时，针对敏感性肌肤及特殊人群的化妆品中烟酰胺的添加也应注意限量，不能只一味追求功效而提高浓度。

2. 茶叶提取物

茶黄素、没食子儿茶素没食子酸酯（EGCG）是从茶叶中提取的美白活性物质，能抑制黑色素转移至角质形成细胞、抑制酪氨酸酶活性，减少黑色素合成，还能减少紫外线、自由基等外源性因素引起的黑色素生成。

3. 果酸

果酸（alpha hydroxy acids，AHA）是一类在α位上有羟基的羧酸，其相对分子质量较小，具有较强的渗透性和水溶性，易于被皮肤吸收。果酸可从多种水果或酸乳酪中提取，主要有乳酸、苹果酸、甘醇酸、柠檬酸、水杨酸等。果酸能够软化角质层，加速分裂去除死皮，浓度高于20%的果酸可减弱皮肤角质形成细胞之间连接，促使含有黑色素的角质形成细胞脱落，具备化学剥脱作用，同时促进真皮层内胶原纤维、黏蛋白的增生，减轻皮肤老化，可用作果酸换肤，但果酸换肤仅可以用来祛除位于表皮浅层的色斑。低浓度果酸可用作化妆品美白保湿原料，与其他美白剂复配。随着化妆品技术的发展，果酸也进行了更新换代，第一代果酸是甘酸醇，相对分子质量小，刺激性强，适合用于果酸换肤。第二代果酸是内酯型葡萄糖酸，刺激性降低，帮助皮肤更新、新陈代谢，具有一定的保湿性和抗氧化性。第三代果酸是乳糖酸，具有更高的保湿、修复、抗老化性能，具有特殊的细胞再生修复能力。

（五）紫外线防御及自由基清除

外源性因素是导致皮肤变黑的主要因素，紫外线照射和自由基等外界刺激均可促使黑色素细胞分泌黑色素，另外自由基会使皮肤老化加速，而显得粗糙无光泽。开发既具有美白功效，又能吸收大量紫外线，起防晒或清除自由基作用的活性成分，是美白剂开发重要方向。

1. 植物多酚

植物多酚（plant polyphenons）又称植物单宁，是植物体内复杂酚类次生代谢物，具有多元酚结构，主要存在于植物的皮、根、叶和果实中，含量仅次于纤维素、半纤维素和木质素。水果和谷物的表皮中均含有较多的植物多酚。植物多酚的美白作用是一种综合效应：由于其分子中含有的苯环结构，能够吸收紫外线；可抑制酪氨酸酶和过氧化酶活性；可还原黑色素中间体，抑制黑色素生成，还可以还原黑色素，使其脱色；作为氢供体可消除自由基。例如，从石榴果皮中提取的鞣花酸是一种兼具美白、防晒，清除自由基、抑菌性能的植物多酚类原料。

2. 植物类黄酮

黄酮类化合物广泛存在于植物界，具有清除皮肤自由基、促进皮肤新陈代谢、减少色素沉着、润泽肌肤等作用。紫外线照射可导致皮肤磷酸卵磷脂囊泡内发生过氧化作用，而类黄酮可以保护磷酸卵磷脂脂质体免受光损害引起的过氧化作用。

3. 超氧化物歧化酶

超氧化物歧化酶（SOD）属于金属酶，其性质不仅取决于蛋白质部分，还取决于活性部位的金属离子，根据结合的金属离子种类可将其分为CuZn-SOD、Mn-SOD和Fe-SOD三种，均可以催化O^{2-}歧化为H_2O_2与O_2，化妆品中常添加前两种。SOD存在于动物、植物、藻类以及其他原核生物体内，不同来源提取纯化的酶的性质也不完全一样。

根据皮肤衰老的自由基理论，自由基是导致皮肤老化的重要因素，通过抑制皮肤自由基的生成，消除已生成的自由基，并保持皮肤的水分，就可以有效减缓皮肤的衰老。SOD是超氧自由基的有效清除剂，目前它已在化妆品中有所应用，但其性质不稳定，应用受到一定的限制，目前可制成脂质体或微胶囊增加其稳定性。

（六）植物提取物

我国具有丰富的植物资源，关于植物资源的开发日益获得重视并取得大量成果，加之合成化学制品存在刺激性、过敏性等安全问题，植物美白原料具有安全性高、稳定、对皮肤刺激小等诸多优势。许多植物中含有黄酮类、多酚类天然物质，具有很多的美白效果。除前文中提及的常见植物美白剂外，还有白藜芦醇及其衍生物、山茶花提取物、三白草提取物、红景天提取物、芦荟素、川芎提取物等，在此不再一一赘述。

四、美白、祛斑类化妆品功效评价

皮肤中黑色素的数量和分布情况是决定人体肤色的主要因素，因此在黑色素合成过中生所涉及的酪氨酸酶、多巴、多巴醌、多巴色素、黑色素以及一些炎症因子等都可作为化妆品及其原料的美白功效评价指标。

1. 活性成分分析

针对美白机制和量效关系较为明确的美白活性成分的检测和分析可通过仪器分析检测的方法对美白活性物质的种类与含量进行测定，以间接表征其美白效果，如熊果苷、烟酰胺、维生素C及其衍生物等美白成分。方法上多采用高效液相色谱法（HPLC）、气相色谱法（GC）、薄层色谱法（TLC）、液相色谱–质谱联用（LC-MS/MS）等。仪器分析法需先对样品进行前处理并配制标准溶液，根据不同物质吸收峰的特点及强度判断组分构成，可得出各活性成分线性回归方程以计算其含量。当前国内常利用仪器分析法检测化妆品中是否含有苯酚、氢醌等禁用成分。仪器分析法具有较高的灵敏度和准确性，可对多组分进行快速有效地同时分析，但针对结构和组分过于复杂的活性物质或提取物的美白功效评价，该方法则不适用，在实际应用中具有一定的局限性。

2. 体外生物化学方法（生化酶法）

体外生物化学法主要通过评估美白活性成分对酪氨酸酶的抑制率和对自由基的清除率来表征其美白功效，如体外酪氨酸酶抑制法、抑制L–多巴氧化法和DPPH自由基清除分析法等方法。部分美白活性成分能够直接与DPPH自由基等发生反应，因此，可利用测定自由基的清除率来反映活性成分的抗氧化能力，间接评价活性成分的美白功效。在评价美白活性成分对酪氨酸酶活性的抑制作用时，常用半抑制率（IC_{50}）或组织半数感染量（ID_{50}）来表示其抑制效果，IC_{50}或ID_{50}的数值越小，证明该活性成分的抑制作用越强。此类方法操作简便、成本低、可快速呈现结果，适用于对美白活性成分的初筛和高通量的筛选。

体外酪氨酸酶抑制法以生化酶法为主，酪氨酸或多巴在酪氨酸酶的作用下转化为多巴醌，这一反应是显色反应，可利用比色法测定抑制率。除此之外还有放射性同位素法、免疫法等可用于检测酪氨酸酶活性。生化酶法常以L-酪氨酸或L-多巴为底物，在37°恒温体系内加入待测样品、对照品以及酪氨酸酶，酪氨酸酶的来源通常是蘑菇、B-16黑色素瘤细胞或动物皮肤，反应45min后沸水浴2min以终止体系反应，于体系恢复室温后测定反应前后475nm处的吸光度，可计算出样品的酪氨酸酶抑制率。该方法需全程严格控制时间，以保证体系反应的时间一致。生化酶法仅适用于水溶性原料，操作简单，无需动物实验或细胞实验的繁琐步骤，实验结果获取速度快。但它不能反映出美白活性成分是否能到达有效作用点，也无法反映出美白活性成分的其他作用机制。故生化酶法仍需结合其他实验方法，才能正确评价美白化妆品中功效原料的美白效果，如式（5-1）所示。

$$酪氨酸酶活性抑制率(\%) = \frac{(A - B) - (C - D)}{A - B} \times 100 \quad\quad (5-1)$$

式中：A——空白样板有酶体系吸光值；

B——空白样板无酶体系吸光值；

C——样品组有酶体系吸光值；

D——样品组无酶体系吸光值。

3. 体外细胞生物学方法

酪氨酸酶一般存在于黑色素小体、黑色素小体跨膜区域以及黑色素小体外黑色素细胞质区域，大多数存在于黑色素小体内区域，在体外有良好酪氨酸酶抑制效果的原料可能在细胞内出现抑制性差或无法抑制的现象，因此，利用黑色素细胞系进行测定成为主流手段。细胞生物学法指利用体外细胞培养技术培养细胞模型，采用分光光度法、图像分析技术等方法在模型中测定黑色素含量、酪氨酸酶活性等。该方法不仅可评价活性成分的美白功效，便于研究美白活性成分与其他协同因子的联合机制，观测活性成分对细胞生长的抑制程度，还能测定其对细胞的毒性，以确定最大无毒添加剂量。用于美白功效评价的细胞模型主要有黑色素细胞模型、黑色素细胞与角质细胞体外共培养模型以及3D皮肤模型。

（1）**黑色素细胞模型**　早期使用的黑色素细胞模型是小鼠黑色素瘤B_{16}细胞和人表皮黑色素瘤A375细胞，随后源自于小鼠表皮黑色素细胞Melan-A细胞株和从正常皮肤中原代培养的人表皮黑色素细胞（human epidermal melanocytes，HEM）被作为细胞模型用于美白活性成分大规模筛选。其中，生长迅速、允许多次传代、相对易于培养的小鼠B_{16}细胞成为筛选美白活性成分的首选细胞，但该细胞与人体黑色素细胞存在差异，多用于美白活性成分的大规模或高通量筛选。

通过多巴特异性染色小鼠黑色素瘤B_{16}细胞，利用平均光密度法检测细胞中黑色素含量；还可以将小鼠黑色素瘤B_{16}细胞用0.1%葡糖胺培养至完全白化，再加入2mmol/L茶碱促细胞恢复到黑色素合成状态，同时加入待测样品，镜检细胞颗粒的色调判断样品对新生的黑色素抑制或促进效果。最后使用分光光度法进行黑色素总量的测定，即对细胞颗粒进行离心分离操作破碎细胞，使细胞内颗粒释放出来，于420nm测吸光度。分光光度法操作较为复杂，实验要求较高，而图像分析技术则更为简便快捷，细胞图像分析系统包括显微镜、摄像系统、计算机和图像分析软件等，它通过对固定区域放大固定倍数来测定特殊染色物质像素量的多少，以此对被测物质定量。

另外，能够反映细胞生长状况的四唑盐（MTT）比色法常作为原料美白功效评价的前提部分，用于保证功效评价结果的有效性。首先通过MTT比色法，确认原料具有为细胞毒性的最低浓度，然后以此浓度为最高添加量进行细胞内黑色素相对水平和细胞内酪氨酸酶活性相对水平的测定。同时，通过测定观察组和对照组的吸光度值计算细胞增殖指数，观察美白活性物质对黑色素细胞生长情况的抑制作用。MTT比色法的原理是活细胞线粒体中的琥珀酸脱氢酶能使外源MTT还原为难溶的蓝紫色晶体并沉积在细胞中，而死细胞无此现象。二甲基亚砜（DMSO）能溶解细胞中这种蓝紫色晶体，用酶联免疫检测仪在490nm波长处测定其光吸收值，可间接反映活细胞数量。MTT比色法具有简单快捷、准确性高、灵敏度高的优点而被广泛应用。

（2）黑色素细胞与角质细胞体外共培养模型　考察抑制黑色素从黑色素细胞向角质细胞转移的效果是评价原料美白功效的又一重要手段。抑制黑色素细胞突起形成、阻碍角质细胞对黑色素的摄取、抑制角质细胞吞噬活性或直接影响小眼畸形相关转录因子（MITF）抑制黑色素转移等手段都可以对美白添加剂功效进行评价和验证。将人体黑色素细胞与角质形成细胞（keratinocytes）在体外混合培养构建细胞模型能够更好地模拟皮肤的"表皮黑色素单元"，适用于研究黑色素细胞与角质形成细胞间的相互作用和美白功效评价，可表征抑制黑色素从黑色素细胞向角质细胞转移的程度。

因此可通过角质的细胞的黑色素摄取实验来评价原料或产品的美白作用。在正常人表皮角质形成细胞培养过程中加入待测样品，孵化后加入带有荧光的黑色素颗粒，比较培养基中剩余荧光剂含量与未经受试物处理的角质细胞自由摄取的黑色素含量。还可建立角质细胞-黑色素细胞共培养体系，通过流式细胞仪测定体系中角质形成细胞内黑色素含量。

（3）3D重组皮肤模型　3D重组皮肤模型是体外构建的具有三维结构的人工皮肤组织模型，其方法是利用组织工程技术将人源皮肤细胞培养于特殊的插入式培养皿上。许多实验室都建立了人原代黑色素细胞的培养模型，其培养过程为利用裂解酶Ⅱ分离表皮和真皮，保留表皮部分经破碎、胰酶消化、过滤、重悬后得到多种表皮细胞（黑色素细胞、角质细胞）的混悬液，将其接种于Ⅳ型胶原包被的培养瓶中，采用差速贴壁法获得黑色素细胞，该细胞可用L-dopa染色法、MART-1荧光染色或电镜观察进行鉴定。含黑色素细胞的多种皮肤共培养系统有多种培养方式，有采用松散式培养得到的嵌入式培养模型，以及采用夹心式培养得到的RFTM模型及Epiderm模型。

3D重组皮肤模型能在一定程度上模拟正常皮肤的结构和生理特征，用于评估黑色素形成过程中细胞发生的生理生化过程，便于通过控制和调整培养条件来研究美白剂的作用机制。近年来，人工皮肤模型已成功用于皮肤刺激、光毒性和皮肤致敏的评价，也用于皮肤吸收和功效的检测。应用皮肤模型的评价美白功效可将待测物直接涂布于具有屏障功能的表皮表面，作用一定时间后，进行酪氨酸酶活性测定、黑色素含量测定、检测相关酶表达、黑色素细胞变化观测等，还可借助黑色素特异性MART-1免疫荧光技术定量检测角质细胞对黑色素的摄取量，以及检测培养基中角质细胞释放的炎症因子的含量变化等。有研究人员选取正常人角质形成细胞培养于Swiss3T3成纤维细胞滋养层上，构建出能够真实重现构成性色素沉着和能对已知刺激物有反应的色素型体外重建皮肤模型（具有包括人正常黑色素细胞、角质形成细胞和成纤维细胞的色素沉着系统）。

（4）其他实验方法

① 比基尼链霉菌NRRL B-1049黑色素生成抑制试验：比基尼链霉菌属链霉菌科、链霉菌属，可产生类黑色素，但自身酪氨酸酶活性较弱。将比基尼链霉菌NRRL B-1049孢子悬浮液铺满经修饰的固定于塑料平板的ISP No.7培养基（酪氨酸琼脂培养基+0.2%酵母菌提取物）上，干燥琼脂表面后，将包含有测试样本的纸盘置于表面，置于28℃培养48h，可从纸盘的背部测量黑色素合成抑制带，用于评估美白原料抑制黑色素合成效果。

② Corneomelametry法：把受试者的角质层用透明胶带从皮肤表层剥离，使用Fotana-Masson银染色后在显微镜下用光密度测定法测定样品光透过量从而计算黑色素的含量。

4.动物实验法

不同于体外生物化学法和细胞模型评价法，动物实验可以较好地模拟化妆品活性成分在体内功效作用的复杂机制，并在体外初筛的基础上起到进一步明确效果的作用。然而，动物实验也存在因动物个体差异出现实验重复性差的缺点，因此需要选择合适的动物和一定的数量群体进行实验。目前美白原料和化妆品的测试主要使用豚鼠模型和斑马鱼模型。

（1）**豚鼠模型**　豚鼠皮肤的黑色素小体和黑色素细胞的分布与人类非常相似，实验结果重复性高。使用常规动物模型对化妆品原料进行美白功效评价时，一般选取黑色或棕色成年豚鼠为实验对象，对实验动物涂抹给药1个月后，取动物皮肤组织、固定、包埋、切片，进行组织学观察，统计基底细胞中含黑色素颗粒及多巴阳性细胞数量。但实际操作中，可能会出现切片位置不一致，导致所定位区域内黑色素颗粒的计数误差较大，影响实验最终效果的判定。因此，也有学者使用花色豚鼠作为实验对象，通过组织切片染色和光密度法测定和统计豚鼠皮肤内的黑色素含量。传统组织切片的染色多使用多巴或氨银染色。多巴染色法是利用黑色素细胞中的多巴氧化酶对多巴进行氧化染色的，而多巴氧化酶特异性地存在于黑色素细胞内，故多巴染色法可特异性地将黑色素细胞染色，且灵敏度更高。

也可将豚鼠背部两侧剃毛，形成若干去毛区，以UVB紫外照射模拟日光辐照，诱导脱毛区域皮肤的色素沉着，建立动物的黑化模型。将测试用美白原料用棉棒依次涂布于去毛皮肤区域，同时设定空白对照。处理一段时间后，取豚鼠的皮肤组织切片染色，进行组织学观察，显微照相，并进行光密度分析（光密度/黑色素细胞面积的比值），对多巴阳性细胞计数和对基底细胞计数（含黑色素颗粒细胞）。也可借助仪器（如Mexameter仪）测定检测皮肤黑色素指数（MI）和红色素指数（EI）的变化。

（2）**斑马鱼模型**　斑马鱼（*Danio rerio*，zebrafish）作为一种新型脊椎模式生物已被广泛应用于评价化合物的活性研究。斑马鱼的基因组与人类基因的相似度高达87%，说明在斑马鱼上做试验所得到的评价结果在一定程度上适用于人体。

斑马鱼表面本身黑色素沉淀和视网膜的黑色素都可直接用于美白原料对黑色素抑制效应的评价，以及安全性和毒理性评价。斑马鱼胚胎透明，可以直接活体观察。暴露方式简单，通常情况下都是将药物溶解于培养水体或注射至胚胎中。斑马鱼胚胎具有较强的生物敏感性，毒性物质易使其致畸或死亡。

Choi 等发现熊果苷和曲酸对躯体的黑色素有很好的抑制效应，但对斑马鱼视网膜的黑色素几乎没有抑制作用；而苯硫脲（PTU）和2-巯基苯并噻唑（MBT）对躯体和视网膜的黑色素都具有很好的抑制效应。李春启等使用斑马鱼对不同浓度舒洛地尔的黑色素抑制效应进行评价，发现舒洛地尔对斑马鱼黑色素的抑制效应呈现浓度梯度变化，可有效地抑制黑色素形成，并能彻底分解黑色素使之不可恢复，具有诱导黑色素细胞凋亡的能力，有可能起到彻底的去斑美白效果。Xu 等利用斑马鱼模型对熊果苷的衍生物——6-O-咖啡酰基熊果苷的黑色素抑制效应进行安全性和功效评价。Lin等利用斑马鱼模型评价了覆盆子酮通过降低酪氨酸酶活性进而对黑色素产生抑制的效果。

5. 美白、祛斑类化妆品人体功效评价

目前美白领域的功效评价有两类，即美白原料的有效性和美白化妆品的使用效果。人体临床评价法是最直观的评价美白化妆品使用效果的方法，也是美白功效评价的"金标准"。在体外评价的基础上，利用人体实验结合现代仪器分析技术对化妆品进行功效评价，可以客观、全面地考察样品的综合作用效果。测试样品直接作用于人，观察结果较少受环境差别的影响，有利于试用前后的功效对比。人体评价法可分为主观评价法和客观仪器评价法。

（1）**主观评价法** 主观评价法包括受试者自我评估和视觉评估，自我评估多采用调查问卷形式进行，主要调查受试者使用样品前后，对于自身肤色和色斑等皮肤情况的变化评估。视觉评估由专业评测人员进行，包括对受试者的肤色和色斑等皮肤情况进行评估。其中，肤色评估通过将人的肤色与标准色卡相比较进行评价，肤色卡基于大量的样本采集并结合计算机软件制作而成，能够反映一定范围内的肤色情况，如潘通色卡。对于色斑的评估，一般由专业的评测人员对色斑面积大小、严重程度等进行评估。主观评价法因其存在主观因素，需与客观仪器评价等其他方法结合，从而全面地表征化妆品的美白功效。

（2）**客观仪器评价法** 客观仪器评价法是指采用仪器对受试者使用美白化妆品前后的皮肤状态参数进行采集、样本分析或统计分析，进而对化妆品进行功效评价的一种方法。在评价化妆品的美白功效时，一般遴选一定数量的志愿者，将美白剂涂于人体皮肤上，借助客观仪器，观察涂敷美白化妆品前后肤色特征指标的变化，评价美白效果。

皮肤的肤色特征指标由亮度、暗度、色度等多种指标综合构成，一般由光度法和三色分析法两种方法进行测定。光度法使用宽波段扫描法或窄波段扫描法或在可

见波长范围内选择特定的波长，测量皮肤表面的吸光度和反射率，以此来判断皮肤色度。三色分析法则应用更为普遍，CIE-LAB 色度空间系统分析法是三色分析法中的一种重要方法，是国际照明委员会（CIE）规定的色度系统。它包括不同的色度空间系统，如 Munsell、L^*C^*h、XYZ（Yxy）、$L^*a^*b^*$ 等色度系统，这些色度系统之间可通过数学公式进行相互转换，其中 $L^*a^*b^*$ 色度系统应用最为广泛，L^* 代表皮肤黑白度，该数值越大表示皮肤越偏向于白色；a^* 代表红绿色度，该数值越大表示皮肤越偏向于红色；b^* 代表蓝黄色度，该数值越大表示皮肤越偏向于黄色，由上述3个指标的数值可计算个体类型角（individual typological angle，ITA°），ITA° = ［arctan（L^*-50）/b^*］× 180/π，它是表征皮肤明亮度的数值，ITA° 值越大，皮肤越明亮，如表5-2所示。还可计算得到 ΔE 值［ΔE=SQRT（$\Delta L^{*2} + \Delta a^{*2} \Delta b^{*2}$）］，$\Delta E$ 值代表 L^*，a^* 和 b^* 三者的综合评价，表明了颜色在空间的位置变化，数值越大表示颜色改变越明显，能够综合反映皮肤色度的变化。

表 5-2　Chardon 皮肤颜色 6 等级法分级标准

肤色分级	ITA°	皮肤颜色
I	55° < ITA°	非常白（very fair）
II	41° < ITA° ≤ 55°	白（fair）
III	28° < ITA° ≤ 41°	中间白（medium）
IV	10° < ITA° ≤ 28°	浅黑（dark）
V	−30° < ITA° ≤ 28°	褐色（brown）
VI	ITA°<−30°	黑色（black）

CIE 推荐使用测试 $L^*a^*b^*$ 数值的仪器是 Chromameter（Minolta Camera Co., Japan），用于测试肤色的仪器还有窄波段反射分光光度计 Mexameter（C-K Electronic, Germany）、VISIA 数字皮肤分析仪和 SkinColorCatch 皮肤颜色测量仪（Delfin, Finland）。Mexameter 是针对皮肤的黑色素和血红蛋白而设计的，其结果输出以黑色素指数（MI）和红斑指数（EI）表示。它是基于光谱吸收（RGB）的原理，通过特定波长的光照在人体皮肤上的反射量来确定皮肤中黑色素含量，如果测量所得 MI 值越高，说明皮肤中所含的黑色素量越高。VISIA 数字皮肤分析仪运用多重光谱影像科技，通过1200万像素的相机，分别用偏振光和紫外光作为光源，对人体

面部进行全方位拍摄，并运用先进的光学成像和软件科技进行图像分析，从色斑、黄褐斑、紫外斑、毛孔、肤色均匀度、皱纹及面疱感染度7个能影响面容、皮肤健康的范畴进行分析，所得到的图像包括红区、棕色斑、"prop"、紫外UV以及荧光UV-Image等特殊图片，常使用Image-Pro Plus（Media Cybernetics）等图像分析软件分析使用美白产品前后的各种肤色指标，来量化评价美白功效。

红斑和黑色素指数是量化皮肤红斑和色素沉着强度的指标。使用传统的色度计，红斑测量通常受黑色素影响，反之亦然。SkinColorCatch皮肤颜色测量仪可以测量皮肤对红斑不敏感的黑色素指数和对黑色素不敏感的红斑指数。还显示RGB、CIE-L*a*b*和L*c*h*颜色坐标，并自动计算ITA°，对肤色进行分类。同时，测量不受环境光线和测量场所的照明条件的影响，减少仪器按压皮肤时产生的压力白斑的影响。

因此，现阶段人体试验主要是通过测定皮肤黑色素MI值、色度L*值和ITA°值，并结合图像分析技术，达到评估产品美白淡斑效果。接下来介绍两种美白祛斑功效评价模型。

（1）**人工黑化模型**　若在人体实验中不经过前处理，直接涂抹法美白产品，实验结果可能受色斑的深浅、紫外线照射等因素的影响。而皮肤人工黑化模型先使用模拟日光诱导皮肤色素沉着，其形成容易且受外界影响小，更适合用于美白祛斑类产品或者美白原料的功效评价。

第一法　紫外线诱导人体皮肤黑化模型祛斑美白功效测试法

　　先采用日光模拟器人工光源，用连续紫外线（290~400nm）以最小红斑量（2MED）照射健康受试者的若干皮肤受试区域，持续一段时间诱导相应部位皮肤色素沉着后，局部施用试验样品，并设阳性对照和空白对照组，照射后每天2次对照射部位涂抹样品至观察期限，1~4周是观察色素变化的最佳时机，采用光度计和比色计测试靶部位的L*值和黑色素值，通过前后数值的变化评估测试样品的皮肤美白功效。

（2）**黄褐斑皮损面积及严重程度评分**（melasma area severity index, MASI）**法**　面部色素斑种类颇多，如黄褐斑、雀斑、黑斑以及各种激素引起的后遗症色斑，其中，以黄褐斑（chloasma）较为多见。黄褐斑是一种获得性色素沉着皮肤病，表现为色素对称性沉着，呈蝶翅状，轻者为淡黄色或浅褐，点片状散布于面颊两侧，以眼下外侧多见，重者呈深褐色或浅黑色，似面罩般遍布于面部。

黄褐斑皮损面积及严重程度评分（MASI）标准是目前能够精确量化黄褐斑病情的严重程度和疗程中病情的变化。该方法基于银屑病的相似性打分系统设计而成，从评价者个体和评价者总体的角度分别验证，能够准确可靠地测量黄褐斑的严重级别。该方法也可以用于临床评价美白祛斑产品的功效，尤其适用于面部的祛斑产品。

MASI评分系统包含3部分：颜色深度D，均一性H，面积A。将面部皮肤分为4个区域（图5-2）：前额部F，左颧部LM，右颧部RM，颏部C。其中，前额部、左颧部和右颧部分别占30%，颏部占10%。颜色深度和均一性分别用0~4分的数值来评定（无皮损为0分，轻微皮损为1分，轻度皮损为2分，中度皮损为3分，重度皮损为4分），皮损面积以0~6分的数值来表示（没有发病为0分，皮损面积小于10%为1分，皮肤面积占10%~29%为2分，面积占30%~49%为3分，面积占50%~69%为4分，面积占70%~89%为5分，面积大于90%为6分）。其中，前额评分=0.3×（D+H）×A；右颧部评分=0.3×（D+H）×A；左颧部评分=0.3×（D+H）×A；颏部评分=0.1×（D+H）×A；MASI总分=以上分值总和。MASI总分=前额评分+右颧部评分+左颧部评分+颏部评分，MASI总分范围为0~48，得分越高，说明黄褐斑越严重。

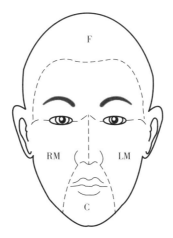

图 5-2　黄褐斑皮损面积及严重程度的评分标准

第二法　人体开放使用祛斑美白功效测试法

团标-T-ZHCA001-2018化妆品美白祛斑功效测试方法

参考文献

［1］徐舒畅.基于色素分离的皮肤图像处理与分析［D］.杭州：浙江大学，2007.

［2］杜站宇，赵家平，宋兴超，等.黑素小体在黑色素生成过程中的关键作用［J］.畜牧兽医学报，2016，47（8）：1531-1538.

［3］步犁，程树军，马来记.黑色素形成分子调控及美白剂功效评价方法［J］.华南国防医学杂志，2012，26（4）：395-398.

［4］张依秋.人种肤色探源［J］.健康天地，2002，152：54.

［5］陆洪光，Pearse A，Marks R.不同肤色人种角层细胞黑素含量和形态的比较［J］.中华皮肤科杂志，2000，33（4）：254-256.

［6］姜永兴.种族及种族问题［J］.贵州民族大学学报：哲学社会科学版，1983，000（1）：151-155.

［7］程树军，步犁，潘芳.基于黑色素形成机制的美白化妆品功效体外检测方法［J］.中国卫生检验杂志，2012，22（3）：665-668.

［8］林春梅，张小东，管洪义，等.美白化妆品原料的开发及其祛斑美白机制［J］.职业与健康，2003（8）：98-99.

［9］王鹏，王勇刚，李素霞，等.美白活性原料的筛选及其特性研究［J］.日用化学工业，2009，39（4）：245-248.

［10］左夏林，杨永鹏，董萍，等.皮肤美白功效成分的研究进展［C］//第十二届东南亚地区医学美容学术大会.2009.

［11］姚彬，张莉莉，任清.皮肤黑色素的形成及美白剂美白机理［C］//第九届全国日用化工学术研讨会.2006.

［12］芮斌，蒋惠亮，陶文沂.曲酸衍生物的制备及在化妆品上的应用［J］.广东化工，2002，29（2）：31-33.

［13］阎雪莹，唐晓飞，王雪莹，等.熊果苷研究及应用进展［J］.中医药信息，2007，24（4）：18-22.

［14］张凤兰，吴景，王钢力，等.α-熊果苷和脱氧熊果苷美白作用机制及安全性评价研究进展［J］.环境与健康杂志，2018，35，274（4）：93-98.

［15］刘雨萌.甘草活性成分提取及其在美白化妆品中的应用研究［D］.郑州：河南大学，2015.

［16］王建国，周忠，刘海峰，等.甘草在化妆品中的新应用［A］.中国香料香精化妆品工业协会.2002年中国化妆品学术研讨会论文集［C］.中国香料香精化妆品工业协会：中国香料香精化妆品工业协会，2002：4.

［17］李鑫.分析比较烟酰胺与维生素C的美白机制及效果［J］.世界最新医学信息文摘，2019，19（66）：243-243.

［18］刘成梅，冯妹元，刘伟，等.天然维生素E及其抗氧化机理［J］.食品研究与开发，2005，26（6）：205-208.

［19］孙传范.原花青素的研究进展［J］.食品与机械，2010（4）：152-154，158.

［20］高家敏，代静，李红霞，等.高效液相色谱法同时测定化妆品中7种植物美白活性成分［J］.香料香精化妆品，2020（3）：61-65.

［21］李配配，王敏，吴金昊，等.细胞培养技术在化妆品功效评价中的应用［C］//北京日化（2016年第3期 总第124期）.2016：22-26.

［22］陶丽莉，刘洋，吴金昊，等.化妆品美白功效评价方法研究进展［J］.日用化学品科学，2015，38（3）：15-21.

［23］彭冠杰，郭清泉.美白化妆品的功效评价——动物试验法［J］.日用化学品科学，2019（12）.

［24］彭冠杰，郭清泉.美白化妆品的功效评价——人体试验法［J］.日用化学品科学，2020，43（4）：65-68，73.

［25］刘荣，孙建宁，郭亚健，等.化妆品原料美白功效动物评价应用研究［J］.中国美容医学杂志，2011，20（8）：1259-1262.

［26］秦瑶，程树军，黄健聪，等.动物模型评价化妆品原料美白功效的研究［J］.中国比较医学杂志，2013，23（7）：21-24，35.

［27］施昌松，崔凤玲，李光华.烟酰胺在皮肤美白产品中的应用研究［J］.日用化学品科学，2005，28（2）：25-26.

［28］苏玩琴.果酸换肤联合果酸美白产品治疗黄褐斑的疗效和安全性观察［J］.世界最新医学信息文摘（电子版），2019，19（87）：152-153.

［29］崔文颖，杨高云，李妍.植物精华对皮肤美白作用的研究进展［J］.首都医科大学学报，2011，32（4）：479-483.

［30］杨笑笑，卢婕，曹玉华，等.石榴皮中鞣花酸的美白及抑菌性能的研究［C］.//中国香料香精化妆品工业协会.第十届中国化妆品学术研讨会论文集.2014：351-355.

［31］王建新，周忠，王建国.根皮素抑酪氨酸酶活性研究［J］.香料香精化妆品，2002（2）：5-6.

［32］冯安吉，海春旭.黄褐斑病因及发病机理［J］.南方医科大学学报，2000，20（2）：183-184.

［33］刘荣，孙建宁，郭亚健，等.化妆品原料美白功效动物评价应用研究［J］.中国美容医学杂志，2011，20（8）：1259-1262.

第六章　防晒类化妆品

一、紫外线辐照与皮肤光老化

导致机体和皮肤衰老的影响因素中，环境等外源性因素占到非常大的比例。内源性的衰老多导致皮肤出现细纹、干燥或松弛，但紫外线等外源环境因素的刺激会诱使皮肤出现粗大而较深的皱纹、晒斑以及不规则的色素沉着。

（一）紫外线辐照的基本特征及影响因素

紫外线为波长100~400nm的电磁波，主要来自日光、紫外灯和电焊光等，紫外线是太阳光线中波长最短的一种，能量约占太阳光线总能量的6%。当阳光穿透地球大气层，短波紫外线（UVC）几乎全部被滤掉，长波紫外线（UVA）及中波紫外线（UVB）两种可辐射到达地球表面，如表6-1所示。

表6-1　不同波段紫外线特征

类别	波长	特征
长波紫外线（UVA）	320~400nm	能穿透人的表皮层到达真皮层，使真皮受到刺激产生黑色素，导致皮肤变黑
中波紫外线（UVB）	290~320nm	只能穿透人表皮层，是导致晒伤、产生红斑或晒斑的主要因素
短波紫外线（UVC）	100~290nm	几乎全部被臭氧层过滤

紫外线辐照的影响因素主要有以下几个方面：臭氧总量、臭氧垂直分布、二氧化硫、气溶胶、火山气溶胶以及云的影响。

臭氧总量是影响到达地面紫外线辐射的最重要因子，因为臭氧在UVB波段存在很强的吸收带——哈特利（Hartley）和赫金斯（Huggins）带。臭氧总量的减少会导致地面紫外线辐射的大量增加，若臭氧总量减少到一半，则到达地面的紫外线辐射在 290nm 处将增强 3 个数量级。近些年臭氧层不断变薄，致使到达地表的紫外线辐射（UVR）强度逐年增大；臭氧总量的垂直分布在一定程度上影响到达地面的紫外线辐射，同等的臭氧总量分布在不同高度上，到达地面的紫外辐射是有差别的；SO_2 对紫外线有吸收作用；随气溶胶光学厚度的增加，到达地面的紫外线散射辐射与总辐射之比对波长的依赖减弱；猛烈的火山爆发能向平流层输送大量的火山灰，在强火山爆发后，地面紫外线辐射的峰值波长和幅度都会有变化；大部分云层由于光学厚度较厚，能够有效地阻挡紫外线辐射。

（二）紫外线辐照与皮肤生理损伤

阳光中的紫外线（UV）有利于人体内合成能够帮助钙质在骨骼中沉积的维生素 D。而过量照射 UV 会造成皮肤"光老化"、晒黑、晒伤等问题，甚至有可能造成皮肤黑色素细胞癌变、DNA 损伤等严重危害。Flament 等发现，长期暴露于阳光与皮肤衰老的临床特征有关。Krutmann 和 Scharffetter-Kochanek 等通过大量的体外、离体（包括三维皮肤模型）和体内机制研究表明，UVR 可以引起人皮肤细胞的分子和细胞变化，这与 UVR 导致皮肤衰老的观点一致。

不同波长的紫外线对皮肤的影响如下所述。

UVA：可以透射到皮肤真皮层，辐射强度大，其辐射到皮肤表面的能量高达紫外线总能量的98%，对皮肤的损伤作用较 UVB 缓慢但具有累积性，可使皮肤晒黑。弹性蛋白和胶原蛋白基质长时间暴露于阳光下，特别是 UVA 范围，可引起光老化，这是一个渐增过程，可引起皱纹、弛垂及其他老化症状。

UVB：透射能力较弱，只能到达皮肤表皮层，但对皮肤的损伤作用强，使皮肤出现红斑或晒斑。Fisher 等发现 UVB 只能穿透表皮，导致角质形成细胞产生基质金属蛋白酶 MMP-1，并扩散至真皮层中分解胶原蛋白导致皮肤老化。

UVC：具有较强的生物破坏作用，紫外灯杀菌是 UVC 发生作用，但日光中的 UVC 已经被大气层吸收，如图 6-1 所示。

随着研究的深入，人们逐渐发现，紫外线光谱以外的自然光也会导致皮肤衰老。如 Kim 等发现近红外光（IRA）（770~1400nm）会穿透人的真皮层，进入皮下组织，导致无毛小鼠产生皱纹。近红外光还会影响人类皮肤成纤维细胞中的转录反应，导致胶原蛋白降解。Krutmann 等发现，近几年争议较多的蓝光也会影响皮肤色素沉着。临床研究表明，蓝光可诱导色素沉着，而使用针对蓝光的防晒产品可有效减少黄褐斑患者皮肤病变的复发。有研究表明，蓝光辐射可能在人表皮皮肤模型中通过氧化应激反应诱导MMP-1表达，蓝光光谱也可以增加人以及小鼠皮肤中ROS的生成量。

（三）皮肤屏障及其附属物对紫外线辐照的防护

皮肤的屏障功能指其物理屏障作用，除此之外还有皮肤的色素屏障作用、神经屏障作用、免疫屏障作用等。皮肤对紫外线有防护作

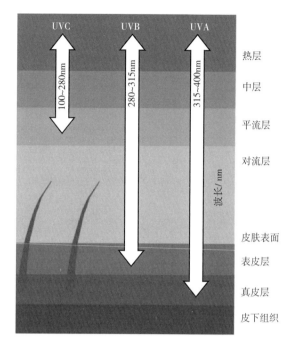

图 6-1 不同波长紫外线对皮肤的穿透力

用，皮肤各层结构对紫外线的反射、折射和吸收，还有抗氧化体系可抵御部分紫外线损伤。黑色素是目前所知的唯一保护皮肤免受辐射伤害的天然生物聚合体，人的皮肤中产生黑色素是对环境中各种辐射伤害的一种反应，是人类长期进化选择的结果。但皮肤本身对紫外线的防护还远远不够，因此还必须做好防晒措施。

二、防晒类功效成分及作用机制

防晒化妆品是一类具有吸收紫外线作用，防止或减轻皮肤晒伤、黑色素沉着及皮肤老化的化妆品。防晒化妆品中起关键作用的组分是防晒剂，防晒剂可分为物理性防晒剂和化学性防晒剂。

（一）物理性防晒剂

物理性防晒剂的作用机制是通过反射、散射及部分吸收紫外线，减少紫外线对

皮肤的损伤，起到物理屏蔽的作用。物理性防晒剂包括二氧化钛、氧化锌、滑石粉、高岭土及其他金属氧化物等。物理防晒剂对紫外线的防御能力主要依赖于防晒剂的颗粒尺寸，颗粒尺寸越小，防晒效果越好。其功效发挥主要取决于以下几个方面：① 颗粒尺寸大小；② 尺寸的维持能力；③ 涂抹均匀程度。

物理性防晒剂分为粉末和粉浆两种形态。粉浆为采用粒径大小适当的固体粉末经特殊处理而得到的浆状物质，其稳定性好、安全性高，是一种良好的紫外线吸收剂，而且其在皮肤表面具有良好的透明度，涂抹时不泛白，能应用于防晒、美白的膏霜、乳液、喷雾和面膜以及日常护理等产品。粉浆与粉末相比具有以下优点：① 无需碾磨，使用方便；② 经稳定性更高、配伍更广；③ 在膏体中分散更加均匀。

2000年左右，日本开始使用纳米级的二氧化钛和氧化锌粉体作为防晒剂，最初人们担心纳米粒子会渗入皮肤，产生安全隐患，至今皮肤科及毒理学界仍在探讨其安全性及屏障渗透性。近年来实验证明纳米二氧化钛作为紫外线吸收剂有其独特的优势。首先，纳米二氧化钛在 UVA 和 UVB 波段都表现出吸收，是广谱紫外线吸收剂。其次，除了能够吸收紫外线，它还可以在一定程度上散射紫外线，这是传统的有机紫外线吸收剂所不具备的特点。纳米氧化锌也具有类似特点，但吸收峰主要在 UVA 波段。纳米级防晒剂具有透明度好、防护作用好等优点，而且不会产生粉体不透明而发白的外观，具有化学惰性。在美国，FDA 已经批准纳米二氧化钛和纳米氧化锌为化妆品的原料，而日本甚至要求防晒化妆品中必须加入纳米二氧化钛。目前，国内外以纳米二氧化钛和纳米氧化锌为原料的防晒化妆品已大量面市，成为防晒类的主流产品。

（二）化学性防晒剂

化学性防晒剂的作用机制是吸收紫外线，将吸收的能量转化为无害的热能等形式释放出去，又称紫外吸收剂或有机防晒。这类防晒剂防晒效果好，但有的对皮肤有副作用，出于安全性考虑，批准作为防晒剂的材料并不多。按照我国《化妆品安全技术规范》（2022版）中27种限用防晒剂，除去2种物理性防晒剂，可大致分为8类：樟脑类、肉桂酸酯类、水杨酸酯类、苯甲酸酯类、二苯（甲）酮类、三嗪类、苯唑类以及烷类。市场上比较常见的化学性防晒剂，如表6-2所示。

此外，植物中有防晒作用的物质也可用于化学性防晒剂，其分子从紫外线中吸收光能与引起分子"光化学激发"所需的能量相等，这样就能把光能转化为热能或无害的可见光释放出来，从而有效地防止紫外线对皮肤的晒黑和晒伤，常见的植物防晒剂如表6-3所示。

表6-2　常见化学性防晒剂分类

分类	常用化学防晒剂
樟脑类	4-甲基苄亚基樟脑（MBC）、对苯二亚甲基二樟脑磺酸（TDSA）
肉桂酸酯类	甲氧基肉桂酸乙基己酯（EHMC）、p-甲氧基肉桂酸异戊酯（IMC）、奥克利林（OCR）
水杨酸酯类	水杨酸乙基己酯（EHS）、胡莫柳酯（HMS）
苯甲酸酯类	二乙氨羟苯甲酰基苯甲酸己酯（DHHB）、二甲基PABA乙基己酯（EHDP）
二苯（甲）酮类	二苯酮-3（BP-3）、二苯酮-4（BP-4）
三嗪类	双-乙基己氧苯酚甲氧苯基三嗪（BEMT）、乙基己基三嗪酮（EHT）
苯唑类	亚甲基双-苯并三唑基四甲基丁基酚（MBBT）、苯基苯并咪唑磺酸（PBSA）
烷类	丁基甲氧基二苯甲酰基甲烷（BMDM）、聚硅氧烷-15（PS-15）

表6-3　常见植物防晒剂分类

分类	常见植物防晒剂
维生素及其衍生物	维生素C、维生素E、烟酰胺、β-胡萝卜素
抗氧化酶	超氧化物歧化酶（SOD）、辅酶Q、谷胱甘肽、金属硫蛋白（MT）
植物提取物	芦荟、燕麦、葡萄籽、沙棘、海藻、薏苡仁、芦丁、紫草、桂皮、绿茶、黄蜀葵、金凤菊、黄芩

与物理性防晒剂相比，化学性防晒剂制成的产品透明感好，防晒效果好，不会阻塞毛孔，但对皮肤有一定刺激性，可能会激发面部潮红或血管扩张。为提高产品整体防晒效果，兼顾安全和使用方便，防晒化妆品多为多种防晒剂复配使用。

三、防晒类化妆品功效评价

防晒剂原料的筛查和配方研发，应建立科学相关性高、可重复的功效评价方法。近年来随着人工皮肤模型的开发和检测技术的丰富，基于复杂生物学机制的方法得到快速发展。根据紫外线损伤皮肤的生物学机制，开发了多层次的体外评测方法，如仪器检测防晒指数的方法、微生物方法、皮肤细胞方法和3D皮肤模型方法等。基于体外评价结果可再深入进行动物实验，甚至人体评价。

防晒指数SPF是最常用的UVB防护效果评价指标，最初由Willis提出，随后，美国、德国、澳大利亚、日本都确立了SPF测定方法。2002年，我国卫生部颁布了SPF测定技术标准。SPF是指用紫外线照射皮肤后，使用化妆品后的最小红斑量（MED）与未使用化妆品的最小红斑量（MED）的比。它是用来表示防晒剂保护皮肤免受UVB晒伤程度的定量指标。

防晒指数PFA是UVA防护效果评价指标，由日本化妆品工业联合会于1996年颁布实施。测定原理及方法与SPF相同，只是波长不一样，记录最小持续黑色素黑化量（MPPD），即照射2~4h后在照射部位皮肤上出现黑化所需要的最小紫外线剂量或最短照射时间。UVA的防护等级一般用PA来表示，表示方法如表6-4所示。

表6-4 UVA防护等级

PFA 值	PA 等级	PFA 值	PA 等级
PFA<2	无 UVA 防护效果	PFA=4~7	PA++
PFA=2~3	PA+	PFA>8	PA+++

（一）体外细胞生物学及分子生物学方法

1. 角质细胞彗星实验

彗星实验又称单细胞凝胶电泳实验，它能有效检测并定量分析细胞中DNA单、双链缺口损伤程度。用太阳模拟器照射角质细胞1h会发生DNA损伤，即可观察到彗星现象，但若使用MTT比色法检测未出现明显细胞毒性，使用图像分析便可得到细胞光损伤程度。实验时将涂有防晒剂的玻片置于角质细胞培养物表面，暴露于人工太阳模拟仪下30min，通过彗星实验观察其对细胞的保护作用。

2. 角质细胞p53蛋白实验

体外培养的角质细胞暴露在紫外线下4h后p53蛋白开始积聚，24h后到达峰值，48h后开始下降。将防晒剂预先加入培养基中，使细胞在有不同浓度防晒剂的环境中照射紫外线，可得到防晒剂浓度及p53蛋白量的相关性曲线。由此可发现防晒剂对UV诱导细胞毒性有相应的保护作用，并呈现剂量依赖性。

3. 成纤维细胞实验

对成纤维细胞造成紫外损伤的主要为UVA，造成链断裂和氧化损伤。将防晒剂加入细胞培养基中，用UVA（23mW/cm² 的光源，距离20cm，照射20min）进行照射，再通过MTT比色法检测细胞活性，流式细胞法检测ROS产生（DCFH-DA测试）、线粒体功能（JC-1测试）、DNA完整性（彗星实验），RT-qPCR检测基因表达（MMP-1，COL1-A1）等方法，与未加入防晒剂的细胞进行比较，可研究防晒剂对成纤维细胞的保护作用及程度，如表6-5所示。

表6-5 部分抗光老化功效细胞评价模型

	细胞凋亡		细胞凋亡
成纤维细胞	ROS 含量	角质形成细胞	ROS 含量
	Collagen Ⅰ 含量		ILs
	Collagen Ⅲ 含量		TNF-α
	HSP 等蛋白表达		
	MMPs		

4. 黑色素细胞防晒实验

黑色素细胞是紫外线辐照的靶细胞，对UVA损伤非常敏感。当黑色素细胞暴露于低剂量UVA时，可以观察到DNA断裂。即使无法检测到细胞毒性和黑色素形成，也可以观察到相当强烈的彗星现象，这表明黑色素细胞比非色素细胞对UVA更敏感。将防晒剂涂在石英片上，放在黑色素细胞培养物上，然后用UVA照射，通过彗星实验可检测防晒剂的功效。

（二）皮肤细胞重组模型法

体外重组人体皮肤模型包括表皮模型、真皮模型（成纤维细胞种植于胶原凝胶）和全皮模型，可用于防晒剂的研究，全皮模型可研究不同波长紫外线对皮肤的作用。UVB可造成表皮层损伤，而UVA可透射至真皮层，因此紫外线照射可同时引起真皮和表皮损伤，全皮重组模型可模拟使用防晒产品后的真实紫外照射情况。全皮重组模型可用来评估产品防晒功效，而且可反映出防晒剂对不同波长紫外线的防护程度，便于调整产品中防晒剂配伍比例。实验时将不同剂量防晒产品涂抹于重组皮肤模型表面，设置不同波长紫外线对模拟皮肤进行照射，计算出SPF及SPA防晒指数。

此外，表皮晒伤细胞可通过环丁烷嘧啶二聚体（CPD）免疫组化观察，真皮成纤维细胞紊乱可通过Vimentin免疫组化染色定量分析，表皮细胞可以分离用于蛋白质检测分析光毒性产物，也可以参考皮肤模型彗星实验观察DNA损伤情况。也可采用含有黑色素细胞的皮肤模型，可用于研究紫外线对黑色素沉着的影响。还有一种含有朗格汉斯细胞的皮肤模型，可用于研究紫外线引起的免疫反应。

以离体皮肤（ex vivo）为检测模型的抗光老化功效评估

有实验利用一定剂量的紫外线照射体外培养的离体皮肤，观察不同处理组别的角质层和表皮细胞层的厚度变化，以及相应的蛋白质表达水平，评价防晒剂的防晒功效，如图6-2所示。经UV照射后，表皮活细胞层明显变薄，角质层明显增厚，角化异常细胞增多。阳性物质使用后有明显的改善作用。

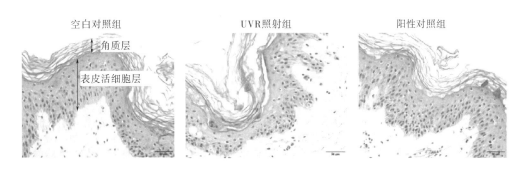

空白对照组　　　　　　UVR照射组　　　　　　阳性对照组

角质层

表皮活细胞层

图 6-2　UV 照射处理离体皮肤模型切片对比

（三）动物实验法

动物实验中一般使用小鼠或豚鼠进行防晒原料和产品的功效评价。用豚鼠可进行防晒霜的经皮毒性试验，取健康豚鼠40只，雌雄各半，每只称量体重，按雌雄和体重平均分配为2组，涂防晒霜的受试组和生理盐水空白对照组各20只，于实验前24h去除躯干及背部体毛，约40cm²，实验前记录体重。涂抹剂量只设一个高剂量，每只实验动物涂抹1g。将防晒霜和生理盐水分别涂抹于豚鼠背部脱毛处，用医用纱布覆盖固定，每只实验动物单独饲养，24h后用温开水去除受试物，并在第7天和第14天称量体重，观察实验动物皮肤反应、生理状态和死亡情况。

用小鼠可进行防晒剂抗紫外线损伤的效果评价，实验前进行脱毛处理，实验期间，对照组小鼠脱毛后不作任何处理，实验组小鼠涂抹相应的防晒剂30min后进行中波紫外线（$\lambda = 303nm$）照射，照射剂量为最小红斑量，1次/d，连持8周，每周称量体重一次，实验结束后小鼠摘眼球取血处死，剪下皮肤进行指标检测。对剪下的皮肤可进行小鼠血细胞的测量、皮肤匀浆生化指标的测量、皮肤病理学切片染色、皮肤组织基质金属蛋白酶表达水平的检测。

（四）人体评价法

人体评价法要求参加SPF实验的志愿者选取年龄在18~60岁健康人群，同时对紫外线反应敏感，照射后易出现晒伤而不易出现色素沉着；参加PFA实验的志愿者要求皮肤经紫外线照射后易出现色素沉着。每次实验应保证10个以上受试者出现有效结果。实验前对志愿者进行筛选以保证安全，为保证第一次实验后引起的色素沉着或红斑有足够时间消退，两次实验间隔应不少于两个月。

我国的防晒人体评价多使用氙弧灯为光源，经过滤使发出的紫外线波长范围为290~400nm。在实验志愿者皮肤上用紫外线照射出一系列迟发性皮肤点状红斑反应，将受试者背部划分为三个区域：空白区、样品区、标准样品区。其中空白区直接用紫外线照射；样品区涂抹测试样品后进行照射；标准样品区涂抹SPF标准样品后进行照射。样品涂抹面积不小于30cm²，将样品准确、均匀地涂抹在受试部位皮肤上，并将涂抹位置边界用记号笔标出。照射时受试者可采取前倾位或俯卧位，单个光斑最小辐照面积不应小于0.5cm²，记录照射时间为2~4h。

照射UVB结束后16~24h由经过培训的评价人员判断。记录受试者正常皮肤的最小红斑量（MED），即在紫外线照射后16~24h后，在照射部位出现清晰可辨的红斑（边界清晰并覆盖大部分照射区域）所需要的最低紫外线照射剂量（J/m²）或最短时间（s）。测试样品所保护皮肤的MED必须在同一受试者体表并在同一天进行。在一次实验中，同一受试者皮肤上可进行多个产品的测试。单个受试者的SPF值就是上述两个MED的比值，所有受试者的个体SPF值保留一位小数，求其算术平均数即为该测试产品的SPF值。

类似，UVA的测试方法是通过测试UVA照射后引起永久色素沉着所需的时间来判断防护效果，照射2~4h后，判断受试者的MPPD值，再根据公式计算PFA值。根据PFA值的范围，分别标记为PA+、PA++、PA+++。该法的优点是考虑了光稳定性，但是重复性仍是一个问题，不同的实验室所得结果可能会有较大的差异。

实验中应注意，研究过程中不可对受试者带来有害的、长期的影响。为减少样品称量误差，应尽可能扩大样品涂抹面积及样品总量。实验前研究监管人员应保证待测样品的安全性，对安全性评价信息应足够了解。涂抹样品、紫外线照射及观察期间室温应保持在18~26℃。

（五）仪器评价法

利用仪器测试的方法进行体外实验也可以粗略估计防晒产品的防晒效果。常用的方法有紫外分光光度法和SPF仪测试法。

紫外分光光度法可测定样品吸光度或紫外吸收曲线，测试前将防晒化妆品涂抹在透气胶带、人造皮肤或特殊底物上，用不同波长的紫外线照射，根据测试值大小评价防晒效果。实验中3M胶带大小为1cm×4cm，粘贴在石英比色皿侧表面上，预热仪器后调整仪器零点。称取待测样品8g，均匀涂抹于胶带表面，至于35℃干燥箱中30min。将待测样品比色皿置于样品光路中，取另一贴有胶带的比色皿置于参比光路中，分别测定紫外吸光度值，再各取算术平均值，得到的吸光度值可代表其防晒效果。吸光度与防晒效果的对应关系如表6-6所示。

表6-6　紫外分光光度法吸光度值与防晒效果的关系

吸光度值（A）	防晒等级
$A <$（1.0±0.1）	无防晒效果
$A =$（1.0±0.1）	具有低级防晒效果，适用于冬日及阴天、雨天

续表

吸光度值（A）	防晒等级
$1.0 < A < (2.0 \pm 0.2)$	中级防晒效果，适用于中等阳光照射
$A > 2.0$	高级防晒效果，适用于夏日阳光照射或户外活动

SPF仪是经过改进的紫外分光光度计，在光源和样品间增加一个积分球，收集通过样品底物后所有方向上的透射光。结果可经特殊软件程序换算得出模拟的SPF，其结果与人体评价法测定SPF有较大的相关性。澳大利亚将SPF仪测试法作为其国家标准方法。将防晒化妆品涂抹于8μm的薄膜上，或者利用溶剂将样品稀释后置于比色皿中，并通过紫外分光光度计等设备在320～360nm的光谱范围内进行扫描，测量样品的透射率，来评价样品的UVA防护效果。

SPF-290AS防晒系数测试仪是目前被国内外广泛使用的仪器，可将防晒化妆品经光谱测定后直接转化为SPF输出，其本质是紫外分光光度计。光谱区域覆盖UVB和UVA，系统可以自动执行从290～400nm的扫描，并以1nm、2nm或5nm的间隔进行数据累积和存储。结合编入软件的日光辐照和红斑常数（可修改），使每个选定波长的单色防护系数（monochromatic protection factor，MPF）得以确定，并用于SPF的计算。其操作方法与紫外分光光度计类似，首先将3M胶带、人造皮肤或聚氯乙烯膜固定于样品板上，测定空白膜的本底曲线，再用点样器在3M胶带上均匀加样品，用带有乳胶手指套的手指涂抹，以2μL/cm^{2}的量将样品轻轻地均匀涂抹于50cm^{2}面积大小的透明膜上。将涂抹后的样品板放在温度（20±2）℃、相对湿度（50±5）%的黑暗环境中自然成膜干燥（放置时间根据实验设计而定，一般为15min）。接通电源，预热仪器30min，确定正常后，用SPF-290AS防晒系数测试仪在透明膜上随机选取10个点测试，描绘出10条光波长MPF曲线，并由仪器配套的软件进行计算分析，得出一次测试的SPF值和标准偏差，及各扫描点的SPF值。每个样品涂抹测试3次，选取MPF曲线比较集中的一次。

参考文献

［1］王普才，吴北婴，章文星.影响地面紫外辐射的因素分析［J］.大气科学，1999，23（1）：1-8.

［2］刘炜.皮肤屏障功能解析［C］.2008年中华医学会皮肤性病学分会治疗学组会议暨中南六省皮肤性病学术研讨会.中华医学会皮肤性病学分会；湖南省医学会，2008.

［3］宁华.工程菌所产黑色素对生物大分子光保护作用的研究［J］.华中师范大学学报（自然科学版），2001（1）：85-88.

［4］常薇.防晒化妆品的配方及其功效评价［J］.环境与健康杂志，2001，18（6）：416-417.

［5］杜晶.物理防晒剂配方应用［J］.日用化学品科学，2004（8）：34-40.

［6］王腾凤.如何配制含物理防晒剂的防晒配方［J］.日用化学品科学，2007（1）：38-43.

［7］李保宣.纳米防晒霜起纷争［J］.技术与市场，2007（12）：7.

［8］李亚辉，李俊芳，李梦晨，等.防晒化妆品所含纳米成分对其性能的影响研究［J］.轻工标准与质量，2019（3）：44-47.

［9］孟潇，许锐林，陈庆生，等.基于BASF Sunscreen Simulator初步评价17种常用化学防晒剂［J］.当代化工研究，2017（5）：116-118.

［10］曹智，张道军.无机防晒剂［J］.日用化学工业，2014，44（12）：700-705.

［11］程树军，黄健聪，陈志杰.防晒原料的体外生物学评测方法［J］.日用化学品科学，2018，41（6）：22-26.

［12］熊丽丹，李利.七类化妆品化学防晒成分的潜在光毒性作用［C］// 中国毒理学会第七次全国毒理学大会暨第八届湖北科技论坛论文集.

［13］韩高伟，高子怡，展俊岭，等.防晒品防晒性能评价方法研究现状［J］.农业技术与装备，2018（11）：78-79、81.

［14］Marrot L.，Belaidi J. P.，Meunier J. R. Comet assay combined with p53 detection as a sensitive approach for DNA protection assessment in vitro［J］. Exp Dermatol，2002，11（Suppl.1）：33-36.

［15］Curnow A.，Owen S. J. Oxidative medicine and cellular longevity an evaluation of root phytochemicals derived from althea officinalis（marshmallow）and astragalus membranaceus as potential natural components of UV protecting dermatological formulations［J］. Oxidative Medicine and Cellular Longevity，2016：1-9.

［16］张宁，祁永华，吴迪，等.水飞蓟宾防晒霜急性经皮毒性动物实验生理、生化指标的测定与比较［J］.临床皮肤科杂志，2017，46（6）：418-419.

［17］吴海游，梁美婷，邱楚群，等.三种含辅酶Q10的防晒剂抗小鼠皮肤紫外线损伤的效果评价［J］.中国皮肤性病学杂志，2017，31（4）：365-368、399.

［18］刘龙云.防晒化妆品防晒功效的评价方法研究［J］.科技经济导刊，2017，7：103.

［19］樊豫萍.防晒化妆品功效性评价与发展趋势［J］.香料香精化妆品，2013（4）：49-54.

［20］杨丽，张思华，苏宁，等.防晒化妆品UVA防护效果评价方法研究进展［J］.香料香精化妆品，2016（4）：59-61.

［21］Joint Technical Committee CS/42.Australian/New Zealand Standard AS/NZS 2604 Sunscreen products-evaluation and classification［S］.Homebush，Wellington：Standards New Zealand，1993.

［22］孙素姣，何黎.紫外线致皮肤胶原纤维光损伤的研究进展［J］.中国美容学，2009，18（11）：1701-1703.

［23］吴斯敏，杨慧龄.紫外线引起皮肤光老化机制及防治的研究进展［J］.医学综述，2018，24（2）：341-346.

［24］Schieke SM，Schrocder P，Krutmann J.Cutaneous effects of infrared radiation：from clinical observations to molecular response mechanisms［J］.Photodermatol Photoimmunol Photomed.2003，19（5）：228-234.

［25］Jin HC.Photoaging in Asians［J］.Photodermatol Photoimmunol Photomed，2003，19（3）：109-121.

［26］Schrocdcr P，Pohl C，Calles C，et al.Cellular response to infrared radiation involves retrograde mitochondrial signaling［J］.Free Radic Biol Med，2007，43（1）：128-135.

［27］Brenneisen P，Sies H，Scharffetter-Koehanek K.Ultraviolet-B irradiation and matrix metalloprotcinascs：from induction via signaling to initial events［J］.Ann N Y Acad Sci.2002.973：31.

［28］Fagot D，Asselineau D，Bernerd F.Matrix metallopm-teinasc-1 production observed after solar-simulated radiation exposure is   assumed by dermal fibroblasts but involves a paracrine activation through epidermal keratinoeytes［J］.Photochemistry and Photobiology,2004,79（6）：499-505.

［29］Yu SL，Lee SK.Ultraviolet radiation：DNA damage，repair，and human disorders［J］.Mol Cell Toxicol，2017，13（1）：21-28.

［30］Kim HH，Lee MJ，Lee SR，et al.Augmenmtion of UV-induced skin wrinkling by infrared irradiation in hairless mice［J］.Mech Ageing.2005，126（11）：1170-1177.

［31］Gilchrest B A，Krutmann J.Skin Aging［M］.Berlin：Springer Berlin Heidelberg，2006.

［32］Krutmann J，Schikowski T，Morita A，et al.Environmentally-Induced（Extrinsic）Skin Aging：Exposomal Factors and Underlying Mechanisms［J］.Journal of Investigative Dermatology，2021，141（45）：1096-1103.

［33］Blaudschun R，Brenneisen P，Wlaschek M，et al.The first peak of the UVB irradiation-dependent biphasic induction of vascular endothelial growth factor（VEGF）is due to phosphorylation of the epidermal growth factor receptor and independent of autocrine transforming growth factor α〔J〕. FEBS Letters，2000，474（2-3）：195-200.

〔34〕Frederic F，Roland B，Qiu H，et al. Solar exposure（s）and facial clinical signs of aging in Chinese women：impacts upon age perception.〔J〕. Clinical，Cosmetic and Investigational Dermatology，2015，8：75-84.

〔35〕Grether-Beck S，Marini A，Jaenicke T，et al. Photoprotection of human skin beyond ultraviolet radiation.〔J〕. Photodermatology Photoimmunology & Photomedicine，2014，30（2-3）：167-174.

第七章 祛痘类化妆品

一、痤疮发生机制

痤疮是一种好发于青春期并主要累及面部的毛囊皮脂腺慢性炎症性皮肤病，临床表现以多发于面部的粉刺、丘疹、脓疱、结节等多形性皮损为特点，包括白头粉刺、黑头粉刺、炎性丘疹，甚至严重的可发生结节、囊肿和瘢痕。据统计，中国人群痤疮发病率为8.1%，有研究发现超过95%的人群会有不同程度的痤疮发生。通常被称为"青春痘"的痤疮，在青少年人群中发病率更高，青春期后大多能自然减轻或痊愈。

痤疮的发生机制非常复杂，迄今多项研究发现，痤疮的发生与遗传背景下激素诱导的皮脂腺脂质分泌过度、毛囊皮脂腺导管角化异常、痤疮丙酸杆菌等毛囊微生物增殖及炎症和免疫反应等相关。

遗传因素也在痤疮的发生中起着重要的作用。痤疮的病例发生人群多样，年龄跨度大，但多项遗传流行病学研究显示痤疮患者多有家族发病史。可能因为个体的皮脂溢出程度具有家族性倾向，而痤疮的发病与皮脂溢出程度密切相关。Goulden等对200例青春期后痤疮患者的临床特征进行研究，其中50%患者至少有一个一级亲属曾患有青春期后痤疮，显示遗传因素对痤疮的发生、发展和持续状态起重要作用，如图7-1所示。

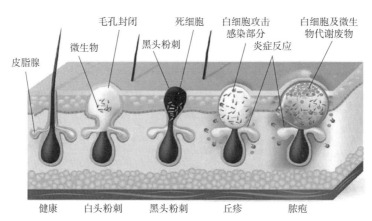

图 7-1 不同类型痤疮的发生

1. 内分泌因素

痤疮发病多伴随皮肤油腻和皮脂过度分泌。痤疮的发病与内分泌紧密关联，尤其与高水平雄激素引起的皮脂腺分泌亢进有关。皮脂腺生长发育受到雄激素受体（AR）、维甲酸受体和维甲酸X受体，以及肝脏X受体（LXR）等因素的调控。雄激素是导致皮脂腺增生和脂质大量分泌的主要诱发和调控因素，以5α-还原酶为代表的特异性还原酶，将睾酮转化为二氢睾酮（DHT），与皮肤细胞细胞核内的雄激素受体（AR）特异性结合。随后在过氧化物酶体增殖物激活受体（PPAR-γ）的激活下，促进皮脂腺细胞的分化增殖，从而使皮脂腺分泌大量增加。其他如胰岛素样生长因子-1（IGF-1）、胰岛素、生长激素等激素分泌异常导致的多囊卵巢综合征（PCOS）、高雄激素-胰岛素抵抗-黑棘皮综合征（HAIR-AN）、先天性肾上腺皮质增生症（CAH）、脂溢-痤疮-多毛-雄激素性脱发综合征（SAHA）等，也可能伴随着痤疮的发病。多项研究表明，部分痤疮患者血中或雄激素水平升高，或雌激素、孕激素、促性腺激素及催乳素等其他性激素与雄激素互相影响引起痤疮发生。日常不良生活习惯如摄入高血糖升高指数（GI）饮食、精神紧张等，也可通过增加雄激素分泌水平而引起皮脂分泌亢进，促进痤疮发生。

除了激素导致的皮脂腺分泌异常外，皮脂的组成异常也与痤疮的发生有一定关系，皮脂成分的改变如过氧化鲨烯、蜡酯、游离脂肪酸含量增加，不饱和脂肪酸比例增加及亚油酸含量降低等也是导致痤疮发生的重要因素。

2. 毛囊皮脂腺导管角化过度

皮肤科普遍认为毛囊皮脂腺导管的角化过度是导致痤疮发生关键因素。毛囊皮脂腺导管的角化过度主要发生在位于真皮层的毛囊漏斗处，主要是由于导管的角质形成细胞过度增生和导管内皮角化的细胞脱落减少引起的，表现为角质层细胞互相粘连，不能正常的代谢和脱落，随后形成角质细胞过度增殖、结团成块，内皮脱屑障碍，导致毛囊皮脂腺导管堵塞，进而形成角栓或微粉刺。

发生痤疮的皮肤组织上，毛囊上皮细胞中的张力微丝和桥粒大量增加，细胞中的透明角质颗粒增多并变大，许多被膜颗粒（Odland 小体）被分泌到细胞间导致了细胞内被膜颗粒的减少。因此，细胞间桥粒增多增加了细胞间的连接，细胞内被膜颗粒的减少导致了脱屑的障碍。细胞基质中存在的细胞黏合素通过和细胞相互作用来改变细胞的增殖、黏附和移动，有研究表明痤疮毛囊皮脂腺导管中黏合素表达增加。此外，雄激素在控制毛囊皮脂腺导管角化过渡过程中也起到重要的作用。

3. 微生态异常

痤疮皮损部位中可发现多种有害微生物如痤疮丙酸杆菌的大量增殖，导致皮脂发生成分改变和过度分泌、过度角化以及一系列的炎症反应。皮脂中的游离脂肪酸主要来自甘油三酯分解而生成的甘油和游离脂肪酸，但也有研究表明皮脂腺细胞可以生成少量的游离脂肪酸，如在痤疮患者皮损中发现游离脂肪酸生成增加，角鲨烯水平较高，而亚油酸水平较低。Kligman 等发现游离脂肪酸可以诱导毛囊导管的角化增加和粉刺生成。痤疮患者皮脂中被氧化的角鲨烯可诱导炎性细胞因子释放，介导痤疮炎症反应，高水平的亚油酸成分可减少粉刺的发生。

在痤疮丙酸杆菌代谢产生的皮脂鲨烯和鲨烯过氧化物可诱导毛囊皮脂腺导管上皮的角化过度。痤疮丙酸杆菌还可作为一种超抗原引发免疫反应继发炎症。

皮脂过度分泌和堆积导致皮脂腺堵塞，在此缺氧环境下，大量增殖的痤疮丙酸杆菌代谢油脂产生分泌物卟啉等进一步堵塞毛孔，刺激毛囊皮脂腺角化，诱发局部炎症。同时痤疮丙酸杆菌在增殖过程中还会释放多种酶，将皮脂中的甘油三酯分解为游离脂肪酸，为自身提供增殖所需的营养。

有研究表明，健康人群皮脂分泌部位的主要皮表微生物的菌群失衡的表现除痤疮丙酸杆菌过度繁殖外，葡萄球菌的数量减少甚至是消失，这样的失衡会导致抗菌肽的产生减少，使痤疮丙酸杆菌的繁殖不能得到抑制，也会促进炎症反应及痤疮的发生。

4. 免疫反应

痤疮的全部发生过程中，皮肤的固有免疫和适应性免疫的多个环节均参与了痤疮的炎症反应。皮肤屏障功能的改变，Toll 样受体、NOD 样受体、炎症小体的活化，固有免疫分子的调节及相关细胞因子的产生均可直接或间接地参与痤疮的炎症反应。如 Toll 样受体感知入侵病原体后，会产生细胞因子，促发细胞内部进一步的炎症反应，通过 NF-κB 通路，促进炎症因子的产生。此外，体内 T 淋巴细胞、B 淋巴细胞受到刺激后，自身活化、增殖和分化产生一系列生物学效应也可诱导免疫应答，引起痤疮的炎症反应。

目前，固有免疫细胞中TLR-2和TLR-4等识别受体在痤疮发病机制中的作用较为明确，抑制 TLR-2 的表达可下调角质形成细胞合成IL-8和单核细胞产生IL-8和 IL-12 的能力。痤疮的主要致病菌痤疮丙酸杆菌可诱导TLR-2 和 TLR-4 表达，增加肿瘤细胞坏死因子TNF-α、IL-1、IL-8、IL-12等细胞因子的产生，还可通过活化NLRP3 炎症小体和分泌 IL-1B 的机制来触发固有免疫反应。另一项研究表明，巨噬细胞也可活化炎症小体和分泌 IL-1B，皮脂腺细胞可通过触发NLRP3 炎症小体的活化导致皮脂腺细胞释放 IL-1B，从而参与痤疮固有免疫反应。因此，现在也有研究者希望寻找和利用免疫反应过程中的靶向抑制剂治疗和改善痤疮，以取代现有的抗生素治疗手段。

二、痤疮的临床表现及分型

毛囊皮脂腺是导致痤疮发生的主要靶部位，痤疮出现后会随发生程度呈现出不同的皮损，如非炎症性皮损、炎症性皮损和瘢痕等。皮肤科临床上也有多种针对痤疮诊断和治疗的分级方法。

1. 皮损计数法

此类方法一般是将面部分为5区，即额、左颊、右颊、鼻及下颌。分别记录每区各类皮损（开放及未开放的粉刺、丘疹、脓疱、结节）的数目。现也多采用在分区记录各类皮损数目的同时，以积分形式对皮损的炎性程度进行整体评价，并于每1~2周观察 1 次疗效，至少观察 2 个月，并根据皮损数目减少的百分率评价疗效。最常用的治疗标准为：皮损比原有皮损减少大于或等于90% 为痊愈，60%~89% 为显效，20%~59% 为好转，小于或等于 19% 为无效。

皮损计数法的客观性较好，可以以皮损的数量进行客观评定，一定程度上减少了主观因素的影响；可以反映观察期间的皮损数目的详细变化；临床观察条件要求不高，不需要特殊的仪器设备。但是需要观察和记录人员对皮损有准确的分辨能力，每次观察时间较长，多适用于新开发药物的临床观察。

2. 整体评价法

整体评价法通常是根据观察者对患者的临床整体印象对痤疮进行粗略分级，根据皮损类型和数量，不同的方法分级数为5~11级，具体分级标准也不同。皮损类型从轻到重为：粉刺（包括白头粉刺、黑头粉刺）、炎性丘疹、脓丘疹或脓疱、结节及囊肿；皮损数量则是越多越重，如图7-2所示。

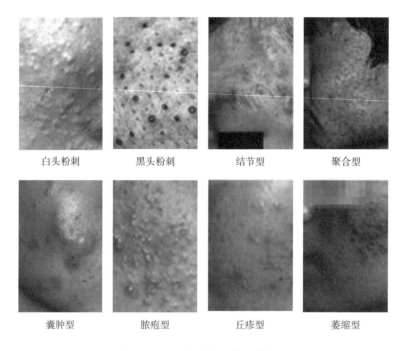

白头粉刺　　　黑头粉刺　　　结节型　　　聚合型

囊肿型　　　脓疱型　　　丘疹型　　　萎缩型

图 7-2　不同类型的痤疮临床表现

国内临床应用较多的为5级法：

（1）**很轻**　仅在仔细观察时发现少量散在分布的粉刺或丘疹。

（2）**轻度**　粉刺及小丘疹（6~12个）累及约 1/4 的面部皮肤，偶可见少量脓疱或较大突出的丘疹。

（3）**中度**　小丘疹和大小粉刺累及约 1/2 的面部皮肤，可见少量脓疱或较大突出的丘疹，如果皮损普遍较大，即使受累面积小于 1/2，也可评为此级。

（4）**重度**　丘疹和/或大的开放型的粉刺累及约 3/4 的面部皮肤（若炎性皮损较大，受累面积可小于 3/4），可见大量脓疱。

（5）**极重度**　皮损累及所有面部皮肤，常可见大而明显的脓疱，皮损炎性程度重，可出现聚合型痤疮。

此类方法的临床观察条件要求较低，只需充分照明，不需特殊仪器设备，观察速度快，时间短，对于观察者的技能要求低于皮损计数法。此方法分级较粗略，因此在确定分级标准后，不同观察者及同一观察者在不同时间内产生的主观偏差小。但该方法的客观性较差，不同机构的分级标准不同，可能导致诊断结果差异较大，比较适合临床门诊的大规模一般疗效观察。

3. 照片记录法

照片记录法不同于以上两种方法，是通过图像记录后比对的方法，也分为照片记录计数法和标准照片比较分级法两类。照片记录计数法是在不同观察时间点对患者皮损部位进行照片记录，再根据照片进行各类皮损计数的方法。标准照片比较分级法是诊断前使用标准照片进行痤疮分级，再用患者照片与标准照片对比进行分级的方法。

照片记录法可以针对诊断部位进行直观记录，但可能受到像素、光线和拍照水平的局限，尤其是突出皮肤表面的部分无法在照片上真实地呈现。此外，面部的鼻翼两侧、眼角、唇周、下颌等部位较难拍摄。如果使用标准照片，同时结合其他方法，则可以对痤疮进行更客观的分级判断。

Allen 和 Smith 提出的照片记录计数法是对全部颜面进行脓疱计数及整体评价的同时，记录右半边侧颜面的粉刺和丘疹的个数。评价中将皮损部位分为：经典的面部 5 区（额、左颊、右颊、鼻、下颌）和前胸及后背共 6 区，并根据各区面积及皮损好发率给各区评分，额、左颊、右颊各 2 分，鼻、下颌各 1 分，前胸及后背 3 分。同时，将皮损严重程度分为 4 级，如表 7-1 所示。

表 7-1 照片记录计数法

分级	程度		分级	程度
0 级	无皮损		0	无
1 级	≥ 1 个粉刺	将每 1 区最严重的皮损类型的分值与分区评分相乘，再相加得一总分值进行分级：	1~18	轻度
2 级	≥ 1 个丘疹	→	19~30	中度
3 级	≥ 1 个脓疱		31~38	重度
4 级	≥ 1 个结节囊肿		> 39	极重度

整体评价法与以上方法类似，也不需要特殊的仪器设备，根据评价标准，即便是不同的评价员或在不同时间内也不会产生较大的偏差。但对于皮损部位较集中的患者而言，使用该方法时评分会偏低，反之分布较分散的皮损则会导致评分较高。此方法的准确性和适用性还存在一定的不足。

4. Pillsbury 分级法和 Cunliffe 分级法

与临床诊断和治疗类似，祛痘化妆品的功效评价也同样需要针对受试者的痤疮发生程度进行分级评价，评价方法多参考临床评价标准，但与其不同的是，化妆品的祛痘评价的部位多为脸部，一般不考虑前胸和背部等身体其他部位。在受试者的选取中，也需要考虑其性别、年龄、生活习惯、职业、社会心理、是否接受过临床药物治疗等因素。并且，不同于其他化妆品，祛痘类化妆品的功效测试还需要对受试者在测试期间的生活状态等进行追踪随访。祛痘化妆品的功效评价多选择脸部有轻度或中度的痤疮的受试者，根据痤疮发生的皮损特点、数量多少、发生部位等应用 Pillsbury 4 级分类法结合 Cunliffe 12 分级法对志愿者的痤疮临床表现情况进行分级，一般选择轻中度人群作为受试者，对应评分为 0.5~2.5 分的入组，如表7-2、表7-3所示。

表 7-2 Pillsbury 分级法

分级	级别	临床表现
轻度	I 级	粉刺为主，少量丘疹、脓疱，总皮损小于 30 个
中度	II 级	粉刺和中等量丘疹、脓疱，总皮损数 31~50 个
中度	III 级	大量丘疹、脓疱，总皮损数 50~100 个，结节数小于 3 个
重度	IV 级	结节 / 囊肿性痤疮或聚合性痤疮，总皮损大于 100 个，结节 / 囊肿大于 3 个

表 7-3 Cunliffe 分级法

分级	评分	临床表现
1	0.1	少数炎性和非炎性皮损
2	0.5	面颊和额少数活跃的丘疹
3	0.75	面颊极多不活跃的丘疹

续表

分级	评分	临床表现
4	1.0	广泛的活跃与不活跃的丘疹分布于面部
5	1.5	面部有较多比较活跃的丘疹
6	2.0	很多活跃的炎性皮损，无深在的皮损
7	2.5	广泛分布的活跃与不活跃皮损，并开始累及颈部
8	3.0	活跃与不活跃的皮损较少，但有较多的深在性皮损，需要触诊
9	3.5	较多活跃的皮损，同时有深在性皮损
10	4.0	以活跃的丘疹为主，几乎累及整个面部，触诊可以摸到两个结节
11	5.0	以活跃的丘疹为主，几乎累及整个面部，触诊可以摸到较多结节
12	7.0	有很多的结节和囊肿，若治疗不及时将会发生瘢痕

三、祛痘类化妆品功效成分及作用机制

痤疮患者伴随出现皮肤屏障受损和敏感等现象。祛痘类化妆品中常用的活性成分主要针对痤疮的发生特点，以抑制皮脂分泌及改善或缓解毛囊口堵塞为主，包括使用抑制剂抑制皮脂过度分泌，使用角栓溶解剂或摩擦性颗粒成分促进表皮剥脱和粉刺溶解，或抑制发生部位有害菌群的繁殖，并修复皮肤屏障功能，使肌肤恢复健康状态。

1. 皮脂抑制类

痤疮发生所伴随的皮脂分泌旺盛多由内分泌失调或雄激素水平过高所致。祛痘类化妆品主要通过抑制皮脂腺发育、减少皮脂的分泌（主要是通过抑制 5α- 还原酶抑制皮脂的分泌）、减少皮肤角鲨烯含量等途径起到控油和祛痘功效的。临床上多使用抗雄激素治疗或口服维甲酸，或配合使用一些外用制剂，如浓度 >1% 的雌激素软膏等。但多数临床治疗药物在化妆品中的使用受限，因此，化妆品可用的功效成分多为添加外用维生素类、微量元素或一些植物活性成分等。例如，维生素 B_3

和前维生素 B_5 可以抑制以葡萄糖为底物的合成脂质的反应，且无细胞毒性。其他如锌、维生素 A、B 族维生素（如烟酰胺）、富勒烯、表没食子儿茶素没食子酸酯等都是有效抑制皮脂分泌的活性成分。一些富含多酚，具有抗菌、消炎作用的植物提取物，目前也是祛痘类化妆品中的热门功效成分，如甘草、菊花、鱼腥草、橘皮、人参、大黄、苦参、黄连、白芷、白芨、桃仁、茯苓、马齿苋等提取物。

2. 角质溶解剥离类

痤疮发生部位皮肤的毛囊皮脂腺导管的角化过度、毛囊皮脂腺导管堵塞，进而形成角栓或微粉刺。因此，可以抑制或改善表皮细胞过度角化的含 α- 羟基酸（包括乙醇酸、乳酸、果酸、扁桃酸等），水杨酸，亚油酸等成分，可有效抑制表皮细胞角质化、消除毛囊口角栓、减少及抑制粉刺的形成。水杨酸最早来源于柳树皮提取物，又称柳酸，是常见的角质溶解剂，可促进角质层细胞代谢，化妆品中添加 0.5%~2.0% 的安全使用浓度可有效治疗痤疮和改善肤质。水杨酸的相对分子质量较小，易溶于油脂，在剥脱角质层的同时，可以帮助黑头或白头脱出，降低毛囊堵塞的发生率，也具有一定的抑菌效果。

3. 抗菌或抑菌剂类

痤疮发生的部位出现多种有害微生物如痤疮丙酸杆菌大量增殖，导致皮脂成分的改变，毛囊皮脂腺导管上皮的角化过度，进一步诱发痤疮。有研究显示，常见的黄连、连翘、滇重楼提取物，锌盐，月桂酸或月桂酸乙酯等中链脂肪酸、视黄醛、山竹提取物等成分均对痤疮丙酸杆菌具有杀菌或通过抑制蛋白合成的作用，从而起到抑菌作用。

4. 抗炎类

在痤疮发生的全过程中均伴随有炎症反应，蛋白质氧化和脂质过氧化程度与痤疮的发生成正相关。目前宣称具有祛痘功效的活性成分大多通过抑制脂肪酶活性或抑制 IL-1α、IL-8 等炎症介质达到抑制炎症反应的作用。因此，具有抗炎作用的活性成分可对痤疮的发生起到一定的抑制作用。如烟酰胺、α- 亚麻酸、二十碳五烯酸和二十二碳六烯酸、锌盐等，以及马齿苋、青刺果、滇重楼、滇山茶、茶树油、燕麦、芦荟、金盏花、积雪草、甘草、红没药醇、大马士革玫瑰、洋甘菊、山竹等植物提取物也具有良好的抗炎作用。

5. 其他类

痤疮发生部位皮肤角质层厚度异常，伴随不同程度的炎症反应，皮肤屏障功能受到损伤。因此，在改善皮脂分泌和抑菌的同时，还应当修复皮肤屏障的正常功能。透明质酸可以明显改善表皮通透屏障功能和增加角质层含水量，还具有抗炎作用；天然油脂提取物，包括橄榄油、葵花籽油、椰子油、燕麦油、摩洛哥坚果油等提取物具有修复皮肤屏障的功能，可缓解皮肤敏感程度，提高患者对治疗药物的耐受性。研究表明，青刺果油富含不饱和脂肪酸，组成与人体皮肤屏障中脂质成分接近，可促进角质形成细胞分泌神经酰胺等成分，修复皮肤屏障。但需注意，痤疮是由于皮脂分泌旺盛所致，具有修复皮肤屏障功能的活性成分不宜添加过多，以免堵塞毛孔。

痤疮发生时，更易受到光老化损伤，并且紫外线的过度照射也与部分痤疮的发生与加重有关，可加重炎症后色素沉着。在痤疮治疗过程中使用如维甲酸类药物或抗菌药物可以进一步加重皮肤光敏性。因此，可配合使用含甲氧基肉桂酸乙基己酯、苯基二苯并咪唑四磺酸酯二钠等成分的化学防晒剂，以及含花青素提取物、芦荟提取物、茶多酚等成分的抗氧化剂，可降低皮肤的光敏性，对皮肤的光老化起到防护作用。

四、祛痘类化妆品功效评价

1. 抑菌功效评价

痤疮的发生机制多与痤疮丙酸杆菌等微生物的增殖有关。Nishijima等指出在痤疮皮损中除痤疮丙酸杆菌和表皮葡萄球菌外，还可分离出其他细菌，但只有痤疮丙酸杆菌和表皮葡萄球菌这两种菌从第一阶段无炎症的黑头粉刺到严重的脓疱、结节，都可特征性地检测到。有报道，在黑头粉刺中可检测到痤疮丙酸杆菌、表皮葡萄球菌和糠秕马拉色菌，但仍以前两种为主。因此，可以通过抑菌实验考察其抑制目标菌群的效果以评价祛痘化妆品及原料宣称的功效。抑菌测试也是作为祛痘化妆品功效评价的一种快速简便的筛选方法。

抑菌方法可参考《化妆品安全技术规范》（2022版）及GB 15797—2002《一次性使用卫生用品卫生标准》中附录C4"溶出性抗（抑）菌产品抑菌性能实验方法"，考察祛痘化妆品及原料对痤疮丙酸杆菌等菌群的抑菌和杀菌能力。常见的测试方法使用微量肉汤稀释法测定祛痘化妆品及原料的最低抑菌浓度，用悬液定量法测定抑菌率，用抑菌圈法（也称扩散法）检测抑菌效果。将抑菌功效按照形成抑菌圈的大小来分级进行评价，用游标卡尺测量抑菌环直径，按照WS/T 650—2019《抗菌和抑菌效果评价方法》中抑菌环实验的结果判定标准，直径大于7mm者，有抑菌作用，反之则无抑菌作用。王腾凤等考察了不同功能添加剂对培养金黄色葡萄球菌、绿脓杆菌、大肠杆菌、白色念珠菌、糠秕小孢子菌、痤疮丙酸杆菌的抑菌能力和祛痘功效。

2. 控油功效评价

通过比较使用产品前后油脂分泌量差异从而判断祛痘化妆品及原料的抑制油脂分泌效果。如纸基吸取油脂后会发生透光度的改变，而皮肤表面分泌的油脂也可以通过胶带粘取皮脂进行收集后称量质量进行比较差异变化。测试时，可以用皮脂专用胶带，粘取测试部位的皮肤表面，应用脂带法和分光光度计测量粘取皮脂后形成的透明斑大小和透光度来比较，也可以通过有机溶剂洗脱皮脂或直接称取质量来侧面反映皮脂量的变化。

测量的指标包括皮脂即刻分泌量和皮表皮脂分泌率（SSR）等。

（1）**皮脂即刻分泌量**　对于健康人群而言，一般情况下，皮肤表面的皮脂分泌量较稳定。受试者在清洁后，平静状态下，分泌的油脂量可以反映该个体在静态情况下的皮脂分泌数量。

（2）**皮表皮脂分泌率**　通过仪器或胶带测量皮肤表皮皮脂分泌的动态情况和分泌能力。一般是在特定环境条件控制下，通过清洁方式清除皮肤表面的已有油脂，在测量单位时间内皮脂的分泌水平。也可以通过改变外界环境，如升高环境温度，人为影响皮脂分泌率变化，从而建立适合评价抑制皮脂分泌功效的条件。

3. 体外分子细胞生物学方法

痤疮的发生伴随着皮肤毛囊皮脂腺部位的炎症反应，促炎症因子在痤疮炎症发生的早期起着重要作用，控制炎症是控制痤疮的有效手段。因此，可以通过建立体外皮肤细胞模型，模拟痤疮发生过程中的炎症反应，检测炎症因子的表达，来筛选具有缓解痤疮发生的有效成分，并验证其功效。付时雨利用脂多糖、佛波酯刺激人皮肤角质 HaCaT 细胞建立炎症模型，以 TNF-α 和 PGE$_2$ 等促炎症因子为靶标，筛选具有抗炎功效的天然提取物。王玥等利用痤疮丙酸杆菌（P. acnes）刺激 THP-1 建立的特异性痤疮炎症细胞模型考察了广藿香精油对炎症因子 IL-1β 的影响，证明广藿香精油可显著降低细胞内 Toll 样受体 2（TLR-2）mRNA 的转录，从而起到抑制炎症信号转导和继发性炎症介质生成的作用。顾巧丽等研究了姜黄素调控痤疮丙酸杆菌诱导的 THP-1 细胞分泌 TNF-α 和 IL-8 等炎症反应的作用机制。

除传统炎性因子外，痤疮的发生中基质金属蛋白酶（MMPs）在炎症基质的重塑也起到重要的作用。Papakonstantinou 等研究表明，上皮源性 MMPs 在痤疮患者使用维 A 酸治疗前后，表达量明显减少。

除皮肤细胞外，巨噬细胞与单核细胞均参与体内免疫反应。因此可利用痤疮丙酸杆菌或 LPS 刺激巨噬细胞与单核细胞，建立特异性痤疮炎症模型，并以维甲酸作为对照组，通过检测细胞活性、细胞形态和细胞分泌炎症因子的情况，从而评价护肤品的祛痘功效。王玥等以痤疮丙酸杆菌刺激后的单核细胞（THP-1）为模型，维甲酸作为阳性对照，通过检测指标炎症因子 IL-1β 的分泌情况，比较了不同浓度的当归精油的祛痘功效。

4. 皮肤细胞模型重组法

以永生化的人皮脂腺细胞建立含毛囊皮脂腺的离体人皮肤组织模型，通过表面给药的方式，将样品模拟人体使用过程，均匀涂布于离体人皮肤模型表面，通过检测模型组织形态、脂滴形成、皮脂腺相关蛋白 PLIN 家族及 CIDE 家族的含量变化，评价待测化妆品或原料的控油祛痘功效。

5. 动物实验法

痤疮评价研究多使用家兔或新西兰大耳兔作为实验动物材料，根据 1989 年美国皮肤病学会正式颁布的 Kligman 造模法制备兔耳模型，以煤焦油涂抹兔耳内侧位于耳管近端位置，取兔耳组织病变部位，经组织学检查造模成功后再实施后续实验。

于佳家等以家兔为研究对象，采用煤焦油给予家兔耳部外涂的方法建立痤疮动物模型，然后以夏枯草、防风、生地黄、枇杷叶、黄连等为主要成分的痤疮合剂进行干预，通过病理观察兔耳组织苏木精－伊红（HE）染色变化；流式细胞术测定耳根部淋巴结中CD207、MHC-Ⅱ、CD86、OX40阳性细胞百分率及淋巴结中细胞免疫功能，过调控痤疮模型家兔耳根淋巴结中朗格汉斯细胞抗原提呈功能，抑制Th2细胞诱导的慢性炎症，达到调节和改善兔耳痤疮模型皮损病理表现的干预效果。

卢旭等利用家兔痤疮模型，观察复方褐藻素软膏主要成分褐藻素对痤疮炎症反应的干预效果，观察复方主要成分褐藻素、丹参酮ⅡA、小檗碱，黄芩苷和复方对痤疮丙酸杆菌、金黄色葡萄球菌的抑菌效果，同时通过Elisa，Western blot等方法观察痤疮丙酸杆菌活菌诱导单核细胞系THP-1细胞炎症因子的表达，初步探讨复方各主要成分抗炎作用机制，从而阐明复方褐藻素软膏及其主要成分在治疗痤疮，改善痤疮炎症反应的作用机制，为进一步进行复方褐藻素软膏开发提供实验数据。

6. 人体评价法

《化妆品功效宣称评价规范》中规定祛痘类护肤品必须要进行人体实验，主要通过两种不同途径进行评估：受试者自我评估和仪器法。

进行祛痘化妆品的功效评价前，筛选合适的受试者显得尤为重要。需要选取脸部有轻度或中度的痤疮根据痤疮发生的皮损特点、数量多少、发生部位等应用Pillsbury4级分类法结合Cunliffe12分级法对志愿者的痤疮临床表现情况进行分级，如表7-4所示。

表7-4　祛痘化妆品测试中受试者痤疮分级评分

分级	评分	临床表现
0 级	0.1	少数炎性和非炎性皮损
1级（轻度）	0.5	面颊和额少数活跃的散在性丘疹、粉刺，皮损 5~10 个
	0.75	面颊极多不活跃的散在性丘疹、粉刺，有小脓疱，皮损 10~20 个
	1.0	广泛的活跃与不活跃的丘疹分布与面部，粉刺，有小脓包，皮损 20~25 个
2级（中度）	1.5	面部有较多比较活跃的丘疹，粉刺，有小脓包，皮损 30~40 个
	2.0	很多活跃的炎性皮损、无深在的皮损，有小脓疱，皮损 40~50 个
	2.5	广泛分布的活跃与不活跃的皮损，并开始累及颈部

续表

分级	评分	临床表现
	3.0	活跃与不活跃皮损较少，但有较多深在的皮损，需要触诊
3级（重度）	3.5	较多活跃的皮损，同时有深在性皮损
	4.0	以活跃的丘疹为主，几乎累及整个面部，触诊可以摸到2个结节
4级（极重度）	5.0	以活跃的丘疹为主，几乎累及整个面部，触诊可以摸到较多结节
	7.0	有很多结节和囊肿，若治疗不及时将会发生瘢痕

　　入组的受试者排除条件符合《化妆品接触性皮炎诊断标准及处理原则》纳入、排除标准，排除过敏体质、皮肤病（如湿疹、脂溢性皮炎、日光疹）及严重系统疾病史的受试者。正在接受皮肤科治疗，或一个月内使用羟基酸类、美白类以及抗衰老类药物，或临床表现为硬结性、囊肿性重度痤疮等的受试者不宜入组进行测试。受试者入组后需统计全脸粉刺、炎性丘疹、脓疱的数量并根据表7-4评分，按照评价流程检测相关指标。

　　受试者需要根据样品的使用情况，通过受试者自我评估，来反映受试者自我感知的祛痘效果。也可设置相应问题，考察受试者对产品的肤感等的接受程度，这是一种主观程度较高的评价方法，还需要结合客观的仪器分析方法综合评价。

　　皮肤油脂分泌过多是导致痤疮发生的重要因素，评价产品使用前后皮肤油脂含量的变化是评价产品是否具有缓解痤疮效果的重要方法之一。常用仪器为皮肤油脂测试仪（Sebumeter SM815），基于分光光度计原理设计，利用一种0.1mm厚的消光胶带，粘取和吸收人体皮肤上的油脂后，胶带变成半透明状态，导致透光量发生变化，吸收的油脂越多，透光量就会越大，间接反映皮肤油脂含量。这是一种油脂腺分泌物的间接测量法，结果可以用来区分不同的皮肤类型，使准确地了解由皮肤内部和外部原因而引起的油脂变化成为可能。

　　皮肤所含水分是反映皮肤屏障功能的重要指标，痤疮患者一般皮肤屏障功能受损，影响皮肤表层的水分保持能力，使皮肤水分含量降低。痤疮发生部位的炎症反应会刺激皮肤局部温度升高，也会加快新陈代谢从而使水分减少，这与VISIA等仪器检测痤疮患者皮肤局部纹理、毛孔和红色区域等数据高于健康组相吻合。以上证据可说明痤疮患者皮损部位的油脂分泌增加的同时，会出现水分降低，以及肤质粗糙和肤色改变等表现。同时，痤疮患者皮肤常发生炎症反应，致使皮肤表面温度升高，加速新陈代谢，导致水分含量降低。因此，皮肤局部水分含量的改善也是一个可有效观测的客观评价皮肤油脂分泌情况的指标。

皮脂的过度分泌及痤疮的发生也会影响毛孔的大小。有研究发现，毛孔较大的人经皮水分散失值较高，皮脂量较多，游离的不饱和脂肪酸组成成分含量也相对较高。不饱和脂肪酸能够引起钙离子浓度变化，从而间接破坏皮肤屏障。

王珊珊通过检测皮肤水分含量值；经皮水分散失（TEWL）值；皮肤油脂含量；皮肤图像、舒缓测试及志愿者用后自我评价等方法对几款祛痘化妆品进行了功效评价。刘琦等以皮肤水分含量值、TEWL值、皮肤油脂含量、皮肤粗糙度（Rt）值、皮肤平均粗糙度（Rz）值、算术平均粗糙度（Ra）值、皮肤图像及受试者用后自我评价等指标，评价了一款化妆品的祛痘功效。测试过程中，受试者在采集图像初期，额头处有较为明显的痘和痘印，使用该化妆品第四周后可以明显看出痘及痘印基本消失，并且周围无新痘出现。结果显示，该样品可有效改善皮肤角质层的水分含量，缓解皮肤干燥情况，修复屏障功能，有效调节皮肤油脂分泌量，减少毛孔堵塞，并且有效改善皮肤粗糙度。

痤疮丙酸杆菌利用皮表分泌的油脂代谢产生一种分泌物——卟啉，可堵塞毛孔，导致痤疮。人体功效评价时，在橙光条件下，利用 VISIA 或 VISIA-CR 拍照，卟啉发出荧光，呈现出圆形白色斑点，间接反映皮肤中痤疮丙酸杆菌的数量。荧光点计数值即卟啉值，卟啉值越高表示痤疮丙酸杆菌越多。

综上所述，采用人体评价时，可选择痤疮发生适度的受试者，通过仪器对目标人群检测相关指标，同时采集数据，结合受试者自我使用评价，以综合分析化妆品的祛痘功效。

参考文献

［1］李利.美容化妆品学：第二版［M］.北京：人民卫生出版社，2011.

［2］中国痤疮治疗指南专家组.中国痤疮治疗指南（2014 修订版）［J］.临床皮肤科杂志，2015，44（1）：52-57.

［3］中国痤疮治疗指南专家组.中国痤疮治疗指南（2019 修订版）［J］.临床皮肤科杂志，2015，48（9）：583-588.

［4］付时雨.抗粉刺炎症中草药筛选［D］.上海：华东理工大学，2009.

［5］卢旭.复方褐藻素软膏抗实验性痤疮及THP-1细胞炎症机制的研究［D］.福州：福建中医药

大学，2017.

［6］王玥，郭苗苗，施雁勤，等.广藿香精油抗炎祛痘功效研究［J］.日用化学工业，2017，47
（5）：272-276.

［7］顾巧丽，蔡燕，杨惠林，等.姜黄素对痤疮丙酸杆菌诱导的炎症反应的作用［J］.实用医学杂
志，2015，31（20）：3295-3297.

［8］于佳家，张小卿，吴景东，等.痤疮合剂对痤疮家兔耳根淋巴结朗格汉斯细胞影响实验研究
［J］.辽宁中医药大学学报，2020，22（5）：22-26.

［9］王珊珊.一款祛痘化妆品的效果评估［J］.香料香精化妆品，2018，6（3）：50-53.

［10］刘琦.一款祛痘化妆品人体试用效果的评估［J］.北京日化，2016，1（1）：49-54.

［11］王腾凤，王新权，梁晓宇，等.祛痘化妆品祛痘功效评价方法的研究，2004，27（12），21-27.

［12］樊昕，刘丽红，郄金鹏，等.寻常痤疮患者面部皮肤特征的定量评价［J］实用皮肤病学杂
志，2013（3）：21-23.

［13］张莉，胡志帮.痤疮炎症的发生机制研究进展［J］.山东医药，2018，58（34）：110-112.

［14］孙欣荣，刘志宏，黄爱文，等.痤疮发病机制及其药物治疗的研究进展［J］.中国药房，2017
（20），4.

［15］魏要武，杨霞卿，唐芳勇，等.25种中草药提取物对痤疮丙酸杆菌的抑制研究［J］.亚太传
统医药，2018，14（4）：15-17.

［16］王玥，于海园，施雁勤，等.当归净油抗衰老及抗炎祛痘功效的体外实验研究［J］.日用化
学工业，2017，47（2）：87-89+103.

［17］张淑妍，杜雅兰，汪洋，等.脂滴——细胞脂类代谢的细胞器［J］.生物物理学报，2010，
26（2）：97-105.

［18］刘琦.一款祛痘化妆品人体试用效果的评估［J］.北京日化，2016（1）：6.

［19］孔祥烨，李黎仙，陈邈.一款祛痘精华的功效研究［J］.广东化工，2020（4）.

［20］Clayton R W，Gbel K，Niessen C M，et al. Homeostasis of the sebaceous gland and mechanisms
of acne pathogenesis［J］. British Journal of Dermatology，2019，181.

［21］Shen Y，Wang T，Zhou C，et al. Prevalence of acne vulgaris in Chinese adolescents and adults：
a community-based study of 17，345 subjects in six cities［J］. Acta Derm Venereol，2012，92
（1）：40-44.

［22］Goulden V，Clark SM，Cunliffe WJ. Post-adolescent acne：a review of clinical features.［J］. Br
J Dermatol，1997，136：66-70.

［23］Toyoda M，Morohashi M. Pathogenesis of acne. Pathogenesis of acne［J］. Med Electron
Microsc，2001；34：29-40.

［24］Knaggs He，Hughes BR，Morris C，et al. Investigation of the expression of the extracellular
matrix glycoproteins tenascin and fibronectin during acne vulgaris［J］. Br J Dermatol 1994；
130：576-582.

［25］Motta V，Soares F，Sun T，et al. NOD-like receptors：versatile cytosolic sentinels［J］Physiol

Rev, 2015, 95（1）: 149-178

［26］Bhat YJ, Latief I, Hassan I. Update on etiopathogenesis and treatment of acne［J］. Indian J Dermatol Venereol Leprol, 2017, 83（3）: 298-306.

［27］Beylot C, Auffret N, Poli F, et al. Propionibacterium acnes: an update on its role in the pathogenesis of acne［J］. J Eur Acad Dermatol Velereol, 2014. 28（3）: 271-278.

［28］Qin M, Pirouz A, Kim MH, et al. Propionibacterium acnes induces IL-1β secretion via the NLRP3 inflammasome in human monocytes［J］. J Invest Dermatol, 2014, 134（2）: 381-388.

［29］Li ZJ, Choi DK, Sohn KC, et al. Propionibacterium acnes activates the NLRP3 inflammasome in human sebocytes［J］. J Invest Dermatol, 2014, 134（11）: 2747-2756.

［30］Allen BS, Smith JG. Various parameters for grading acne vulgaris［J］. Arch Dermatol, 1982, 118: 23-25.

［31］Pochi PE, Shalita AR, Strauss JS, et al. Report of the consensus conference on acne classification ［J］. J Am Acad Dermatol, 1991, 24: 495-500.

［32］Witkowski JA, Simons HM. Objective evaluation of dimethyl chlortetracycline hydrochloride in the treatment of acnes［J］. JAMA, 1966, 196: 111-114.

［33］Christiansen J, Holm P, Reymann F. The retinoic acid derivative Ro 11-1430 in acne vulgaris. s ［J］.Dermatologica, 1977, 154: 219-227.

［34］Burke BM, Cunliff e WJ. The assessment of acne vulgaris the Leeds technique［J］. Br J Dermatol, 1984, 111: 83-92.

［35］Cook CH, Centner RL, Michaels SE. An acne grading method using photographic standards［J］. Arch Dermatol, 1979, 115: 571-575.

［36］Wilson RG. Office application of new acne grading system［J］. Cutis, 1980, 25: 62-64.

［37］Samuelson JS. An accurate photographic method for grading acne: initial use in a double-blind clinical comparison of minocycline and tetracycline［J］. J Am Acad Dermatol, 1985, 12: 461-467.

［38］Lucchina LC, Kollias N, Gillies R, et al. Fluorescence photography in the evaluation of acne［J］. J Am Acad Dermatol, 1996, 35: 58-63.

［39］Eleni P, Alexios JA, Evelyn G, et al. Matrix metalloproteinases of epithelial origin in facial sebum of patients with acne and their regulation by isotretinoin［J］. Journal of Investigative Dermatology, 2005, 125（4）: 673-684.

［40］Fulton JE, Pay SR, FULTON J E. Comedogenicity of current therapeutic products, cosmetics, and ingredients in the rabbit ear［J］. Am Acad dermatol, 1984, 10（1）: 96-105.

第八章 修护、舒缓及适用于敏感皮肤化妆品

一、皮肤亚健康状态

健康的皮肤应该具有以下特征：光滑柔嫩、色泽均匀、富有弹性。而生活中的不少因素会导致皮肤机能下降，呈现出粗糙、干燥、黯淡、缺少光泽、缺乏弹性、毛孔粗大、易过敏、易油腻、易起痘等亚健康状态。如果不注意保养、调理，就可能使肤质进一步恶化，逐渐转变为亚健康状态皮肤，甚至引发皮肤病，例如痤疮、黄褐斑、皮炎等。皮肤的亚健康涉及心理、生理、环境、社会等多因素，某些皮肤病也会伴随心理亚健康状态的发生，如紧张、焦虑或不愿参加社交活动等。

随着年龄的增长，皮肤的组织、解剖学结构及其功能都会发生相应的变化，如衰老细胞（包括表皮黑色素细胞在内）与弹性纤维形态的变化、皮肤皱纹的生长和较大的外貌年龄有关。这种自然性衰老会伴随发生皮肤屏障和免疫功能的下降，以及因衰老细胞增多而导致的慢性炎症和代谢功能紊乱。衰老的细胞随着人体机能的下降而发生积聚，虽然其仍具备一定的代谢活性，但衰老细胞内产生的衰老相关分泌表型因子（senescence-associated secretory phenotype，SASP），其中包含着一定数量的促炎因子，不仅诱发炎症反应，还可显著改变皮肤及细胞的微环境。同时，在一些不良外界环境因素（如紫外线辐照和环境污染物）或心理因素（失眠、压力等）的作用下，各类细胞会加速衰老及出现更多的炎症表型。

二、皮肤敏感的发生机制及影响因素

敏感性皮肤作为一种目前尚存有争议的皮肤类型，其临床表现轻于皮肤过敏等疾病，也无法简单归于干性、油性、中性等常规的皮肤类型。有学者认为，敏感性皮肤是作为一种以皮肤为表现的症状和体征，也可能是炎症性皮肤病或系统性疾病

的早期皮肤表现。敏感性皮肤的生理产生机制及其是否作为临床病症的判定尚不明确，目前只有部分研究团队提出判定的客观标准。近年来，随着对于敏感性皮肤的研究越来越多，相关的研究文献也开始骤然增多，使得敏感性皮肤这一分类已经成为皮肤科、化妆品、制药行业关注的热点之一。

国内外已公开发表的文献中用于描述敏感性皮肤的词汇及术语非常多，如敏感性皮肤、敏感皮肤、高敏性皮肤、反应性皮肤、高反应性皮肤、不耐受皮肤、化妆品不耐受皮肤综合征、易刺激性皮肤等。但目前最常用的，也是使用最广泛的还是"敏感性皮肤"一词。

当下的研究多使用不同的可能引发皮肤相应表征的化学成分作为刺激物，建立相关模型，来研究其潜在的产生机制，如炎症和屏障功能损伤等。虽然一些医疗机构或行业团体陆续发布了皮肤敏感的白皮书，但目前国内外对敏感性皮肤的定义尚未达成完全一致的共识，也仍未建立敏感性皮肤的客观标准诊断和判定方法。

中华医学会皮肤性病学分会皮肤美容学组、中国医师协会皮肤科医师分会美容学组、中国中西医结合学会皮肤科分会光医学和皮肤屏障学组等于2017年制订了《中国敏感性皮肤诊治专家共识》（以下简称《共识》）。《共识》中对敏感性皮肤（sensitive skin，SS）的定义为：特指皮肤在生理或病理条件下发生的一种高反应状态，主要发生于面部，临床表现为受到物理、化学、精神等因素刺激时皮肤易出现灼热、刺痛、瘙痒及紧绷感等主观症状，伴或不伴红斑、鳞屑、毛细血管扩张等客观体征。

导致敏感性皮肤的原因非常复杂，环境污染、日晒等外界环境因素，精神压力增大和遗传等个人因素均会导致皮肤敏感性表现的发生率上升。

（一）外界环境因素

可能诱发或导致敏感性皮肤的原因可从刺激源分为如下3大类。

（1）**物理因素**　如季节交替、温度变化、日晒等。

（2）**化学因素**　化妆品、清洁用品、消毒产品、空气污染物等。

（3）**医源因素**　外用刺激性药物，局部长期大量使用外用糖皮质激素、激光治疗术后等。

大多数存在皮肤敏感问题的人一旦经历环境变化，如温度改变、风、太阳和感染物，就会出现不适的感觉反应，这些环境因素对皮肤受到外界刺激的反应均具有放大作用。在环境因素中，对皮肤健康构成威胁最大的是阳光中的紫外线过度或长期照射。紫外线会使人体皮肤干燥脱水，形成色斑，产生皱纹。紫外线的侵蚀不仅会加速皮肤的老化，而且当紫外线透入皮肤内部后，还会损害表皮毛细血管，降低皮肤结缔组织的弹性，使皮肤加速老化、变皱，严重的还会引起皮肤癌变。我们常说的"高原红"，就是由于长期紫外线暴晒后造成的角质层偏薄，皮肤屏障功能受损。因此，在敏感性皮肤的日常护理中，通常会把防紫外线辐照放在很重要的位置。

干燥及低温环境会加速皮肤的水分流失，使皮肤感到干燥及紧绷；潮湿、高温的环境则会使皮肤的汗腺分泌旺盛，造成皮肤油腻。强风结合干燥的极高或极低的温度，会使皮肤干燥及脱皮。同时，强风带来的风沙及尘土，往往会黏附在皮肤表面，造成毛孔阻塞。此外，环境污染对皮肤健康也有很大的影响。空气中的大量废气和粉尘会与皮肤的分泌物结合，造成毛孔堵塞、皮肤老化、生成粉刺等一系列影响皮肤健康的问题。

（二）机体内部因素

遗传、年龄、性别、激素水平和精神因素等均会导致皮肤出现敏感现象，而敏感性皮肤也与遗传相关，且年轻人发病率高于老年人，女性高于男性。同时，精神压力可反射性地引起神经降压肽释放，导致敏感性皮肤。

1. 人种因素

不同人种的皮肤敏感性存在较大差异。有文献报道，白种人及亚洲人群中敏感性皮肤发生的比例较高。目前认为皮肤敏感程度的不同可能与肤色有关，即肤色较浅者血管反应性强，较易发生皮肤敏感。早期使用红斑作为刺激作用的指标研究证明，黑种人皮肤的应激性较白种人低。近年使用激光多普勒速度测试仪（LDV）和经皮水分散失（TEWL）测量，发现黑种人和白种人之间在最大LDV响应和TEWL测量结果方面没有统计学上有效的差别。因此，也有学者认为皮肤敏感程度并无种族差异。或者说，影响皮肤敏感度的因素较多，不单纯受肤色、人种影响，更多的可能与其生活环境或护肤习惯有关。

2. 性别、激素及皮肤屏障功能

皮肤屏障能有效防止外界有害因素的入侵和体内营养物质的流失，皮肤屏障功能受损是皮肤敏感的重要原因。如皮肤厚度、皮肤可渗透性差别、表皮和皮脂腺脂质数量与组成差别、血液微循环、角质层水合作用水平、角质层厚度等均与皮肤敏感程度有关。一般认为，角质层较薄的人更容易受化学物质的刺激。而角质层薄弱的皮肤渗透能力强，刺激物更容易进入而引起皮肤炎症反应。

体内激素含量、体内酶的释放皆会导致皮肤屏障受损，例如雌激素含量下降会影响胎儿皮肤屏障功能发育。由于男性雄性激素水平高于女性，皮肤油脂分泌比较旺盛，尤其是处于青春期的男性，更容易出现痤疮等皮肤病。而女性随着年龄增加，特别是四十多岁接近停经期，雌激素水平下降，皮脂腺萎缩导致皮脂分泌能力下降，细胞新陈代谢活动减弱，胶原蛋白流失，也更容易导致皮肤变薄、干燥、粗糙、出现皱纹和色斑等。因此，激素分泌水平异常也会导致皮肤屏障功能受损，继而出现皮肤敏感的现象。

3. 神经因素

敏感性皮肤大多表现为自觉性症状，如刺感、疼痛感、烧灼感、瘙痒等不适感觉，这些症状在不同个体、不同环境和不同时期均存在差异。近年来，人们开始关注敏感皮肤的临床特征研究，Yokota 等利用非侵入的方法，在敏感皮肤角质层中观察到其中所有类型的神经生长因子含量均高于非敏感的皮肤。此外，Stander 和 Querleux 等研究发现，敏感皮肤的发生与外周神经功能异常及中枢神经功能改变有关，特别是与其皮肤神经反应增强有关。

（三）免疫系统

外源性刺激物的刺激是诱导机体产生变态反应的先决条件，引起变态反应的抗原称为过敏原。由于皮肤发生敏感时多伴随皮肤屏障功能受损或神经功能异常，敏感性皮肤中被损伤的皮肤屏障使外源性刺激物及过敏原易于透皮吸收，引发刺激性反应或过敏性反应。与正常皮肤相比，敏感性皮肤对外源性刺激物和过敏原攻击的防御能力更弱。敏感性皮肤的产生机制尚不明确，可能与皮肤屏障-神经血管-免疫炎症有关，皮肤屏障功能受损后，未被充分保护的神经末梢受到外界刺激，分布于伤害性感觉神经末梢、角质形成细胞及肥大细胞的 TRPV 被激活，导致神经传导功能增强，出现瘙痒、疼痛、烧灼感，并促进角质形成细胞及肥大细胞释放炎症因子和趋化因子，引起局部血管扩张和局限性炎症反应。也有学者根据皮肤是否存在屏障功能缺陷及炎症反应，对敏感皮肤进行分类。

（四）其他诱因

现代生活中多种不良的饮食及作息习惯均会导致人体出现亚健康的状态，其在人体的外貌及皮肤上也会有相应的表现。饮食不均衡（经常吃辛辣或油腻食物、嗜酒、长期素食）、睡眠不充足、作息时间紊乱、精神压力大、缺乏运动、滥用化妆品和护肤品等都会引起皮肤出现亚健康甚至易敏感状态。长期熬夜、过度用眼、喝酒抽烟等不良生活习惯会让血红细胞的携氧能力下降，血液含氧量不足，导致血液循环的动力不足，代谢能力差，营养不够，细胞修复缓慢，废物堆积，导致皮肤的自助吸氧能力被破坏，加速胶原蛋白流失，出现皮肤老化及易敏感问题。

化妆品、清洁用品、消毒用品等日化产品中含有的香料、防腐剂、乳化剂甚至某些活性成分都可能是部分人群的致敏原，或具有直接刺激性，或接触皮肤后会引起光敏反应或光毒反应。部分不合格产品可能违法添加类固醇激素、抗生素和重金属，长期使用会导致皮肤萎缩、毛细血管扩张、色素沉着，甚至急性或慢性中毒。部分用途化妆品在使用不当时也会出现不良反应，轻者只有自觉症状而无明显的皮损，表现为皮肤敏感，如过度清洁或过度剥脱角质等；重者则出现明显的皮肤损害，表现为各种皮肤病症状。

敏感性皮肤也可继发于某些皮肤病，约 66% 特应性皮炎的女性患者和 57% 的玫瑰痤疮患者存在皮肤敏感状态，其他如痤疮、接触性皮炎、湿疹等也可引发皮肤敏感。

三、皮肤敏感的临床表现及分型

基于目前的研究进展，皮肤敏感多被认为是一种主观状态，目前的判定标准多采用四点量表，对皮肤的敏感性进行自我报告，如表8-1所示。

表 8-1　敏感性皮肤分类

级别	表现
最高级别敏感性皮肤	皮肤非常敏感、重度敏感或受试者主观强烈认为自己属于敏感性皮肤
重度敏感性皮肤	敏感性皮肤、受试者主观认为自己"有点"属于敏感性皮肤，但不完全确定
轻度敏感性皮肤	不是很敏感、"有点"敏感或受试者主观认为自己"有点不认为"自己属于敏感性皮肤，但不完全确定
不敏感性皮肤	受试者主观认为自己一点都不敏感，或"强烈认为自己不是敏感性皮肤"

也有一些研究采用两点量表："敏感"或"不敏感"，更为简单直接，但也较不易进行实际评判操作。

不同的调查方法对于不同国家和地区人群的敏感性皮肤判定存在一定的差异，但近年来敏感性皮肤人群发生率在世界各国均逐年上升，有研究发现，欧洲为25.4%~89.9%，大洋洲约为50%。其中女性发病率普遍高于男性，美洲女性为22.3%~50.9%，亚洲女性为40%~55.98%，我国女性约为36.1%。

目前各国对于敏感性皮肤的判定和分级主要依据已公开发表文献或专家共识，但尚无统一的标准，这对于不同国家和地区对于敏感性皮肤的认识造成了一定的差异。因此，判定皮肤类型是否属于敏感性皮肤，需要考虑多方面因素，如皮肤状态、屏障功能、遗传因素、生活习惯等，进行综合分析。

四、适用于敏感皮肤类化妆品功效成分及作用机制

（一）抑制炎症类

针对敏感性皮肤日常护理、修复或改善皮肤状态，即我们通常所说的"抗敏"，通过对伴随敏感反应发生的炎症进行抑制和舒缓，可减轻敏感症状，使皮肤恢复健康状态。同时，皮肤屏障功能障碍目前仍被认为是敏感性皮肤的主要发病机制之一，因此，具有修复和增强皮肤屏障功能的成分也被认为具有缓解皮肤敏感状态的

作用。

透明质酸（hyaluronic，HA）是细胞外基质的重要组成成分，与某些炎症性皮肤病发病机制有关，在调节急性和慢性炎症中起重要作用。高分子质量 HA 可抑制巨噬细胞增殖和细胞因子的释放，降低伤口的炎症反应，HA 还可增加蛋白多糖的合成，降低促炎症递质和金属蛋白酶的生成和活动，改变免疫细胞的反应。透明质酸（HA）的代谢对于皮肤的保湿、微观炎症和损伤的修复都有着重要的作用，因此，以保湿见长的芦荟活性成分对透明质酸酶的抑制，与其保湿、晒后修复等功效也有着密切关联。

在皮肤屏障功能被破坏后，外源性抗原更容易透过表皮进入体内，细胞被抗原影响后引起变态反应，使皮肤更容易出现敏感症状。加入抗炎抗敏成分减少抗原进入皮肤的同时避免正常细胞产生变态反应，加快皮肤屏障自我修复速度。某些植物活性成分，如马齿苋提取物、积雪草提取物、甘草提取物、茶多酚、黄芩苷、水苏糖、槲皮素等均具有抗炎、抗氧化及进行免疫调节的作用，对修复皮肤屏障有着重要作用。

皮肤科护理品中常见的神经酰胺（ceramides）也是作为缓解和抑制皮肤敏感的常见功效添加成分。神经酰胺是一种天然存在于皮肤中的脂质，由长链的鞘氨醇碱基和一个脂肪酸组成。皮肤角质层中40%~50%的皮脂由神经酰胺构成，神经酰胺也是细胞间基质的主要组成部分。神经酰胺具有很强的缔合水分子能力，通过在角质层中形成网状结构维持皮肤水分，在保持角质层水分的平衡和维持皮肤屏障功能等方面起着重要作用。目前在人角质层可检测到 12 种神经酰胺，分别表示为［NS］、［NdS］、［NP］、［NH］、［AS］、［AdS］、［AP］、［AH］、［EOS］、［EOdS］、［EOP］和［EOH］，也发现了9种天然形成的神经酰胺，以及植物神经酰胺（phytoceramides），类神经酰胺（psuedoceramides）和合成神经酰胺（synthetic ceramides）。但无论哪种神经酰胺，都需要与其他成分，如胆固醇和脂肪酸进行科学、合理的配比后，才能更好地模拟皮脂膜，起到保湿和缓解因屏障受损而导致的皮肤敏感。

（二）缓解晒后损伤类

部分皮肤晒伤后可能会出现光敏反应，即是指某些特定物质分子吸收紫外线等光线能量成为激发态并导致皮肤中其他分子产生一系列光化学反应。过量或长期暴露在强烈的紫外线下，也会导致皮肤出现屏障损伤和易敏感。茶多酚是一种具有抗氧化及抗炎作用的植物提取物和化妆品功效原料。茶多酚的抗氧化作用可用于抑制辐射后细胞膜的脂质过氧化和产生活性氧自由基或抑制活性氧的作用，从而起到缓解和修复晒后皮肤敏感，或敏感性肌肤晒后损伤修复的作用。有研究表明，库拉索芦荟凝胶在250mg/L的暴露剂量下，对UVB刺激产生的炎症因子IL-1α、IL-8的分泌量有显著抑制作用。芦荟凝胶成分的加入可使化妆品有效降低UVB对细胞造成的损伤，具有潜在的晒后修复效果。

（三）及时补水镇静类

敏感性皮肤多伴随干燥、脱屑和瘙痒等主观不适感，因此，一些缓解干燥起到保湿效果的原料或缓解瘙痒等不适感的功效成分也可用于敏感类皮肤的日常护理。燕麦β-葡聚糖可通过细胞间隙渗透入皮肤，作为功效成分添加于化妆品中，能帮助提高皮肤的保湿性和紧致光滑度，有效减少皮肤皱纹，促进疤痕的愈合和再生，缓解肌肤的紧绷感，可广泛应用于防晒及晒后修护产品、舒缓敏感型肌肤产品等功效型化妆品中。洋甘菊提取物中富含黄酮类活性成分，具有非常好的抗过敏作用，可以有效修复血管、恢复与增强血管弹性，改善肌肤对冷热刺激的敏感度、舒缓肌肤并修复皮肤屏障。从马齿苋的茎、叶中获得提取物如蓝香烟油等对血管平滑肌有收缩作用，且此种收缩作用兼有中枢及末梢性，可以舒缓皮肤，抑制因干燥引起的皮肤瘙痒。

（四）清除自由基类

不良的外界环境因素会导致皮肤细胞内自由基过量生成和积累，不仅会诱发氧化应激反应，还会导致皮肤细胞代谢紊乱、屏障受损及敏感的发生。作为一种有效的抗氧化剂，提取自葡萄籽中的原花青素能使皮肤细胞和细胞膜免受自由基损伤，消除在炎症反应中起作用的超氧自由基，起到局部抗炎作用。此外，前文提到的马齿苋提取物、薰衣草提取物等均具有清除自由基、修复皮肤敏感等功效。但有一类常见的抗氧化剂需引起敏感性皮肤的注意，烟酰胺可以抑制自由基的生成和过度积累，可抑制炎症发生，但烟酰胺的副产物烟酸具有一定刺激性，不耐受的人群使用了含烟酰胺产品后，可能出现轻度灼烧或瘙痒感，肌肤敏感人群尤其要注意。烟酰胺在护肤品中的浓度对于产品安全性有重要影响，有研究提出，化妆品中烟酰胺成分浓度如果超过4%，则可能引发20%的人发生不耐受反应。所以，皮肤敏感人群、皮炎患者应慎用高浓度烟酰胺产品。

五、适用于敏感皮肤类化妆品功效评价

由于导致皮肤敏感的原因多样，因此针对舒缓、修复和适用于敏感性皮肤的功效原料及化妆品的评价方法也可以从生物化学及细胞分子生物学方法、皮肤细胞重组模型法、动物实验及人体评价等不同维度进行分析。

（一）生物化学及细胞分子生物学方法

1. 透明质酸酶抑制实验

透明质酸是细胞外基质的主要成分，具有强吸水性和黏附性，可通过调控细胞因子的分泌，影响细胞的增殖、分化，在皮肤组织中起到维持皮肤屏障功能，保持水分，促进伤口愈合和血管形成等重要作用。透明质酸酶（hyaluronidase，HAase）是透明质酸的特异性裂解酶，其活性与组织中透明质酸的含量成反比，因此可以通过透明质酸酶抑制率评价原料和产品对于透明质酸含量的影响，进而评价其抗敏功效。

2. 自由基清除实验

易发生敏感的皮肤组织中自由基的产生和积累都会明显增加。减少自由基的产生、抑制其活性或积累，都可以缓解经外界不良因素刺激而产生的过量自由基引发的如氧化应激等一系列易导致屏障功能损伤的生理生化反应。实验室常用于自由基清除实验的包括1,2-二苯基-2-苦基苯肼自由基（DPPH·）、羟自由基（·OH）、超氧自由基（·O_2^-）、一氧化氮自由基（NO·）等多种底物。其中DPPH自由基清除实验作为最经典的自由基清除实验，广泛用于定量测定生物样品、药物以及食品的抗氧化能力，适用样品需可溶于甲醇、95%乙醇或无水乙醇溶解，其次为DMSO等溶剂，同时使用Trolox作为阳性对照，检测在519nm处的最大吸光值进行换算。此外，一些植物提取物、纯化合物的抗氧化能力也可使用ABTS自由基清除法评价。

ABTS化学名为2,2-联氮-二（3-乙基-苯并噻唑-6-磺酸）二铵盐，通过与二硫酸钾（$K_2S_2O_4$）反应，生成在734nm处有最大吸收值的绿色ABTS自由基。不同类型的样品其含有的主要成分类型不同，因此需要根据样品的实际理化性质选择合适的清除实验。

3. 红细胞溶血实验

红细胞溶血实验（RBC hemolysis test system）最初用于检测化合物的眼刺激性的评价，包括样品筛查及机制研究，是一种Draize兔眼实验的替代方法。红细胞在受到外源化合物刺激时细胞膜出现损伤，使血红蛋白漏出量与红细胞受到的损伤程度成正比。

4. 皮肤屏障结构相关蛋白表达分析

皮肤角质细胞中一些特殊蛋白的表达对于维持正常的皮肤屏障结构起到了重要作用，如与保湿相关的水通道蛋白3（AQP3）、丝聚蛋白（filaggrin，FLG）、紧密连接蛋白（claudins）、半胱氨酸天冬氨酸特异性蛋白酶（capases）等。

水通道蛋白（aquaporin，AQPs）又称水孔蛋白，是20世纪90年代发现的一类位于细胞膜上的可快速转运水的膜整合蛋白。此类小分子疏水性跨膜蛋白可于细胞膜上形成一种独特的孔道，水分子经过时由于内部的偶极力与极性相互作用，帮助水分子以适当的角度穿越孔道进入并留存于细胞内。AQP3、AQP7、AQP9、AQP10等少数AQP还可以运输甘油、尿素等小分子物质。AQP3主要在皮肤中表达，定位于表皮基底层和棘层，在角质层中完全消失，在毛囊外根鞘、皮脂腺等皮肤附属器中也有存在。主要表达的AQP3参与多种生理和病理过程，可以转运水、甘油等成分到达表皮，对于维持表皮和机体内部水分具有重要意义。

有研究发现，哺乳动物皮肤中如AQP3表达缺失，可导致皮肤角质层水合作用下降，弹性下降，以及皮肤屏障修复延迟，生物合成功能受损，甚至伤口愈合延迟。同时，唐桦等发现，AQP3在皮肤组织及体外原代培养的角质形成细胞、成纤维细胞中的表达与年龄有关。Nakahigashi等用免疫组织化学和反转录聚合酶链反应法检测特应性皮炎（atopic dermatitis，AD）患者中皮损组和非皮损组的蛋白表达差异，发现AQP3表达均显著上调，皮损组AQP3的mRNA表达水平高于对照组4倍。

丝聚蛋白连接角蛋白纤维使其规则排布，保持角质形成细胞骨架收缩和细胞形态扁平，同时在兜甲蛋白、内披蛋白等蛋白质以及转谷氨酰胺酶等的参与下，形成不溶性的角质包膜，最终在表皮最外层形成了皮肤的坚实物理屏障，防止水分丢失和外界过敏物质的侵袭。此类蛋白质分布在角质层的不同部分，并随角质形成细胞的分化和迁移过程逐渐被酶降解为天然保湿因子等角质层所必需的小分子物质，在保湿、屏障功能完整性方面发挥重要的作用。Kezic 等发现，皮肤组织中丝聚蛋白的功能缺失性突变会导致经皮水分散失的增加。丝聚蛋白的降解产物组氨酸经代谢对于维持表皮的弱酸性环境并防止外界微生物的入侵具有重要作用。Jungersted 等发现丝聚蛋白功能缺失性突变基因携带者的表皮 pH 较对照人群升高，因此，丝聚蛋白的表达水平是否正常也是皮肤屏障功能的反映指标之一。

5. 辣椒素受体表达抑制实验

致敏的瞬时感受器电位受体亚型-1（TRPV-1）可被生理或亚生理温度激活，温度变化可致敏感性皮肤出现烧灼、刺痛、瘙痒症状。因为 TRPV-1 易被辣椒素激活，所以常被称为辣椒素受体。TRPV-1 在成纤维细胞、角质形成细胞、黑色素细胞、肥大细胞等多种细胞类型中表达，尤其是在皮肤受到外界高温、酸性和有毒刺激后，大量 TRPV-1 神经感受器被激活，而 TRPV-1 的激活对炎症反应具有重要作用。利用细胞实验，采取免疫细胞化学等方法测试 TRPV-1 的表达量，可在一定程度上反映产品对皮肤敏感的改善效果。

6. 天然保湿因子及脂质含量分析

敏感性皮肤的出现常伴随着天然保湿因子含量减少。角质层的脂质基质在皮肤屏障中起重要作用，细胞间脂质的不平衡是导致皮肤屏障功能受损的原因之一。通过胶带撕脱、拉曼光谱和衰减全反射傅里叶变化红外光谱仪（ATR-FTIR）等在体检测技术，分析天然保湿因子（NMF）、脂质含量，可在一定程度上反映产品对皮肤屏障功能的改善作用。江文才等利用 ATR-FTIR 分析敏感性皮肤与正常皮肤角质层成分的差异，包括 NMF，角质层脂质，游离脂肪酸（FFA）和 β/α 比值；同时结合其他无创技术测量经皮水分散失（TEWL）率、角质层含水量、角质层脂质、皮肤 pH 和 3 种周围感觉神经纤维的电流感觉阈值和浅表皮肤血流灌注量等皮肤生理参数，对敏感性皮肤的相关参数进行了综合分析。

（二）皮肤细胞重组模型法

在利用皮肤细胞重组模型评价化妆品的舒缓修复功效时，可将其作用于经表面活性剂或微生物等刺激后的表皮或全皮模型上，通过检测化妆品对刺激后皮肤模型组织活力的影响、炎性介质（PGE2）和炎症因子（如IL-1α、IL-8和TNF-α等）的分泌情况以及相关基因的表达情况来评价化妆品功效原料或配方的抗炎修复能力。以肥大细胞脱颗粒体外检测模型法为例，外界过敏原进入机体组织后，可激活肥大细胞，引起肥大细胞脱颗粒，使肥大细胞分泌大量的组胺、趋化因子，诱导过敏反应。因此，以肥大细胞为研究对象，建立脱颗粒模型，通过测试产品脱颗粒抑制率，可评价其缓解皮肤敏感的功效。

（三）动物实验法

除常规的斑贴实验外，利用特定的动物模型，不仅可以通过组织解剖、切片、免疫组化等技术研究动物处于敏感状态下的皮肤状态，还可以研究在发生敏感和相应的炎症反应时，动物体内各器官及免疫系统的变化，得到更为丰富和立体的数据。相关的实验观测指标包括病理组织学观察、各种免疫因子水平的测定及相关基因的表达分析，以及嗜酸性粒细胞、白细胞和肥大细胞的活性检测等，这是生化实验和体外细胞重组模型所无法实现的。在部分国家和地区推行动物替代实验的背景下，可以考虑以动物器官或类器官等技术手段实现接近于动物模型的效果呈现。

1. 皮肤角质层神经酰胺含量检测

皮肤发生敏感时出现的局部屏障功能受损与皮肤机械屏障障碍相关，也是皮肤组织局部外界致敏源导致皮肤炎症反应的原因之一。有研究使用丙酮乙醚法对小鼠皮肤产生刺激作用，观察小鼠瘙痒行为，从而建立皮肤机械屏障功能障碍的瘙痒动物模型。但由于丙酮、乙醚等有机溶剂本身具有一定的刺激作用，而皮肤皮脂在有机溶剂的作用下发生溶解，也会导致皮肤屏障功能下降，因此可以选择胶带反复粘贴建立损伤模型，进一步测定动物皮肤组织中神经酰胺的含量并进行分析。

2.*AQP3*基因敲除小鼠模型

*AQP3*基因敲除小鼠模型的成功制备，使*AQP3*的功能在动物模型中得到更深入地研究。实验发现，*AQP3*基因敲除小鼠的皮肤导电性类似于暴露于10%湿度下的野生型小鼠，其皮肤含水量和弹性均显著降低。Nakahigashi 等通过敲除*AQP3*基因建立小鼠 AD 模型，发现野生型小鼠中*AQP3*过表达，角质细胞增殖水平显著增加，而*AQP3*基因敲除小鼠模型的皮肤角质细胞增殖相对减少，表皮增生水平降低。*AQP3*基因敲除小鼠模型经人为制造表皮受损后，创面愈合的速度低于对照组，而胶带剥离后渗透屏障功能修复时间显著增加，出现皮肤干燥、弹性降低、皮肤屏障功能修复及伤口愈合延迟的表现。

（四）人体评价法

针对具有修护、舒缓功效或敏感肌肤适用类化妆品设计人体评价方案时，对于受试者的选择，除常规入组及排除标准外，还需根据敏感性皮肤的特点进行筛选。国内外针对敏感性皮肤的判定标准多样，我国可参照《中国敏感性皮肤诊治专家共识》，制定以下入选标准。

① 主观症状：面部皮肤受到物理、化学、精神等因素刺激时易出现灼热、刺痛、瘙痒及紧绷感等；

② 排除可能伴有敏感性皮肤的原发性疾病，如玫瑰痤疮、脂溢性皮炎、激素依赖性皮炎、接触性皮炎、特应性皮炎及肿胀性红斑狼疮等；

③ 体征：皮肤出现潮红、红斑、毛细血管扩张和鳞屑；

④ 乳酸刺激试验评分大于等于 3 分；

⑤ 无创性皮肤生理指标测试提示皮肤屏障功能有异常改变。

此外，受试者符合条件①、②即可诊断，条件③、④、⑤供参考。

根据敏感性皮肤的产生机制，在测试过程中，可通过测试使用样品后皮肤屏障功能修复情况、皮肤水分含量变化等，评价产品缓解皮肤敏感的功效。主要包括主观评价法、半主观评价法及客观评价法。结合激发斑贴实验，测定使用样品前后的皮肤红斑指数、角质层水分含量、皮肤厚度、皮肤表面结构改变以及皮肤角质层中神经酰胺含量变化等数据进行综合分析。

1. 主观评价法

主观评价法包括视觉评估和受试者的自我评估。视觉评估通常由具有临床诊断经验的专家或医生对受试者的皮肤状态如皮肤颜色、皮肤弹性等指标进行定性或分级评测。也可以让受试者根据自己受到触发因素刺激时皮肤是否容易出现灼热、刺痛、瘙痒及紧绷感等主观症状，对皮肤的敏感状况进行自我评估，自己判断是否为敏感性皮肤。受试者自我评估多采用问卷调查形式进行，指标涉及瘙痒感、刺痛感、烧灼感及紧绷感等，受试者根据问卷对自身皮肤敏感程度进行评分。

常用的抗敏功效的主观评价法包括视觉模拟评分法、敏感指数评估标尺、靶皮损IGA评分等。以十二烷基硫酸钠（SDS）人体功效斑贴试验为例，十二烷基硫酸钠（SDS）是实验室常用的一种阴离子表面活性剂。用SDS斑贴试验评价皮肤敏感性，是研究刺激性接触性皮炎的经典模型。通过测试涂抹SDS及样品后皮肤的TEWL值、角质层含水量、皮肤红色素等指标的变化，可评价产品缓解皮肤敏感的功效。

主观评价法适于大样本量的收集及评价，但因其存在评价人和受试者自身的主观因素，不能以客观的角度表征舒缓化妆品的舒缓功效性，故需与仪器评价方法结合，研究主观评价结果与客观仪器检测结果的相关性，进而更加全面地表征化妆品的舒缓功效。

2. 半主观评价法

半主观评价法作为一种介于主观评价和客观指标检测之间的方法，目前已经被广泛用于敏感性皮肤的判定，如常见的乳酸刺痛试验和辣椒素试验等。

（1）**乳酸刺痛试验**　乳酸刺痛试验是筛选敏感性皮肤时广泛应用的一种方法。该试验采用受试者主观评价方式，在室温下，将10%乳酸溶液50μL涂抹于鼻唇沟和一侧面颊，在涂抹后2.5min和5min时询问受试者的自觉症状，并按4分法评分（0分为没有刺痛感，1分为有轻度刺痛感，2分为有中度刺痛感，3分为有重度刺痛感）。将两次分数相加，总分不低于3分者为乳酸刺痛反应阳性，即为敏感性皮肤人群。使用产品前后乳酸刺痛试验的评分，可直接反映产品对皮肤屏障功能的修复作用。Issachar等利用乳酸刺激试验判定皮肤敏感程度时，结合激光多普勒血流成像仪测定血管舒张反应。而Sparavigna等发现，乳酸刺痛试验中评分与皮肤表面纹理的不规则程度成正比，从一定程度说明皮肤敏感度与皮肤表面光滑度也具有相关性。

（2）**辣椒素试验**　辣椒素是红辣椒中的主要成分，可以选择性激活感觉神经元，向中枢神经系统传导伤害性刺激，产生灼痛感。辣椒素试验是常用来评价感觉神经性敏感性皮肤的方法。将直径为0.8cm的两层滤纸放置于一侧鼻唇沟外约1cm处及任意一侧面颊，将浓度为0.1‰辣椒素50μL施于滤纸上，询问受试者的灼痛感，并根据痛感程度进行主观评分（1分为勉强可以觉察，2分轻度可以觉察，3分为中度可以觉察，4分为重度可以觉察，5分为疼痛）。如果受试者的灼痛感觉持续＞30s，且程度≥3分者为阳性。不同人种和不同个体对于辣椒素刺激产生的刺痛感的阈值都有所差异。Lee等发现，亚洲人对0.001%辣椒素刺激的敏感度高于高加索人。受试者群体也存在痛感阈值的个体差异，因此辣椒素试验可以结合激光多普勒血流成像仪测定血管舒张作用及电流，综合评价使用产品后敏感性皮肤的改善情况。

（3）**神经酰胺含量测定**　神经酰胺作为角质层细胞间脂质中最重要的功能性成分，可通过直接渗入的方式对角质细胞间脂质进行补充，也可以通过酯键连接膜表面蛋白起到黏合细胞，改善皮肤保水能力，维持和修复角质层的结构完整性的作用。因此，可以通过透明聚酯胶带搜集局部皮肤角质层细胞样本，甲醇溶解并提取细胞样本后超声破碎，使用高效液相色谱（HPLC）对神经酰胺含量进行检测，从而分析使用样品前后皮肤角质层细胞中神经酰胺含量的变化差异，间接评价化妆品维持和修复皮肤屏障的功能和相应功效。

也有研究人员使用二甲基亚砜溶液、薄荷醇、十二烷基硫酸钠等化学探头作为刺激物用于分析受试者皮肤的敏感度，也可用于筛选排除屏障功能较低或与实验目的不符的受试者。如Yokota等使用2.5%柠檬酸刺激受试者的局部皮肤，≥3分即判定为敏感性皮肤。Chen等使用98%二甲基亚砜溶液刺激受试者前臂皮肤，该部位皮肤也出现红斑或风团等明显变化，也可考虑采用根据红斑或风团面积大小作为判定标准。

3. 客观评价法

客观评价法是通过客观测试仪器对受试者使用化妆品前后的局部皮肤状态进行样本采集、样本分析和数据统计分析，进而对化妆品进行功效评价的一种方法。皮肤的水分散失量［经皮水分散失（transepidermal water loss，TEWL）］、皮肤角质层水分含量、角质层厚度、皮脂、皮肤红斑指数（erythema index，EI）、局部血流速度和血流分布等基础生理指标，可以在一定程度上将其屏障功能进行量化表征。

（1）**经皮水分散失（TEWL）** 敏感性皮肤人群与正常皮肤人群的皮肤屏障完整性存在差异。而皮肤屏障功能下降会导致皮肤对于外界不良刺激更加敏感。TEWL常用来表征皮肤水分散失，也是评估皮肤水分保持功能的重要参数，在国际上得到广泛认可。Seidenari等发现，敏感人群面部的TEWL高于非敏感性皮肤（non-sensitive skin，NSS）人群，皮肤水分含量、皮脂均有减少的趋势。同时，皮肤表面pH和和色度a^*值以及L^*值均较健康皮肤发生变化。皮肤屏障功能越佳，TEWL值就越低。可以通过使用产品前后TEWL值的变化，评价化妆品改善皮肤屏障功能、缓解皮肤敏感的效果。

（2）**皮肤角质层水分含量** 皮肤角质层水分减少，会使局部对刺激的敏感性增强。角质层含水量不仅反映角质层的生理功能，也是皮肤乃至整个机体生理功能的体现。通过测试皮肤水分含量的变化，可以间接反映皮肤屏障功能，评价产品缓解皮肤敏感功效。

（3）**角质层厚度** 敏感性皮肤人群可能出现角质层变薄的情况。角质层变薄，外界有害物质（细菌、病毒等）容易通过角化细胞或者其间隙以及毛囊、皮脂腺等侵入皮肤，引起皮肤过敏。角质层增厚可以明显抑制有害物质的侵入，避免细菌、病毒等引起的皮肤敏感，角质层越厚对侵入的限制作用越大。使用产品一段时间后，测试角质层厚度变化，可以评价产品修复皮肤屏障功能的效果。也可通过一些成像仪器，如共聚焦激光扫描显微镜和反射式共聚焦显微镜（RCM）观察和比较在体皮肤角质层厚度。Zha等发现，敏感性皮肤与非敏感性皮肤的表皮厚度在共聚焦激光扫描显微镜下有显著性差异，而Ma等利用反射性共聚焦显微镜观察了敏感性皮肤与非敏感性皮肤的表皮层厚度，发现二者间无显著性差异，但前者表皮中"蜂窝状"结构的深度明显小于后者，因此可以采用存在明显差异的"蜂窝状"细胞结构和颗粒层及棘层上部的海绵水肿作为评价和判定皮肤是否属于敏感性的新的解剖学标志。通过比较现有的研究结果发现，筛选敏感性皮肤受试者的判定标准不同，会直接影响实验后期的相应数据和最终结果。

（4）**皮脂** 皮脂是皮肤表面主要的代谢产物，也是维持皮肤表面微生态环境的主要因素。敏感性皮肤一般较干燥，水分和皮脂含量都较低。因此可以通过检测皮脂腺来源的皮脂含量，来判断皮肤的敏感程度的改善。

（5）**皮肤红斑指数** 应用皮肤色度分光仪可间接测定皮肤表面红斑程度，敏感性皮肤的红斑相关参数常显著增高。

（6）局部血流速度和血流分布　应用彩色多普勒血流仪测定局部血流状况，敏感性皮肤常有局部血流受阻表现。

4. 图像分析法

除以上这些测试指标外，还可通过测量使用护肤品前后皮肤红斑的变化、对比角质层含水量和经皮水分散失量的变化、皮肤厚度以及皮肤表面结构的改变等，判断护肤品对皮肤敏感的改善情况。

皮肤微循环检测可以提供微血管中的血流变化影像，可应用于紫外线诱导的亚红斑量的定量评价、斑贴试验红斑评估等方面。激光多普勒血流成像仪可输出反应血流情况的数据并反映血流与时间关系的曲线图，典型的激光多普勒血流成像仪为PeriScan PIM 3，以及激光多普勒散斑血流成像仪实时成像系统 Moor FLPITM。另外，Visia 皮肤分析仪通过偏振光的图片采集技术，可得到皮肤红斑照片，直接反映真皮乳头层的血红色素情况，从而可间接反映皮肤的炎症状态，实现对抗刺激和舒缓类产品的功效性评价。

图像分析法应用于人体功效评价，可提供较为直观的图像结果，过程简便，但是仍存在不足，比如个体间差异的干扰和图像分析基准值的确定。当前，图像分析法在化妆品功效评价中的应用处在不断发展完善阶段，在评价过程中还需将图像分析方法与其他仪器测试技术联合使用。此外，常用于生物学、医学、计算机等领域的图像分析技术，如图像分析软件 image J、图像融合技术、人工智能（artificial intelligence，AI）技术等也可考虑应用于化妆品的功效评价。

早期的研究多关注敏感性皮肤屏障功能相关的生理参数特征，近年来更多的研究开始关注导致皮肤生理参数改变的角质层细胞内及细胞间成分的特征，并采用一些物理学的技术手段进行分析。此类光学分析技术也具有开发为化妆品人体功效评价方法的应用潜力。

参考文献

[1] 廖勇，敖俊红，杨蓉娅. 瘙痒研究国际论坛敏感性皮肤兴趣组《敏感性皮肤定义专家共识》解读［J］. 实用皮肤病学杂志，2017，10（4）：219-220.

［2］韩丹，李欣航，杨盼盼，等.修复皮肤屏障功能的方法及应用［J］.日用化学品科学，2020，43（7）：46-49，59.

［3］李淑媛，王学民，樊国彪.电流感觉阈值在诊断神经源性敏感性皮肤中的意义［J］.临床皮肤科杂志，2014，43（1）：11-13.

［4］蒿茂强，Jeong SK，Park BD，等.敏感性皮肤及其处理对策［J］.中华皮肤科杂志，2016，49（12）：899-902.

［5］廖勇，敖俊红，杨蓉娅.敏感性皮肤研究进展［J］.实用皮肤病学杂志，2017，10（4）：227-230.

［6］刘青，伍筱铭，王永慧，等.皮肤屏障功能修复及相关皮肤疾病的研究进展［J］.皮肤科学通报，2017，34（4）：432-436，6.

［7］夏济平，宋秀祖，毕志刚.茶多酚对紫外线辐射后的角质形成细胞和成纤维细胞增生影响的保护作用［J］.临床皮肤科杂志，2003（5）：264-265.

［8］张浩，何林燕，王艳，等.库拉索芦荟凝胶的晒后修复功效研究［J］.香料香精化妆品，2019（3）：60-66.

［9］严明强，张红兵.β-葡聚糖在化妆品中的应用［J］.香料香精化妆品，2007（06）：31-34.

［10］廖艳，王雪，张立实，等.溶血试验作为眼刺激试验替代方法的研究［J］.现代预防医学，2002（4）：593-595.

［11］吴琰瑜，王学民.敏感性皮肤的测试及其评定［J］.中华医学美学美容杂志，2003，9（4）：249-249.

［12］马黎，谈益妹，程英，等.面部敏感性皮肤化妆品适用性评价方法研究［J］.中国中西医结合皮肤性病学杂志，2018，17（1）：1-5.

［13］陈利红，郑捷.敏感性皮肤是症状、体征，是炎症性或系统性疾病的早期表现［J］.中华皮肤科杂志，2018，51（7）：546-547

［14］王媛，常晓丹，李春婷，等.龙珠软膏治疗颜面部皮炎湿疹的临床疗效观察［J］.中国皮肤性病学杂志，2015（7）：734-737.

［15］陈晓东，江琼，王顺宾，等.芦荟提取物对烫伤大鼠Ⅱ度创面组织中透明质酸的影响［J］.海峡药学，2013，25（11）：54-56.

［16］粟雨桑，何海鸥，明新林，等.人体脸部皮肤角质层中神经酰胺提取及含量测定［J］.广东化工，2020，47（9）：58-60.

［17］柳弯，许佳志，刘兴利，等.小鼠皮肤机械屏障功能障碍模型的研究［J］.实验动物科学，2013，6：4.

［18］李钦，王妍，林青，等.小鼠皮肤机械屏障功能障碍瘙痒模型的研究［J］.云南中医中药杂志，2008，29（10）：51-53.

［19］陈双瑜，王学民，刘彦群.化学探头试验在敏感性皮肤评判中的应用［J］.临床皮肤科杂志，2014，43（3）：190-193.

［20］杨超，崔勇. 丝聚蛋白与皮肤病相关性的研究进展［J］. 实用皮肤病学杂志，2014（2）：115-118.

［21］江文才，谈益妹，徐雅菲，等. ATR-FTIR技术在面部敏感性皮肤角质层成分分析中的应用研究［J］. 中华皮肤科杂志，2020，53（10）：795-800.

［22］Lee E，Kim S，Lee J，et al. Ethnic differences in objective and subjective skin irritation response：an international study［J］. Skin Res Technol，2014，20（3）：265-269.

［23］Berardesca E，Farage M，Maibach H. Sensitive skin：an overview［J］. International Journal of Cosmetic Science，2013，35（1）：2-8.

［24］Kligman AM. Human models for characterizing "Sensitive Skin"［J］. Cosm Derm，2001，14：15-19.

［25］Sonja Ständer，Schneider S W，Weishaupt C，et al. Putative neuronal mechanisms of sensitive skin［J］. Experimental Dermatology，2010，18（5）：417-423.

［26］Querleux B，Dauchot K，Jourdain R，et al. Neural basis of sensitive skin：an fMRI study［J］. Skin Research & Technology，2010，14（4）：454-461.

［27］Schimizzi A L，Massie J B，Murphy M，et al. High-molecular-weight hyaluronan inhibits macrophage proliferation and cytokine release in the early wound of a preclinical postlaminectomy rat model［J］. Spine Journal，2006，6（5）：550-556.

［28］Moreland L W. Intra-articular hyaluronan（hyaluronic acid）and hylans for the treatment of osteoarthritis：mechanisms of action［J］. Arthritis Research & Therapy，2003，5（2）：54-67.

［29］Frosch P J，Kiligman A M. An improved procedure for assaying irritants：the scarification test［J］. Curr Probl Dermatol，1978，7：69-79.

［30］Tokota T，Matsumoto M，Sakamaki T，et al. Classification of sensitive skin and development of a treatment system appropriate for each group［J］. IFSCC Magazine，2003，6：303-307

［31］Kueper T，Krohn M，Hanstedt L O，et al. Inhibition of TRPV1 for the treatment of sensitive skin［J］. Exp Dermol，2010，19（11）：980-986.

［32］Mariëtte E. C. Waaijer，David A. Gunn，Peter D. Adams，et al. P16INK4a Positive Cells in Human Skin Are Indicative of Local Elastic Fiber Morphology，Facial Wrinkling，and Perceived Age［J］. The Journals of Gerontology：Series A，2016，71（8）：1022-1028.

［33］Goberdhan P. Dimri，Xinhua Lee，George Basile，et al. A Biomarker that Identifies Senescent Human Cells in Culture and in Aging Skin in vivo［J］. Proceedings of the National Academy of Sciences of the United States of America，1995，92（20）：9363-9367.

［34］Tamara Tchkonia，Yi Zhu，Jan van Deursen，et al. Cellular senescence and the senescent secretory phenotype：therapeutic opportunities［J］. The Journal of clinical investigation，2013，123（3）：966-72.

［35］Mariëtte E C，Waaijer，William E，et al. The number of p16INK4a positive cells in human skin reflects biological age［J］. Aging cell，2012，11（4）：722-5.

［36］ Hara M，Ma T，Verkman AS.Selectively reduced glycerol in skin of aquaporin-3-deficient mice may account for impaired skin hydration，elasticity，and barrier recovery［J］.J Biol Chem，2002，277（48）：46616-46621.

［37］ Nakahigashi K，Kabashima K，Ikoma A，et al. Upregulation of aquaporin-3 is involved in keratinocyte proliferation and epidermal hyperplasia［J］.J Invest Dermatol，2011，131（4）：865-873.

［38］ Lang C，Kypriotou M，Christen-Zaech S. Pathogenesis of atopic dermatitis［J］.Catholic Educational R eview，2010，6（246）：860-862，864-865.

［39］ Choim J，Maibach H I. R ole of ceramides in barrier function of healthy and diseased skin［J］.Am JCl in Dermatol，2005，6（4）：215-223.

［40］ Menon G K，Kligman A M. Barrier Fuctions of Human Skin：A Holistic View［J］.Skin Pharmacol Physiol，2009，22（4）：178-189.

［41］ Fabienne B，Mila B. Correlation between the properties of the lipid matrix and the degrees of integrity and cohesion in healthy human Stratum corneum［J］. Experimental Dermatology，2010，20（3）：255-262.

［42］ Chen SY，Yin J，Wang XM，et al. A new discussion of the cutaneous vascular reactivity in sensitive skin：a sub-group of SS?［J］. Skin Res Technol，2018，24（3）：432-439.

［43］ Issachar N，Gall Y，Borrel MT，et al. Correlation between percutaneous penetration of methyl nicotinate and sensitive skin，using laser Doppler imaging［J］. Contact Dermatitis，1998，39（4）：182-186.

［44］ Sparavigna A，Pietro A，Setaro M. Sensitive skin：correlation with skin surface microrelief appearance［J］. Skin Res Technol，2006，12（1）：7-10.

［45］ Zha WF，Song WM，Ai JJ，et al. Mobile connected dermatoscope and confocal laser scanning microscope：a useful combination applied in facial simple sensitive skin［J］. Int J Cosmet Sci，2012，34（4）：318-321.

［46］ Ma YF，Yuan C，Jiang WC，et al. Reflectance confocal microscopy for the evaluation of sensitive skin［J］. Skin Res Technol，2017，23（2）：227-234.

第九章　清洁类化妆品

一、皮肤生理代谢与清洁

皮肤是人体最大的器官，在外部环境与内部器官之间筑起一道天然的屏障。与人体的其他器官一样，皮肤也具有新陈代谢的特性，有分泌和排泄的功能。关于皮肤屏障的功能和渗透与吸收作用，在此不作赘述。皮肤上的污垢除了外界的污染物、粉尘等，还主要包括皮肤自身的生理代谢产物。

（一）皮肤的生理代谢

皮肤作为人体最重要的多功能器官之一，与体内的各项生理活动紧密相连，同时也存在着自己独特的生理代谢活动，如糖代谢、脂代谢、蛋白质代谢。多种不同的氧化酶、还原酶、转运酶参与各种新陈代谢反应中，但在皮肤中的酶活性表达低于肝脏等内部脏器。

1. 水分代谢

皮肤中的水分主要存在于真皮层，占人体总含水量的18%~20%。皮肤中水分的动态平衡对于机体整体及各系统的水分有一定的调节作用。当体内水分不足时，皮肤可以为血液循环提供水分；当体内水分增多时，皮肤的含水量也随之增加。关于皮肤的水分排泄，90%的皮肤水分都通过表皮角质层排出，其余则通过非可见汗液的方式排泄。

2. 电解质代谢

皮肤是人体电解质的重要储存部位之一，主要储存在皮下组织中，以维持皮肤酸碱平衡及渗透压，如汗液中常见的氯化钠。人体内电解质代谢主要通过肾脏和汗腺进行。在表皮层中，铜的含量较高。铜作为酪氨酸酶的成分之一，影响黑色素的合成。钾离子是体内最重要的无机阳离子之一，不仅维持着细胞内液的渗透压，同时也维持着机体的酸碱平衡。镁离子不仅是重要的离子，也是人体内众多酶类的功能辅助因子之一。在DNA复制和修复中广泛存在的内切酶和DNA水解核酸酶和镁离子的共同作用下，维持DNA的空间结构，协助DNA修复并阻止过氧化造成的DNA断裂，通过调节细胞周期和凋亡过程，起到延缓细胞衰老的作用。

3. 蛋白质代谢

皮肤内所含有的蛋白质包括纤维性蛋白、非纤维性蛋白和球蛋白三类。其中，纤维性蛋白主要构成真皮结缔组织，包括胶原纤维、弹性纤维和网状纤维，其中胶原纤维含量最为丰富，也被关注最多。胶原纤维起着皮肤支架的作用，而弹性纤维一般分布于胶原纤维束之间，赋予皮肤弹性。网状纤维则是一种特殊的细胶原纤维。作为细胞核内核蛋白的主要成分，球蛋白在随着皮肤的角质形成细胞从基底层向角质层迁移的过程中，细胞中的蛋白质逐渐演变而成。

皮肤中除了蛋白质代谢产生的尿素外，还存在大量的游离氨基酸，如表皮内大量的谷氨酸，可转化为天然保湿因子中的2-吡咯烷酮-5-羧酸（PCA），对保持皮肤滋润有重要意义。此外，表皮中的酪氨酸、胱氨酸、组氨酸、色氨酸，以及真皮层中的羟脯氨酸、脯氨酸和丙氨酸等也是参与皮肤组织内蛋白质代谢的重要氨基酸。

4. 糖类代谢

皮肤中发生的糖类代谢主要涉及糖原、葡萄糖和黏多糖等成分。

皮肤中的糖原多位于表皮层的颗粒层中，在皮脂腺边缘细胞内和汗管的基底细胞中也有分布。一旦皮脂腺细胞成熟之后，其内部的糖原含量就会减少。当汗腺细胞分泌增加时，细胞内糖原含量也会减少。

葡萄糖在皮肤各层分布广泛，但不同层间的葡萄糖浓度水平有差异。皮肤中葡萄糖的浓度较血液中的低，而表皮层中的含量又低于真皮和皮下组织。人们发现，在表皮层中的葡萄糖可经无氧呼吸转化为乳酸，在一定程度上有助于皮肤维持弱酸性环境。但在如糖尿病患者的皮肤中的葡萄糖含量高于正常水平时，也会促进皮肤表面微生物的增殖，增加皮肤发生感染的概率，这也解释了糖尿病患者伤口更易感染、难愈合的原因。

黏多糖即糖胺聚糖（glycosaminoglycan，GAG），是一类带负电的直链酸性多糖，包括肝素、类肝素、硫酸软骨素、透明质酸、壳聚糖等，多分布于细胞表面及细胞外基质中。在皮肤中，黏多糖主要分布于真皮层中，不同种类的黏多糖的存在形式不同，如透明质酸，一般以自由状态存在，可以吸收相对于自身1000倍的水分，以保持皮肤滋润、充盈。有的黏多糖也会与多肽、脂肪或其他糖类结合，以复合物形式存在，对皮肤起支撑作用。临床发现，皮肤中黏多糖减少，与婴儿皮肤湿疹发生及皮肤萎缩具有一定相关性。而外用黏多糖对于皮肤损伤治疗及痤疮治疗具有一定的疗效。

5. 脂质代谢

存在于皮肤表皮细胞中的脂肪类物质包括胆固醇和磷脂类化合物，其中胆固醇多以游离胆固醇的形式存在，可转化为维生素D，而磷脂类物质作为细胞膜的组成成分，对化妆品吸收性的研究意义重大。在真皮和皮下组织中，还存在着中性脂肪。当皮脂腺腺体细胞成熟后，其中的脂肪转变为不饱和甘油酯。皮肤表面的皮脂膜也会随着年龄增长而变化。儿童的皮脂膜中，来自表皮细胞的胆固醇含量较高，而成人皮脂膜中的脂质成分主要来自皮脂，其次来自表皮细胞的胆固醇。类脂质的组成，在表皮细胞分化的各阶段也有明显差异。由基底层到角质层，胆固醇、脂肪酸、神经酰胺含量逐渐升高，而磷脂含量则逐渐下降。

（二）皮肤的分泌、排泄与清洁

1. 皮肤的分泌与排泄

皮肤的分泌和排泄主要由汗腺和皮脂腺进行。大汗腺负责分泌水分、铁、脂质、有臭物质、有色物质等，与皮肤异味的产生有着密切的关系。小汗腺的分泌物中绝大多数为水分，约占分泌物总量的99%，其余为尿素、乳酸、氯化钠等物质，具有散热降温、柔化角质等作用。皮脂腺主要分泌并排泄皮脂，用于润滑皮肤和毛发，并参与皮表脂质膜的形成。皮脂是多种脂类成分的混合物，其中所含有的脂肪酸也有助于酸性环境的形成和维持，可轻度抑制皮肤表面的真菌、细菌等微生物的生长。

2. 皮肤的清洁

皮肤是人体接触外界环境的第一道屏障，更容易附着空气或外界环境中的粉尘颗粒等污染物。皮肤正常分泌的汗液和皮脂也会造成一些如盐分、尿素和蛋白质代谢产物在皮肤表面的残留，与表皮剥脱的死细胞，以及生活中的日用化学品的残留，共同构成了皮肤表面的污垢成分。这些污垢成分不仅会影响皮肤表面的光泽与美观，更会堵塞毛囊、皮脂腺等通道，影响皮肤及其附属物正常的新陈代谢和生理活动，改变皮肤的微生态环境，甚至引发炎症、感染等各种皮肤疾病，给人们的日常生活和心理造成不良的影响。因此，皮肤的清洁可以被视作皮肤日常护理和美化的基础。

正常人体皮肤本身就具有自然清洁和代谢的功能，如角质细胞周期性的自然脱落与更新、微酸性皮脂可抑制皮表有害微生物的生长、汗液的分泌及清洗作用以及皮脂膜的混合物为皮肤形成一个具有保护和隔离作用的薄层。

皮肤污垢来源和成分多样，与皮肤表面结合的牢固程度也不尽相同，大多数情况下，仅依靠水和皮肤自身自然清洁能力不能将其完全清除，尤其是皮肤出现一系列问题时，需要使用清洁产品进行辅助清洁。

二、清洁类化妆品及其主要成分

清洁类化妆品是指能够去除皮肤表面污垢、清洁皮肤及其附属物，保持皮肤正常生理状态的一类化妆品。根据使用部位、使用方法和使用目的可分为面部清洁类产品（如洗面乳、去角质产品、卸妆产品等）和身体清洁类产品（如身体磨砂膏、沐浴露等）。

（一）清洁类化妆品的分类

1. 面部清洁类产品

面部用清洁产品按其作用可分为洁面产品、卸妆产品、去角质产品等。根据剂型、功能成分和使用目的不同也有其他的分类方法。

洁面产品包括洁面霜、洁面凝胶、洁面乳液（无泡）、洁面泡沫、洁面皂、洁肤油等多种剂型。根据其主要功能成分，可分为脂肪酸皂类表面活性剂、脂肪酸非皂类表面活性剂、两性离子表面活性剂、非离子表面活性剂等。除了用于日常面部清洁护理的产品外，还有一些卸除彩妆和去角质类产品。

在卸妆产品中，按照产品剂型可分为卸妆水、卸妆巾、卸妆油、卸妆乳、卸妆膏、双连续相卸妆产品等。针对特殊使用部位，也有只限于如眼、唇部位使用的卸妆液。

根据所含磨砂颗粒性质进行分类，去角质产品一般有天然和合成磨料两类。天然磨料主要为一些植物来源颗粒（如杏核壳粉、山核桃壳粉、丝瓜纤维粒子等）和天然矿物粉末（如二氧化钛、硅石等）。合成磨料中的塑料微粒，通常指直径小于2mm的塑料颗粒，属于微塑料的一种，是造成污染的一项主要载体。环境中塑料微粒的一个重要的来源是人们日常所用的个人护理用品，如磨砂洁面乳、沐浴乳、牙膏和化妆品等。个人护理产品中的塑料微粒直径几乎都小于2mm，主要由聚乙烯（PE）制成，其次为聚丙烯（PP）、聚对苯二甲酸乙二酯（PET）、聚甲基丙烯酸甲酯（PMMA）和尼龙（nylon）等。这些含有塑料微粒的个人护理用品一经使用，便会随着生活污水经下水道进入污水处理系统。大量研究表明，大部分污水处理厂无法将污水中的塑料微粒全部过滤，以致大量塑料微粒最终排进河流和海洋等自然水系，造成严重的环境污染问题。2017年，我国生态和环境部门将微珠以及含有微珠的化妆品和化学药品列入高污染、高环境风险清单。在此基础上，国家发改委发布了《产业结构调整指导目录（2019年本）》于2020年1月1日正式实施，其中第三类淘汰类中规定："含塑料微珠的日化用品，到2020年12月31日禁止生产，到2022年12月31日禁止销售"。

此外，清洁类化妆水、清洁面膜等非常规清洁产品也受到众多消费者青睐。清洁类化妆水含除多元醇类保湿剂外，通常还添加非离子表面活性剂，但较常规清洁产品少且通常不发泡，一般需要配合化妆棉擦拭使用。清洁面膜则通常通过添加活性炭等吸附性成分起到清洁作用。

2. 身体清洁类产品

身体清洁类产品主要用于清洁面部以外的身体其他部位。与面部更多分泌油脂及接触护肤品、彩妆品的频率不同，身体清洁类产品主要用于清洁皮肤正常代谢产物、脱落的死细胞和分泌的汗液及酸解产物等。按其剂型可分为沐浴露、沐浴乳、沐浴油、沐浴皂、沐浴盐等。随着沐浴产品市场不断增长，沐浴产品已经成了个人护理产品中不可或缺的一部分，沐浴产品市场也不断细化，男性专用产品、婴童专用产品、抑菌产品、局部去角质产品对市场增长贡献不容小觑。

（二）清洁类化妆品的主要功能性成分

1. 基本配方成分

（1）**油性成分** 清洁类产品中的油性成分一般作为溶剂和润肤剂使用，可以很好地去除皮肤分泌的油脂和化妆品的油溶性残留，如矿物油、羊毛脂、肉豆蔻酸异丙酯、棕榈酸异丙酯等。

（2）**水性成分** 水性成分主要指水及甘油、丙二醇等水溶性物质，这些成分在清除污垢基础上，还具有一定的协助保湿功效。

（3）**表面活性剂** 洁面产品和沐浴露等身体清洁产品中的表面活性剂一般而言性质较温和，具有固定的亲水亲油基团，能在溶液的表面定向排列，并使表面张力显著下降。按其解离的离子性质分类，可分为4类，如表9-1所示。

表 9-1　清洁化妆品中常见表面活性剂

种类	举例	特性
阴离子表面活性剂	脂肪酸皂类：硬脂酸钠 脂肪酸非皂类：月桂酰肌氨酸钠等	以去污、起泡为主，主要用于洗发水、泡沫沐浴乳、液体皂等
阳离子表面活性剂	十二烷基二甲基苄基氯化铵、聚季铵盐 -6 等	也称为季铵化合物，如季铵盐和其他铵盐等，有杀菌、柔化和抗静电作用，一般用于发用产品，使头发易梳理、柔软和光亮
两性离子表面活性剂	羧基甲基甘氨酸盐、月桂酰胺丙基甜菜碱等	亲水基既有阴离子部分又有阳离子部分，在不同 pH 介质中可表现出阳离子或阴离子表面活性剂的性质
非离子表面活性剂	单硬脂酸甘油酯、月桂醇聚醚 -1 等	溶于水时不离解成离子，pH 应用范围较离子型表面活性剂广。性能往往优于一般阴离子表面活性剂（去污力和起泡性除外）

2. 功效添加成分

除基本配方和香精香料外，清洁类产品还可根据其功效宣称和卖点添加一些活性成分，如抗氧化剂、美白剂、抑菌剂以及保湿剂等。由于清洁类产品属于淋洗类，添加功效成分停留在体表时间很短，且较短时间内即被冲洗，因此作用不如驻留型产品明显，但市面上也不乏有宣称控油、美白、抗衰老、去角质等功效的清洁化妆品。

淋洗类化妆品可通过额外添加吸附性粉末起到吸附并清洁表面油脂的作用。水杨酸的亲油性使得其渗透性强，可渗透到皮脂腺周围，也可起到控油效果。此外，水杨酸还具有剥脱性能，能清除老旧角质，起到一定的明亮肌肤的作用。还有部分洗面乳和沐浴露添加一定浓度的烟酰胺、熊果苷等常见的美白成分作为功效支持。此外，也有一些产品会选择复合型美白原料，如国内某公司研发并应用了一种以鲜乳、B族维生素、维生素C、维生素E组合物及十字花科提取物为原料的美白功效组合物。

3. 物理载体配合

历史上出现的清洁辅助工具，从简单的丝瓜络到蒟蒻、不同种类的化妆棉，再到各式各样的美容刷、美容巾，清洁功能的发展也从单一到复杂。近年来，人们在护肤领域的关注目光，不再局限于传统护肤品的使用，也开始关注各类美容仪器的辅助效果，其中清洁类产品更是多数消费者购买美容仪器的首选。

现市售清洁仪器多采用超声波作为清洁手段，也有利用真空负压抽吸技术吸附皮肤表面的污垢。超声波是一种频率高于20kHz的声波，由物质振动而产生，而超声波清洗主要利用超声空化作用产生的化学和机械效应起作用。超声空化是指液体中的小泡核在超声作用下高速振荡、生长、收缩、再生长、收缩并最终坍塌的动态过程。空化作用使脏污迅速剥落、分散、乳化而达到清洗目的。

三、清洁类化妆品功效评价

正确有效地清洁皮肤是维护皮肤屏障功能和健康生理状态的基础。随着化妆品行业的发展，包括原料和配方的创新，以及消费者使用诉求和对功效的关注，使得当下清洁类化妆品不仅是清洁污垢和油脂的功能的实现。越来越多的产品在清洁能力及保证使用安全的基础上，也开始涉及保湿、维持皮肤水油平衡、提亮肤色以及适用于敏感性皮肤或维护健康的皮肤微生态环境及屏障功能等。因此，针对清洁类化妆品的功效评价，可以从清洁力和皮肤健康状态改善等方面进行分析。

1. 体外评价法

皮肤污垢中伴有各种微生物，可通过去微生物效果测试，观察清洁产品的抑菌杀菌作用，评价去污效果。在清洁皮肤前后，分别用已灭菌的取样器刮取同一部位皮肤表面样品少许，于液体培养基中进行培养，观察比较试管中清洁皮肤前后盛有培养液试管菌液浑浊程度。同时将上述试管中菌液分别稀释至相应倍数后，取100μL菌液涂布于固体培养基上，观察平板上菌落的生长密度、形态，判断该清洁类化妆品的去微生物效果。

此外，联合利华公司用待清除物质涂敷多孔材料，再使用待测清洁产品处理多孔材料，观察涂敷待清除物质后的多孔材料产生气泡的量，并与空白对照多孔材料产生气泡的量对比，评价待测清洁产品的清洁能力。也有实验室在模拟不同粗糙程度和不同纹理度的人工皮肤上进行清洁产品的起泡度和清洁力测试。

2. 人体评价法

人体评价中常使用具有黏度的载玻片或通明胶带，黏附清洁前后人皮肤脱落的死皮细胞，将细胞染色后在显微镜下观察，根据死皮数量变化比较产品的清洁效能。也可以在人体皮肤上涂上彩妆产品作为人造污垢，取一定量清洁产品按照使用说明清洗皮肤，通过肉眼判断彩妆污垢的颜色变化或者残留量来了解清洁产品的去污能力。也可通过检测使用清洁产品前后皮肤污渍颜色变化来比较去污效果，或者拍摄皮肤照片，对比分析照片灰阶变化，判断污垢被清除程度。

Corneometer® CM825作为经典的检测皮肤角质层含水量的仪器，多见于化妆品保湿功效的人体评价，也可用于产品清洁后皮肤保水能力的检测。Primos主要用于检测皮肤表面皱纹变化，以及创伤愈合过程的定量化监测、光老化程度的评估，在皮肤感染程度的量化和皮肤炎症的量化分析方面也有所应用。I-scope是一项皮肤科应用于色素性皮肤病的非侵袭性的体外诊断技术。I-scope 可以测试人员观察到肉眼不可见的皮肤表面和皮下结构，尤其是表皮、表皮真皮交界处和真皮乳头层内的色素性结构及浅层血管丛血管的大小和形态。在皮肤科临床上常用于色素异常性疾病、炎症性皮肤病、皮肤肿瘤等诊断。在化妆品研发和评价领域也被应用于皮肤亮度、色素沉着、皱纹纹理及皮肤或头发的损伤研究。

秦鸥等选取 30 名健康女性志愿者，进行卸妆油对粉底液、睫毛膏及唇膏等彩妆品清洁能力的自身对照临床研究。利用 Corneometer® 825、Primos 和 I-scope 等仪器检测涂用样品前后，角质层含水量变化并进行图像采集。结果发现，卸妆油清洁后，使用彩妆的皮肤区域角质层含水量和皱纹参数显著升高，图像分析显示使用彩妆产品后皮肤表面纹理中化妆品填充面积显著增加，而清洁后填充面积较涂样后显著减少。

皮肤的颜色也是评价皮肤状态的一项重要指标。岳学状等发现对于皮肤颜色的形成及其决定因素而言，局部使用外用制剂对皮肤颜色的作用尤其明显。刘红艳等采用分光测色仪 CM-700d 测量不同阶段的皮肤 L^*、a^*、b^* 值，根据彩妆产品的涂抹及清洁前后皮肤色差 $\triangle E$ 值，计算清洁类产品的清洁力，同时使用数字式显微镜 RH-2000 放大观察彩妆产品在皮肤表面和纹理沟壑间的附着和残留情况。目前关于皮肤颜色的非侵入式方法多样，如视觉等级评分法、反射比分光光度计检测、激光多普勒血流成像仪检测、数字图像分析仪等方法都可用于分析皮肤颜色变化及差异。尤其是在一些针对彩妆的清洁产品和宣称清洁后具有一定的提亮肤色、改善暗沉的产品进行功效评价时，可考虑加入一些图像及色度分析方法辅助验证。

3. 人造污垢的应用

目前在人体功效评价的实际应用中，多使用市售彩妆品作为污垢来源，如 BB 霜、粉底液、眼影、腮红、睫毛膏等。采用此类产品作为对照样品，存在着不少的问题。一方面，市售彩妆类产品种类多样、配方差距较大，造成不同机构和不同时间内测试使用的参比样本一致性较差。即便是同一品牌的同一品类，也可能出现由于配方更改造成的样品基质改变。另一方面，清洁能力的评价不仅包括彩妆类产品的洗去能力，还包括普通日化品残留及皮肤的自身油脂分泌及代谢物残留，再混合空气中污染物成分的洗去能力。因此，不少实验室考虑制备不同规格的人造污垢标准品，用于作为清洁能力评价的阳性对照组。参考皮肤自身污垢、空气污染成分、彩妆品的基质配方等，可根据实验需求配制相应的人造污垢，以实现评价方法的一致。

参考文献

［1］郑志忠，李利，刘玮，等.正确的皮肤清洁与皮肤屏障保护［J］.临床皮肤科杂志，2017，46（11）：824-826.

［2］赖沁润，何紫园，梁慧，等.3种定量评估方式在产品清洁能力评定中的应用［J］.日用化学品科学，2021，44（01）：20-24.

［3］张立超，孙小芳，孟琛.一种人工污垢和涂污试片［P］.北京市：CN106338574B，2019-02-15.

［4］徐良.皮肤的新陈代谢与洁肤化妆品概述［J］.中国化妆品（行业），2006（06）：86-90.

［5］王晓芊.氨基酸维持你的皮肤弹性——氨基酸及其衍生物在化妆品中的应用［J］.中国化妆品，2019（09）：80-84.

［6］朱逸宁，徐项亮，何一波，等.国内外微塑料法规现状［J］.中国洗涤用品工业，2020（08）：52-57.

［7］顾先宇.国内市场沐浴露产品评测［J］.中国洗涤用品工业，2020（07）：45-49.

［8］宋云飞，沈亚芬，朱建成，等.表面活性剂应用现状和发展趋势［J］.化工设计通讯，2020，46（08）：82，92.

［9］单偶奇，田慧敏，尤艳.超分子水杨酸在医学美容中的应用与展望［J］.中国美容医学，2019，28（03）：171-173.

［10］林竹，陈萍，梁园园.一种美白功效组合物及其在清洁类护肤品中的应用［P］.天津市：CN106038471A，20161026.

［11］秦鸥，江文才，谈益妹，等.清洁类化妆品功效评价方法探讨［J］.中国美容医学，2018，27（06）：64-67.

［12］陈沄.人体皮肤角质层中尿素的定量分析［J］.国外医学.皮肤性病学分册，1994（4）：55-56.

［13］李丽，谭春花，郝玉霜，等.多磺酸黏多糖减少中，低风险婴儿血管瘤治疗后发生湿疹及皮肤萎缩的多中心研究［J］.中华皮肤科杂志，2019，052（010）：779-784.

［14］朱其聪，罗荣城，戈君凤，等.几丁糖溶液复合多磺酸黏多糖软膏对多西紫杉醇外渗性大鼠皮肤损伤的促愈效应［J］.中国组织工程研究，2008，12（027）：5223-5225.

［15］姜鹏爽，石云.夫西地酸乳膏联合多磺酸黏多糖乳膏治疗寻常痤疮疗效观察［J］.中国中西

医结合皮肤性病学杂志，2017（4）：318-320.

［16］黄坚、刘元乾、唐黎明．HET-CAM和RBC方法组合检测清洁洗浴类化妆品的眼刺激性［C］.中国药理学会药检药理专业委员会第十六届（2019年）学术年会.

［17］刘红艳，毕永贤，钱舒敏，等．一种清洁类化妆品清洁力评价方法［J］．日用化学品科学，2019，v. 42（11）：26-29+32.

［18］张海红，王砚宁，胡亚莉，等．皮肤镜在皮肤肿瘤及非典型皮肤病鉴别诊断中的研究进展［J］.临床误诊误治，2013，26（6）：99-102.

［19］孟如松，孟晓，姜志国，等．基于国人皮肤镜黑素细胞肿瘤图像的智能化分类与识别研究［J］.中国体视学与图像分析，2012，17（3）：191-199.

［20］孟如松，赵广．皮肤镜图像分析技术的基础与临床应用［J］.临床皮肤科杂志，2008，37（4）：264-267.

［21］刘文霞，曹艳亚，符移才，等.化妆品保湿和皮肤弹性间的关系初探［J］.香料香精化妆品，2014，4：53-58.

［22］杨文林，尹嘉文，杨健，等．保湿剂对成人轻度特应性皮炎皮肤角质层神经酰胺含量的影响［J］.中国皮肤性病学杂志，2016，30（9）：981-987.

［23］周笑同，郭建美，陶荣，等.含透明质酸及白藜芦醇成分护肤品对干性皮肤屏障功能的影响［J］.实用皮肤病学杂志，2016，9（3）：175-179.

［24］野崎真奈美，渡边知佳子，蜂ヶ崎令子．关于供测定清洁效果用的人工污垢颜色残留之感官评价［A］.中华护理学会.第十届中日护理学术交流会论文集［C］.中华护理学会：中华护理学会，2006（1）：329.

［25］卫祥元.新型人工污布的研究——含蛋白质人工污布的污垢及制备方法［J］.日用化学品科学，1982（1）：16-21.

［26］Zalaudek I，Lallas A，Moscarella E，et al. The dermatologist's stethoscope-traditional and new applications of dermoscopy［J］. Dermatol Pract Concept，2013，3（2）：67-71.

［27］Konya I，Shishido I，Ito Y M，et al. Combination of minimum wiping pressure and number of wipings that can remove pseudo-skin dirt：A digital image color analysis［J］. Skin Research and Technology，2020，26（5）：639-647.

［28］Djokic-Gallagher J，Rosher P，Oliveira G，et al. A Double-blind，randomised study comparing the skin hydration and acceptability of two emollient products in atopic eczema patients with dry skin［J］. Dermatol Ther，2017，7（4）：1-10.

［29］Eder M，Brockmann G，Zimmermann A，et al. Evaluation of precision and accuracy assessment of different 3-D surface imaging systems for biomedical purposes［J］. J Digit Imaging，2013，26（2）：163-172.

［30］Kottner J，Schario M，Bartels NG，et al. Comparison of two in vivo measurements for skin surface topography［J］. Skin Res Technol，2013，19（2）：84-90.

［31］Han JY，Nam GW，Lee HK，et al. New analysis methods for skin fine-structure via optical image and development of 3D skin Cycloscan™ [J] . Skin Res Technol，2015，21（4）：387-391.

[32] Yue XUEHZUANG，Zhu WENYUAN. The color of the skin and its measurement [J] . Journal of Clinical Dermatology，2003，32（9）：554-556.

[33] WANG Y H，LIU J，YANG Z B. Study on the application of non-invasive technique to detect skin color in foreign countries [J] . Journal of Medical Research，2004，33（12）：33-34.

第十章　防脱发、防断发类化妆品

一、毛发与衰老

（一）毛发衰老与性状改变

毛发是哺乳动物的特征，哺乳动物的毛发会以不同大小、形状、颜色和生长形态表现出来。机体衰老反映在毛发上的表现主要为毛发的物理性状、颜色、发干直径、油脂含量等方面的改变，以及在中老年人群中有着较高发生率的脱发现象。

机体衰老所引起的最直观的表现即毛发颜色的改变，如由深色逐渐转变为灰色甚至白色。头发的颜色以及深浅变化取决于黑色素细胞的功能。随着衰老的发生，黑色素细胞的功能下降，酪氨酸激酶活性下降，导致黑色素合成障碍即分泌异常，使得毛发不能正常着色，进而逐渐变浅，形成灰白或银白的发色。也有研究认为，个体进入老年后，不能够持续补充新的黑色素细胞，也导致了白发的产生。

毛发在个人各生长时期所呈现出的直径不同。出生时的毛发最为细软，随年龄增长逐渐加粗。据不完全调查，对于女性而言，头发的直径在40岁左右时达到最粗，此后逐渐减小，头发也趋向纤细和柔软。在一些特殊的生理时期，雌激素水平对女性头发直径的大小也有一定的影响。

头发上的油脂主要依靠毛母质细胞和皮脂腺细胞分泌，如常见的胆固醇、饱和脂肪酸、硫酸和天然保湿因子主要由毛母质细胞分泌，而大部分脂肪酸、鲨烯、甘油三酯等则由皮脂腺分泌。青春期前，皮脂腺功能不发达，毛囊分泌的油脂较少，因此婴幼儿的头发很少出现过量出油的情况。而进入青春期以后，皮脂腺分泌功能增加，毛发中鲨烯、胆固醇、脂肪酸、甘油三酯的含量明显增多。尤其是男性，在青春期末（20~25岁）油脂分泌量到达顶峰，并且在此后较长的时间内持续处于油脂分泌旺盛的状态，且高于同时期女性。在60岁之后，头皮及头发的油脂分泌才开始显著下降。已有研究证实，雄性激素性脱发（androgenetic alopecia，AGA）与高脂血症患者具有高度相关性。在雄激素性脱发的患者中，头皮上的5α-还原酶产生的二氢睾酮含量相对较高，且对于皮脂的分泌更加敏感。二氢睾酮能够促进皮脂腺的增生，进而产生大量的油脂，使得头皮和头发油腻感加重。同样，年龄与雄激素性脱发具有显著的相关性，AGA发病率也随年龄的增加而增高。虽然近年来，由于不良的饮食生活习惯、精神压力、遗传等因素导致AGA的发病率有逐渐年轻化的趋势，但一些大样本量调查的结果显示，AGA患病率仍随年龄的增加而升高。除导致脱发外，随着年龄的增长，头发的光泽度变暗，毛发纤维的平均卷曲度增大，也是受到毛发油脂含量变化的影响。

（二）毛囊发育与毛发生长

1. 毛发生长的形态

有研究发现，头发的形态很大程度上受到毛囊和皮质细胞的影响。毛囊的形态发生和发育是基于头皮表层角质形成细胞与特化的真皮成纤维细胞间诱导信号的级联放大，引起表皮角质形成细胞进行定型的毛发特异性分化过程。随着毛囊周期的发育，多种信号通路及交联网络对促进和抑制发育的信号分子实现严格的动态平衡。反之，脱发的发生过程中，Wnt、Hedgehog、Notch、SHH信号通路、TGF家族、EGF家族、BMP家族、FGF家族以及一些炎症反应因子也在启动信号、维持毛囊生长信号和抑制毛囊生长信号中发挥了重要的作用。

2. Wnt信号通路

Wnt信号通路是调控上皮形态发生、胚胎毛囊形成和成体毛囊生长发育的中枢神经通路。目前，在生物体内发现的100多种 *Wnt* 基因均广泛参与了毛囊形态发生和周期性变化的各个环节，对于所有类型毛囊发育的起始阶段和毛囊形态的发生，尤其是毛囊发生的起始阶段至关重要。在这些过程中，β-连环蛋白是Wnt通路上最重要的核心成员，表达于上皮细胞和间质细胞，能够促进Wnt信号下游靶基因的转录，从而调控细胞的增殖和生长。高表达的β-连环蛋白能够诱导毛囊干细胞分化形成新的毛囊，反之抑制或降低β-连环蛋白的表达则可以阻断毛囊发育周期。有研究证实，缺乏β-连环蛋白的表达时，毛囊干细胞分化为表皮干细胞，进一步形成表皮各层细胞，而不能最终形成毛囊。我们所熟知的可导致快速脱发的二氢睾酮即是通过下调Wnt激活因子，或上调负调节因子的表达量而影响毛发生长和发育的。此外，Wnt信号的激活可被多种不同功能的细胞外蛋白所抑制，如SFRP家族和Wnt配体结合成复合体，影响信号通路。

3. 转化生长因子（TGF-β）信号通路

TGF-β家族成员TGF-β1、TGF-β2、TGF-β3通过TGF-β-Smad信号通路调节细胞生长、凋亡和分化。TGF-β1在生长期到退行期转换过程中表达于毛发的内根鞘。有学者使用TGF-β1处理小鼠模型可抑制移植胚胎皮肤及器官培养中毛囊生长并诱导毛囊进入退行期。与TGF-β1相同，TGF-β3蛋白在早期毛囊发育的表皮中表达，之后在收进鞘中的毛囊上皮表达，但其对毛囊发育及毛囊生长周期并无任何影响。有研究证实，机体在缺乏TGF-β1时，毛囊在发育周期中的特定阶段只是被延迟而并不是被完全阻断。因此，在毛囊发育周期中，除了TGF-β家族成员之外，一定还有其他因子也参与了毛囊退行期发育。

4. 表皮生长因子（EGF）信号通路

EGF-EGFR信号通路系统参与了毛囊周期中生长期向退行期的转变。有学者在小鼠胚胎皮肤组织建立的体外培养器官模型中发现，EGF可在毛囊发育的早期特异性完全抑制毛囊的形成，而去除 EGFR 基因可导致毛囊形成减少。EGFR 的功能缺乏或缺失，可延长小鼠毛发生长周期。施加外源 EGF 可终止羊毛囊的生长期，也可以推迟小鼠毛囊生长期的开始。

5. 成纤维细胞生长因子（FGF）信号通路

成纤维细胞生长因子-成纤维细胞生长因子受体（FGF-FGFR）信号通路通过激活酪氨酸激酶级联放大作用，向细胞内传递信号。皮肤成纤维细胞生长因子-5（FGF-5）分布于毛囊的外根鞘，是一种较强的生长抑制因子，其受体分布于毛乳头细胞、母质细胞和隆突部的干细胞表面。有研究发现在生长期结束之前，毛囊外根鞘细胞可产生FGF-5并以旁分泌方式终止细胞分裂引起生长期停止。通过皮下注射 FGF-5可抑制生长期毛发生长并促进生长期向退行期转化，最终调控毛囊进入休止期，但FGF-5并非是惟一诱导毛囊进入休止期的因子。

6. 其他信号通路

IL-1、IL-2和TNF-α不仅是炎症因子，也通过参与调控毛囊从发育周期的生长期向退行期转变而诱导脱发的产生。在体外培养毛囊器官模型中，IL-1可引发生长期的毛囊营养不良，出现毛乳头凝缩变形、毛囊母质明显空泡形成、毛球角化异常、毛囊黑色素细胞解体和毛乳头内出现黑色素颗粒等现象，也可能与斑秃有关。也有实验室在小鼠局部涂8%的硫化钠建立脱发模型，待毛发完全脱落，毛囊进入退行期，炎症细胞因子IL-1α、IL-1β、IL-2、TNF-α、IFN-γ、IL-17等表达均增加。

（三）脱发的机制及诱因

脱发可以视作头发生长的相反过程，可以简要描述为：头发的生长期缩短，而后在退行期和休止期提前退场，随着新头发生长，毛囊变小，发干变细，生长期越来越短，最终导致头发脱落。引起脱发的因素有生理性及病理性多种。毛囊随着年龄增长逐渐老化、萎缩，导致毛发脱落，这是正常的生理现象，老年人群也大多会出现头发稀疏的现象，可以归为生理性脱发。

除衰老等自然因素造成的生理性脱发外，还有一些属于非生理性因素造成的脱发，如斑秃、雄激素性脱发、休止期脱发、拔毛癖、脱发性毛囊炎、盘状和系统性红斑狼疮等疾病，以及化妆品使用不当等外界物理或化学物质的刺激所造成的脱发现象甚至病症。其中雄激素性脱发是临床最常见的非瘢痕性脱发类型，占约95%，主要特征为头发直径减小和密度降低。其余5%的脱发病例多由外力损伤、头癣、化疗、营养不良、化妆品不当使用等导致。近来的研究发现，导致皮肤细胞衰老的氧化应激反应也会诱导真皮毛乳头细胞衰老并导致脱发。

1. 脱发的类型

斑秃属于一种病因不明确、伴随炎症反应的非瘢痕性急性脱发疾病，通过皮肤镜可观察到断发、短毳毛增多、毛囊营养不良或快速退行性病变、毛干粗细不均、断掉的毛干残留在毛囊口处未排出，形成黑点。

休止期脱发多为有多种病因导致的弥漫型脱发，脱落的毛发多为处于休止期的棒状或杵状发。机体突发高热、外科创伤和大出血等应激事件2~3个月后，毛囊提前进入退行期，毛囊周期缩短，发生急性脱发。而甲状腺功能减退、重度缺铁性贫血、厌食导致严重营养不良时，也会出现慢性的休止期脱发病变。

脱发性毛囊炎属于一种头皮炎性疾病，多见于中青年男性，发病时头部顶枕部头皮伴有红斑、毛囊性丘疹或脓疱、有瘙痒或触痛感，轻者形成脱发斑，重者可出现脱发斑合并形成永久性脱发区。皮肤镜下可见明显的毛囊周围毛细血管扩张、毛囊角栓、浅表性溃疡、出血点形成血痂以及毛囊周围脓疱。晚期后发展为瘢痕性脱发，头皮表面光滑、真皮层萎缩、毛囊开口减少甚至消失。

雄激素性脱发（AGA）也称为脂溢性脱发，属于一种雄性激素依赖的遗传性疾病。临床上根据脱发程度的不同，通常采用Hamilton-Norwood分类法将雄激素性脱发分为7级，如图10-1所示此法分类简单，是AGA的经典分类方法，但无法对所有脱发的等级进行一一对应。AGA属于常染色体显性遗传的多基因性疾病，因此，可以认为，AGA脱发是受到遗传因素和雄激素水平异常共同作用所致。如果个体本身具有遗传性易感基因，其可能对雄性激素的分泌和代谢水平更敏感，在雄激素分泌的高水平期，即开始发生明显的毛囊萎缩、毛发生长周期缩短直至毛囊失去功能造成脱发。

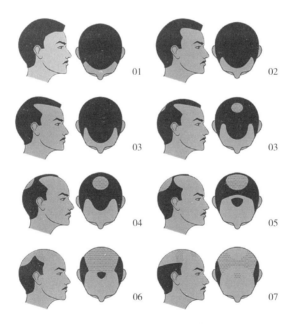

图 10-1 Hamilton-Norwood 雄激素性脱发分级

2. 脱发的诱因

（1）在雄性激素脱发的过程中，雄性激素、雄激素受体（AR）和多种雄

激素代谢相关酶起到了重要的催化和促进作用 其中，睾酮和二氢睾酮与脂溢性脱发密切相关，睾酮与雄激素受体结合性很强，二氢睾酮的结合活性更是睾酮的5倍。雄激素与受体结合后，发生复杂的酶促反应，间接改变头发的生长进程，破坏了毛囊的生物钟，促进头发提前成熟脱落。现在普遍的观点认为，AGA患者体内的雄激素水平其实是正常的，但雄激素受体（AR）表达增加，会导致头皮对雄性激素的水平变化异常敏感，从而导致脱发。在雄激素的代谢过程中，不仅睾酮会被5α-还原酶转化成二氢睾酮，存在于头发毛囊外根鞘的P450芳香酶也可将雄激素转化为雌激素。有研究表明，在女性个体的头皮中，芳香酶的含量是同龄男性的2~5倍，所以这也可能是女性相对来说更少发生雄激素性脱发的原因之一。

（2）**炎症反应** 蛮力拉扯有可能损伤毛囊，还可引发炎症，从而导致脱发。研究发现，炎症反应广泛地参与了AGA的发生和发展。在炎症过程中，炎症介质的释放会改变毛囊的免疫环境，虽然这对毛囊的破坏效果不是立竿见影的，但会慢慢地改变毛发的生长周期，诱导毛囊提前进入退行期。而且，炎症细胞的浸润会让毛囊周围区进行性纤维化，引发毛囊干细胞受损，最终导致脱发。

（3）**化妆品不当使用** 除雄激素性脱发、化疗、外伤等造成病理性脱发之外，不当使用染发剂、烫发剂、洗发护发产品、发乳、发胶、眉部和眼部的彩妆和护理产品，也可能引起毛发的变色、变脆，甚至脱落。化妆品引起的毛发损伤及脱落多因物理性或化学性的伤害所致，可能与其使用方法不当，使用后护理方法不当，产品本身含有一定或过量的禁限用物质，产品在生产、储存和使用过程中发生污染和变质，产品中添加的某些成分导致部分使用者皮肤敏感或炎症反应等有关。受试者在停用此类产品一段时间后，可能会出现脱发的恢复性生长。因此，在评价防脱发产品和选择受试者的过程中，对于受试者脱发的程度、可能的脱发因素进行初步判断，同时还需对受试者入组之前使用的产品、易敏感成分及使用方法和频率等进行调查。

（4）**情绪、睡眠与压力** 毛发的生长不仅受到营养、神经内分泌和自身免疫的影响，较大的心理压力、情绪变化等心理因素也会造成脱发。脱发直接影响美观，给患者带来极大的心理压力，不少脱发患者存在情绪、睡眠方面的问题。尤其是斑秃与一些负性心理精神问题之间的相关性报道较多，其次还有少量的关于雄性激素性脱发的案例。这些影响因素在实际生活中往往还与年龄、性别、睡眠质量和情绪因素等联系。王端等采用匹兹堡睡眠质量指数数（PSQI）及焦虑自评表（SAS）对斑秃、雄激素性脱发、生理性脱发等三种常见脱发性疾病的患者进行临床调查的分析，发现斑秃受到睡眠质量和精神因素的影响较大。雄性激素性脱发与生理性脱发，在某些情况下也与个体一段时期内的心理、情绪、睡眠质量有关。因此，在进行受试者的脱发程度评判时，调查问卷中可加入心理学、睡眠质量等内容。

（四）脂溢性脱发的分型与判定

目前使用较多的分型方法是Hamilton-Norwood法，但这种方法更适用于男性的普通类型的脱发，而无法判断其他的脱发类型。

临床上常用的是Kim等于2007年提出的BASP分型法，是根据发际线形态、额部与顶部头发密度进行分级的，适用于男性和女性的不同脱发类型。其中，BA指基本类型（basic），包含了四种基本类型（L、M、C、U），代表发际线的形状，其中L型代表发际线位置正常无后移。SP指特殊类型（special），包括2种特殊类型（F、V），代表特定区域头发的密度。除了基本的L型之外，根据脱发程度和脱发部位还可分为不同的亚型，如图10-2所示。

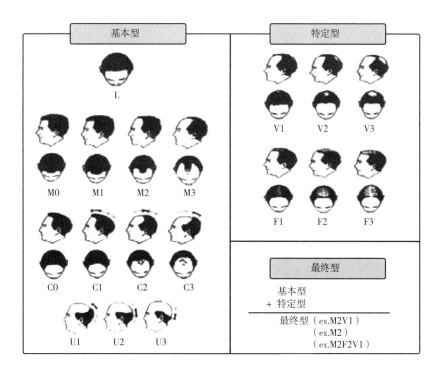

图10-2 BASP分型法

脱发分为4种基本型（L、M、C和U）和2种特定型（V和F）。基本型指前发际线的形状，而特定型则代表特定区域的头发密度（前额和头顶）。脱发严重性判定由基本型和特定型结合确定。

二、防脱发、防断发类化妆品与主要成分

（一）临床药物治疗成分

目前，FDA 批准正式用于 AGA 的治疗药物是外用药物米诺地尔（minoxidil）和口服药物非那雄胺（finasteride）。

米诺地尔 [6-（1-哌啶基）-2,4-嘧啶二胺 -3-氧化物] 又称长压定、敏乐啶等，是美国普强公司于 20 世纪 60 年代推出的一种口服高血压治疗药物。后经临床发现，服药超过 1 个月的患者可出现不同程度的多毛症。1996 年，美国食品和药物管理局（FDA）批准普强公司生产米诺地尔溶液，用于治疗斑秃和雄激素性脱发（脂溢性、遗传性脱发）。20 世纪 90 年代末，我国也有 5% 和 2% 的米诺地尔制剂开始应用于临床治疗，目前已成为公认的治疗雄激素性脱发的最佳外用药。目前市面上的米诺地尔有 5% 和 2% 两种浓度。其中，5% 浓度用于治疗男女雄激素性脱发，2% 浓度专治女性雄激素性脱发。高于此浓度的产品其安全性并无确实证据，长期使用会产生一系列副作用，如多毛症、心动过速、局部皮肤发红、瘙痒等，但据统计发病率不足 1.6%，且停药后，副作用会在一段时间后消失。目前，我国的米诺地尔外用酊剂多为 OTC 药品，需在医生指导下使用。也有不法商家于护发产品中违规添加米诺地尔成分，剂量和使用量不明，存在很大的安全隐患。

非那雄胺为一种 4- 氮杂甾体化合物，是睾酮代谢为二氢睾酮过程中的细胞内酶——Ⅱ型 5α- 还原酶的特异性抑制剂，能够非常有效地减少血液和前列腺内的二氢睾酮，但对雄激素受体没有亲和力，也没有雄激素样、抗雄激素样、雌激素样、抗雌激素样或促孕作用。男性秃发患者的秃发区头皮内毛囊变少，并且二氢睾酮含量增加。服用一定剂量的非那雄胺可使这些患者头皮及血清中的二氢睾酮浓度下降。通过抑制头皮毛囊变小，抑制脱发进程。有研究表明，持续服用非那雄胺 12 个月后，毛发密度明显高于对照组，口服非那雄胺也是目前临床治疗重度 AGA 脱发的首选药物。

（二）功效添加成分

1. 传统中医药植物类

我国的各族传统医药用于治疗脱发历史悠久，拥有不少经典验方和记载。目前

国内以及一些使用"汉方"的国家和地区内销售和生产的防脱生发日化产品中，传统中医中药提取物的使用较常见，如人参（根）提取物、侧柏（叶）提取物、姜（根）提取物和何首乌（根）提取物等。日本某品牌专业日化线的头皮用生发精华中含有苦参、人参根和秦椒果提取物。韩国某开架类防脱洗护产品以姜提取物作为主要功效宣称成分。此外还有一些欧洲、美国的品牌也开始关注中国传统医药中具有生发防脱效果的活性成分。

侧柏叶又称柏叶、丛柏叶、扁柏、云片柏等，是柏科植物侧柏（*Platycladus orientalis*）的干燥嫩枝叶。明代李时珍《本草纲目》中"乃多寿之木，所以可以入服食。侧柏叶清热凉血，为治疗血燥脱发之佳品"，晋·葛洪《肘后备急方》生发方："取侧柏叶，阴干作末。和油涂之。"《本草纲目》谓其主治"头发不生"，"浸油，生发。烧汁，黑发。和猪脂，沐发长黑。根皮，生发"。唐·王焘《外台秘要》载："生侧柏叶一升，附子（炮）四枚，猪膏三斤。上二味末，以膏三斤，和为三十丸。用布裹一丸，内煎沐头汁中，令发长不复落也。"

丹参（*Salvia miltiorrhiza*）是我国传统名贵中药，东汉《神农本草经》即有记载。丹参水溶性成分主要包括丹酚酸 B、丹参素、原儿茶酚、迷迭香酸等。丹参水提物具有改善血管微循环、增加血流速度、保护血管内皮细胞、抗氧化损伤、调节激素代谢平衡等作用。近年来，一些体外研究还发现丹参具有植物雌激素样作用。丹参是治疗脱发最为常用的中药之一，多与其他中药配伍使用。

啤酒花（*Humulus lupulus* L.）是大麻科葎草属的多年生攀援草本植物，《本草纲目》中称为蛇麻花，是一种多年生属桑科葎草属草本蔓生植物。有研究发现，啤酒花的苦味成分可增加使头发变黑的黑色素。啤酒花中含有可预防白发生长的异葎草酮等物质。由这些物质制成的提取物可激活对色素细胞产生影响的基因，能增强色素细胞运动和增殖能力，分泌出更多使头发变黑的黑色素。

此外，还有一些具有雌激素活性效应的中草药也对于治疗脱发具有一定的效果，如大豆黄酮、甘草酸、鹰嘴豆素 A、芹菜素、黄芪甲苷等。

2. 维生素类

维生素作为人体日常生理代谢所必需的营养元素，也是毛囊发育与头发生长的重要营养物质，目前在日化行业也开始广泛应用，如维生素 E、B 族维生素和生物素等。

维生素 E 是一类脂溶性维生素，包含四种生育酚和四种生育三烯酚，也是一种被人们熟知的抗氧化剂。维生素E可以保护机体免受过量自由基的伤害，改善脂质代谢，也是一种重要的血管扩张剂和抗凝血剂，还能促进性激素的分泌，使皮肤温度升高，改善血管末端循环。张肖羽等发现口服醋酸维生素E治疗表皮松懈时，可在3个月内长出新生头发及眉毛，随后发现使用维生素E皮内点状注射治疗脱发效果明显。一些富含维生素E的植物油脂，也可以促进毛发生长，但与使用剂量相关。如蔷薇科李属植物光核桃（*Prunus mira Koehne*）于《晶珠本草》（1745年）记载"种子榨取的油涂擦治头发、眉毛、胡子等脱落症"。

维生素 B_5 又称泛酸，也是头发生长代谢必需的一种维生素，连续使用含有泛酸类的护发产品有助于提高头发的强韧性，如意大利某品牌防脱洗发水通过添加维生素 B_5 水解小麦蛋白实现防脱功效。维生素 B_5 的前体泛醇，也能够通过增强角蛋白相关蛋白的表达来促进毛发的健康生长。泛醇的衍生物乙基泛醇不仅保留了泛醇滋养发丝和消炎保湿的功效，还克服了泛醇易水解的问题，且与油有更好的相容性，拓展了泛醇在非水溶性配方中的应用，已在日本某品牌的护发产品中应用。

维生素 B_3 即烟酰胺，在护肤品中作为美白成分，可以促进毛根球部的血液循环，也被添加至一些防脱精华液中。

维生素 H 又称生物素，同样对于脱发的预防和治疗有着显著效果。有研究发现，将米诺地尔、非那雄胺、泛醇和生物素按一定比例混合注射到头皮，治疗一段时间后发现头发密度、发丝厚度均明显增加，相应脱发量明显减少。另外，有原料公司发现维生素H与甘氨酸-组氨酸-赖氨酸复合而成的生物素三肽-1以及由赖氨酸-甘氨酸-组氨酸-赖氨酸合成的乙酰四肽-3能加速细胞外基质蛋白（如层粘连蛋白、胶原蛋白Ⅲ和胶原蛋白Ⅶ）的合成，增大毛囊的体积和长度，强化发根；修复表皮真皮连接组织，也有可能增强立毛肌的附着功能，从而将头发固着在毛囊内。

3. 蛋白质、氨基酸类

大豆蛋白的强生物活性、高营养性对皮肤和头发均有优良的滋养作用，大豆蛋白中丰富的氨基酸可与毛发中的二硫键作用，对毛发有一定的保护作用，还可加速细胞生长、促进蛋白合成。小麦蛋白富含谷氨酸、赖氨酸、胱氨酸等毛发生长所需氨基酸，可吸附于头发受损部位，显著增强头发纤维的拉力和弹性。大麦蛋白虽然氨基酸组成不丰富，但高渗透性能使其被迅速吸收进入血液循环，给细胞提供活力，支持细胞正常运作。一些护发产品通过直接添加精氨酸、鸟氨酸、瓜氨酸、乙酰蛋氨酸、乙酰半胱氨酸等氨基酸或氨基酸衍生物来促进角蛋白合成，其中赖氨酸和苏氨酸的使用较多。水解大豆蛋白还可通过清除过量自由基从而防止毛囊各细胞受到氧化损伤而缓解脱发。

4. 生物活性物质

一些特殊的生物活性分子也有助于毛发的再生，如肌醇，作为一种生长因子，广泛存在于动植物体内，其中肌肉肌醇的含量最为丰富。研究发现肌肉肌醇可以促进细胞生长，有助于毛发再生，防止脱发。此外，腺苷可以增加真皮乳头细胞内成纤维细胞生长因子，从而舒张血管、增加血液循环、减少脱发。

三、防脱发、防断发类化妆品功效评价

在新《条例》颁布前，特殊用途化妆品是指用于育发、染发、烫发、脱毛、美乳、健美、除臭、祛斑、防晒的化妆品。而根据新《条例》第十六条，用于染发、烫发、祛斑美白、防晒、防脱发的化妆品以及宣称新功效的化妆品为特殊化妆品。特殊化妆品以外的化妆品为普通化妆品。此外，第七十八条称，"对本《条例》施行前已经注册的用于育发、脱毛、美乳、健美、除臭的化妆品自本《条例》施行之日起设置5年的过渡期，过渡期内可以继续生产、进口、销售，过渡期满后不得生产、进口、销售该化妆品"。因此，发用产品尤其是宣称防脱发功效的护发产品，将成为新的监管重点。

（一）体外细胞生物学及分子生物学方法

位于真皮毛囊底部的毛乳头细胞（dermal papilla cell，DPC）是一种高度特异的成纤维细胞，其与表皮毛基质的健康状态是决定毛发正常生长与脱落的关键影响因素，也是拥有生物学功能的种子细胞之一。DPC细胞可分泌多种生长因子、细胞因子、生物活性蛋白及特殊的细胞基底膜成分，参与毛囊生长周期的调控，还可以诱导毛囊发育和毛发生长。毛囊生长的周期内，不同阶段的毛球部细胞形态不同。生长期的毛乳头细胞和毛基质细胞很容易受到外界因素的影响，如放疗、化疗、药物以及氧化应激等，都会导致处于生长期的毛发提前进入退行期，出现毛发脱落。Huang等发现，H_2O_2能够诱导体外培养的真皮毛乳头细胞活性降低，出现早衰。而真皮毛乳头细胞早衰后会影响生长期毛发的生长，使得处于生长期的毛发脱落。

苗勇通过建立DPC的体外拟生态培养模型，将DPC接种纤维连接蛋白、层粘连蛋白、Ⅳ型胶原和蛋白聚糖等细胞外基质成分，同时采用RT-PCR法检测DPC中多功能蛋白聚糖、ALP、α-SMA和β-连环蛋白基因的表达情况，免疫荧光法检测细胞内Ki67、TUNEL、多功能蛋白聚糖、ALP、α-SMA和β-连环蛋白的表达情况；免疫印迹法检测DPC中多功能蛋白聚糖、ALP、α-SMA和β-连环蛋白的表达情况。该模型在细胞生长方式、细胞团直径、细胞生物学特性方面相似，即便在细胞特有标记物表达和细胞生物学特性方面也均相似，是一种拟生态的ADP。

吕中法等通过体外培养人毛囊外根鞘细胞，建立了体外毛乳头细胞影响毛囊器官培养生长模型，同样具有诱导毛囊再生和支持毛发生长的能力。邓莉莉等利用不同生长来源的毛囊细胞初步构建体外毛囊模型。

谷朝霞等用中医治疗脱发的方剂中4味使用频率较高的中药首乌、川芎、甘草和侧柏叶的水提取物混合剂作为实验的研究对象，发现提取物混合剂中剂量组（100μg/mL和200μg/mL）较对照组毛发生长快，长度也增加，并且可以延长毛发的生长期。而高剂量组（1000μg/mL和2000μg/mL）可明显抑制毛发的生长，显著缩短毛发的生长时间，该抑制作用可能与中药浓度过高时产生细胞毒性作用有关。低剂量组（2μg/mL和20μg/mL）对毛发生长无明显影响。

吴巧云等通过体外培养小鼠触须毛囊游离器官和毛球细胞，研究了不同浓度的红花、当归、生侧柏叶三味中药混合煎剂对体外培养的小鼠触须毛囊毛发生长的影响。经显微镜和MTT还原测定（单核细胞直接细胞毒性测定）法观察毛发的生长。7d后，实验组毛发生长明显快于对照组（$P < 0.05$）。

（二）动物试验法

张志毕等通过睾酮诱导建立小鼠病理脱发模型，发现模型小鼠体内激素水平失衡，毛发再生缓慢，毛囊减少，表明小鼠模型建立成功。研究结果显示，通过外涂丹参水提物，能有效改善睾酮导致的毛发生长缓慢和毛囊减少现象；丹参还能发挥植物雌激素样作用，改善病理脱发小鼠体内雄激素水平过高；氧化应激会导致皮肤组织细胞发生自噬，是导致脱发的原因之一，丹参水提物还发挥抗氧化活性，提高抗氧化酶SOD、GSH-Px活性，降低脱毛区MDA含量，保护皮肤免受氧化损伤。VEGF是作用在毛囊上的生长因子，其表达量的高低影响毛囊周围血液微循环，VEGF表达增加能促进毛囊细胞新陈代谢，促进毛囊发育，有研究发现丹参水提物能促进皮肤组织VEGF的表达，进而改善皮肤血液微循环，促进毛囊发育。

（三）人体评价法

化妆品防脱发功效测试方法

对具有防脱或促进生长等功效的化妆品，进行临床或人体评价时，需要招募一定数量并符合测试要求的脱发受试者，通过比较使用该产品前后脱发数量、毛发密度等的变化来评价防脱发化妆品的功效性，为防脱发化妆品的功效宣称提供依据。

1. 入组要求

受试者的选择需根据测试目的和需求来入选或排除，实验组和对照组都需至少各完成30例。入选标准可参考表10-1。

表 10-1　防脱发评价入组标准

入组标准	18~60岁健康男性或女性	根据产品宣称需求选择
	头发长度5~40cm，不超过肩胛骨为宜	头发长度适中，便于观察和指标检测
	有脱发多和头发轻度稀疏困扰，且按60次梳发法脱发计数大于10根、2周洗脱后仍大于10根者	
	近1个月内没有进行过染发、烫发、定型等特殊美发处理者	
	能够阅读、理解试验过程，并书面签署知情同意书者	
	能承诺按测试方案要求完成规定内容者	
排除标准	妊娠或哺乳期妇女	
	中、重度雄激素源性脱发、斑秃、炎性瘢痕性脱发或其他毛发疾病患者	

续表

排除标准	患有炎症性皮肤病临床未愈者
	患有心血管、内分泌或代谢等系统性疾病者
	正在接受治疗的哮喘或其他慢性呼吸系统疾病患者
	近 6 个月内接受抗癌化疗者
	免疫缺陷或自身免疫性疾病患者，或患有传染性疾病者
	患有精神类或心理疾病者；或者有睡眠、情绪控制障碍或生活作息不规律者
	近 3 个月内使用过具有防脱发或育发功效的化妆品、保健品或其他具有此类功效的产品者
	近 6 个月内应用过任何影响头发生长的药物者，包括口服非那雄胺片（保法止®、保列治®等），或局部使用任何含米诺地尔的制剂（如蔓迪®等）
	曾接受过头发移植治疗者
	头发高度卷曲者
	体质高度敏感者
	近 3 个月内参加过其他临床试验者
	临床评估认为不适合参加试验者
受试者限制	受试者筛选和试验期间每次来访评价前 48h 内不能洗头，且每次访视前不洗头发的时间基本保持一致，访视当天不能自行梳发
	试验期间每次回访评估前 2 周内不理发
	试验期间除使用试验机构提供的试验和（或）对照产品以外，不使用其他任何头发产品
	试验期间不能进行任何头发护理和美发处理措施，也不能接受任何防脱发、生发方面的治疗
	试验期间保持原有的作息规律，不改变原有良好的生活习惯，避免情绪波动大

2. 实验设计和实施

　　此类方案设计一般采用随机、双盲、对照试验原则。按入选和排除标准选择合格的健康志愿者，2周洗脱期后仍满足试验条件者按分层随机法分为试验产品组和对照产品组，确保可能影响试验结果的重要因素（性别、年龄、头发长度、脱发严重程度等）的平衡。按照使用方法说明，连续使用试验产品和对照产品至少12周，通过脱发计数和毛发密度评价，与对照产品组使用结果进行比较，对试验产品的防脱发功效性进行评价。入组受试者使用产品前需进行毛发基础值评估，包括脱发计数、毛发密度评估和图像拍摄，并记录。

　　试验结果观察应在温度为（20±2）℃、相对湿度为（50±10）% RH 的恒定环境条件下进行，受试者到达试验机构后应在此环境条件下静坐至少 30min 方可开始评价和测试。

3. 测试结果评估

　　（1）**整体毛发密度评估**　受试者头顶头发向两侧对称梳开并保持顺畅，每次回访评估必须保持相同的发型（参考首次拍摄的全头头发照片），采用8级评分表评价整体头发密度，如表10-2所示。

表 10-2　毛发密度分级评分表

分级	描述
7	无头发
6	极稀疏，单个视野毛发数量少于 100 根
5	稀疏，清晰可见头皮，单个视野内毛发数量，≥ 100 根
4	偏稀疏，清晰可见头皮，单个视野内毛发数量，≥ 200 根
3	中等密度，可见头皮，单个视野内毛发数量，≥ 250 根
2	偏稠密，头皮几乎不可见，单个视野内毛发数量，≥ 300 根
1	稠密，头皮不可见，单个视野内毛发数量，≥ 350 根
0	非常稠密，头皮不可见，单个视野内毛发数量，≥ 500 根

注：单个视野约为 1cm×1cm 大小，以评估时梳的头发分界线为计数框的外边界。

在光线充足明亮的条件下（色温 5500~6500K 的日光灯管光照），每次回访时由经过培训的皮肤科医生现场对毛发密度进行评估，并记录。

每次回访时，拍摄全头头发照片，具体操作步骤如下：受试者穿上黑色无反光围脖，并将头发梳理顺畅（每次发型保持一致，回访拍照参照首次拍摄照片），将下巴置于拍摄支架上，固定数码相机拍摄参数，拍摄全头头发照片。每次拍照时，需要贴上标签，包括受试者编号和回访时间，并设置标准色板。回访周期全部结束后，由经过培训的皮肤科医生观察、比较所有拍摄的照片，评估毛发密度，并记录。

（2）局部毛发密度评估　受试者头部固定一块至少 1.5cm×1.5cm 的剪发区域（头顶偏颞侧），做好定位，每次回访时，保证剪除毛发的区域一致，毛发剪至残留长度不超过 1mm；图像采集过程中，操作人员需要让受试者处于一个舒适的体位，将皮肤镜置于剪除毛发区域正中央进行局部头皮头发图像拍摄，拍摄时皮肤镜镜头与头皮完全贴合且保持垂直，并检查拍摄图像的清晰度。

应用 SPSS 等数据统计分析软件进行数据的统计分析。计量数据表示为（均值 ± 标准差），自身前后的比较，采用配对 t-检验；等级资料使用前后的比较，采用两个相关样本秩和检验；试验产品和对照组之间比较采用独立样本 t-检验或秩和检验。显著性水平为 $P<0.05$。

试验产品使用后，脱发计数无显著增加、且与对照组相比显著减少（$P<0.05$）；或整体毛发密度或局部毛发密度后无显著减少且与对照组相比显著增加（$P<0.05$），则认为试验产品有防脱发功效。

参考文献

［1］中华人民共和国国务院令 第 727 号.《化妆品监督管理条例》. 2020.06.29.

［2］国家药品监督管理局.《化妆品功效性宣称评价规范》. 2021.04.09.

［3］秦钰慧. 化妆品安全性及管理法规［M］. 北京：化学工业出版社，2013：936-938.

［4］有助于缓解脱发症状的化妆品人体试验指南. 韩国生物医药部审查部 化妆品审查科，2018.

［5］Piérard GE，Piérard-Franchimont C，Marks R，Elsner P；EEMCO group. Skin Pharmacol Physiol［J］. EEMCO guidance for the assessment of hair shedding and alopecia. 2005，17（2）：98-110.

［6］Wasko CA，Mackley CL，Sperling LC，et al. Standardizing the 60-second hair count［J］. Arch

Dermatol，2008，155（6）：759-762.

［7］Dhurat R，Saraogi P. Hair evaluation methods：merits and demerits［J］. Int J Trichology. 2009，1（2）：108-19.

［8］Berger R S，Fu J L，Smiles K A，et al. The effects of minoxidil，1% pyrithione zinc and a combination of both on hair density：a randomized controlled trial［J］. Br J Dermatol. 2003，149（2）：354-62

［9］中国医师协会美容与整形医师分会毛发整形美容专业委员会. 中国人雄激素性脱发诊疗指南［J］. 中国美容整形外科杂志，2019，30（1）：前插1-5.

［10］吴园琴，范卫新，董青，等. 毛发显微图像分析系统在雄激素性秃发疗效分析中的应用［J］. 临床皮肤科杂志，2018，57（1）：3-7

［11］周乃慧，范卫新. 毛发生长的评价方法［J］. 国际皮肤性病学杂志，2008，35（5）：267-271.

［12］赵亚. 防治脱发研究进展［J］. 第八届中国化妆品学术研讨会论文集，2010.

［13］Chamberlain AJ，Dawber Rodney PR. Methods of evaluating hair growth［J］. Australas J Dermatol，2003，55（1）：10-18.

［14］Blume-Peytavi U，Hillmann K，Guarrera M. Hair growth assessment techniques［M］. Berlin：Spriger，2008：125-157.

［15］周城. 头发疾病的准确诊断：临床、毛发镜和组织病理的结合［J］. 皮肤科学通报，2018，35（2）：171-177.

［16］韩向晖，李经才. 脱发发病机理与防治药物新进展［J］. 沈阳药科大学学报，2001，18（3）：223-229.

［17］方红. 休止期脱发研究进展［J］. 中国医学文摘. 皮肤科学. 2016，33（5）：580-585.

［18］赵晖，陈家旭. 脂溢性脱发的研究现状［J］. 时珍国医国药，2006，17（5）：597-599.

［19］袁晋，傅雯雯，吴文育. 斑秃治疗的研究进展［J］. 中国医学文摘. 皮肤科学. 2008，25（6）：351-353.

［20］张建东，管秀好，林俊萍，等. 毛发扁平苔藓之假性斑秃 1 例［J］. 中国麻风病杂志，2008，25（5）：391-392.

［21］冀航，胡志奇，严欣. 毛发移植及相关体外培养的研究进展［J］. 中华医学美学美容杂志，2003，9（2）：123-127.

［22］Agozzino M，Tosti A，Barbieri L，et al. Confocal microscopic features of scarring alopecia：preliminary report［J］. British J Dermatol，2011，165：535-550.

［23］Ardig M，Agozzino M，Franceschini C，et al. Reflectance confocal microscopy for scarring and non-scarring alopecia real time assessment［J］. Arch Dermatol Res，2016，308：309-318.

［24］Mirmirani P，Dawson TL. Hair growth parameters in pre-and post-menopausal women，in Hair Aging［M］. Berlin，Springer-Verlag，2010.

［25］Evans TA，Park K. A statistical analysis of hair breakage II. Repeated grooming experiments［J］.

J Cosmetic Sci，2010，61：439-456.

［26］王宁，荣恩光，闫晓红．毛囊发育与毛发生产研究进展［J］．东北农业大学学报，2012，000（9）：6-12.

［27］孙建林，吕新翔．雄激素性脱发的发病机制与治疗进展［J］．内蒙古医科大学学报，2020，42（1）：106-108，112.

［28］温斯健．雄激素性秃发的发病机制进展［J］．科技经济导刊，2020，28（15）：92-94.

［29］庄晓晟，许嘉家，郑优优，等．雄激素性秃发的分类和分级方法［J］．临床皮肤科杂志，2012，41（12）：768-771.

［30］马印尼，夏汝山，杨莉佳．Wnt信号通路与毛囊相关作用的研究进展［J］．临床皮肤科杂志，2019，48（9）：578-582.

［31］Andl T，Reddy S T，Gaddapara T，et al. WNT singals are required for the initiation of hair follicle development［J］.Dev Cell，2002，2（5）：643-653.

［32］李国强，纪影畅，李宇．毛囊形态发生的分子机制［J］．国外医学：皮肤性病学分册，2004，30（1）：38-40.

［33］Hueiken J，Vogel R，Erdmann B，et al. Beta-catenin controls hair follicle morphogenesis and stem cell differentiation in the skin［J］. Cell，2001，105：533-545.

［34］Wang L C，Liu Z Y，Gambardella L，et al. Regular articles：conditional disruption of hedgehog signaling pathway defines its critical role in hair development and regeneration［J］. J Invest Dermatol，2000，114（5）：901-908.

［35］Kolly C，Suter M M，Muller E J. Proliferation cell cycle exit and onset of terminal differentiation in cultured keratinoeytes：Pre-Programmed Pathways in Control of C-Myc and Notchl Prevail over extracellular calcium signals［J］. Invest Dermatol，2005，124（5）：1014-1025.

［36］Wollina U，Lange D，Funa K，et al. Expression of transforming growth factor beta isoforms and their receptors during hair growth phases in mice［J］.Histol Histopathol，1996，11（2）：431-436.

［37］Murillas R，Larcher F，Conti C J，et a l. Expression of a dominant negative mutant of epidermal growth factor receptor in the epidermis of transgenic mice elicits striking alterati ons in hair follicle development and skin structure［J］. EMBO J，1995，14（21）：5216-5223.

［38］Suzuki S，Ota Y，Ozawa K，et al. Dual-mode regulation of hair growth cycle by two Fgf -5 gene products［J］. J InvestDermatol，2000，114（3）：456-463.

［39］Ruiz-Doblado S，Carrizosa A，García-Hernández MJ. Alopecia areata：psychiatric comorbidity and adjustment to illness［J］. Int J Dermatol，2003，42（6）：434-437.

［40］胡小平，王万卷，钟绮丽，等．320例男性型脱发量表分析及 非那雄胺治疗的临床研究［J］.西安交通大学学报（医学版）.2009，30（5）：620-623

［41］郭红卫，冯正直，钟白玉，等.应激生活事件和斑秃发生风险的 相关性调查［J］.第三军医大学学报，2010，32（1）：85-88.

［42］王端，徐巧瑜，雷霞，等．三种常见脱发性疾病与睡眠质量和情绪因素的相关性调查［J］．实用皮肤病学杂志，2013，6（6）：339-342.

［43］孙位军．光核桃仁油的化学成分和促进毛发生长作用机制研究［D］．成都：成都中医药大学，2018.

［44］曾敬思，曾昭明．精神情绪因素与斑秃的关系［J］．中华皮肤科杂志，1998，31（2）：119.

［45］苗勇．人头皮毛乳头细胞体外拟生态培养模型的构建与评价［D］．广州：南方医科大学；2013.

［46］焦虎．用人毛乳头细胞和角质形成细胞构建带附属器的组织工程皮肤替代物的实验研究［D］．中国协和医科大学；2010.

［47］MacDonald，Bryan T，Semenov，et al. SnapShot：Wnt/B-Catenin Signaling［J］. 2007.

［48］孟如松，蔡瑞康，赵广，等．皮肤镜图像分析技术在育发类产品的功效评价研究［J］.CT理论与应用研究，2010，19（1）：71-76.

［49］Kim B J，Choi J，Choe S J，et al. Modified basic and specific（BASP）classification for pattern hair loss［J］. International Journal of Dermatology，2019，59（1）.

［50］胡天星，杨希川．毛乳头分子特征研究进展［J］.临床皮肤科杂志，2020，49（3）：187-189.

［51］景璟，郑敏.毛母质细胞和毛乳头细胞相互作用的研究进展［C］//中华医学会第十九次全国皮肤性病学术年会.2013.

［52］罗洋，郝飞，钟白玉，等．人毛乳头细胞生长相关蛋白作用下细胞VEGF的表达［J］．中国美容医学，2004，13（3）：261-263.

［53］毛康琳，王瑾，苗勇，等.米诺地尔在脱发治疗中的临床应用及其机制研究进展［J］.临床医药文献电子杂志，2017（41）：204-206.

［54］金淑芳，李传茂，林盛杰．维生素及其衍生物在头皮护理产品中的应用［J］．广东化工，2019，46，410（24）：78-79.

［55］Ohn J，Kim S J，Choi S J，et al. Hydrogenperoxide（H_2O_2）suppresses hair growth through down regulation of β-catenin［J］. Journal of Dermatological Science，2017，9（3）：91-94.

［56］Huang W Y，Huang Y C，Huang K S，et al. Stress-induced premature senescence of dermalpapilla cells compromises hair follicleepithelial-mesenchymal interaction［J］.Journal of Dermatological Science，2017，86（2）：114-122.

［57］Erdogan H K，Bulur I，Kocaturk E，et al. The role of oxidative stress in early-onset androgenetic alopecia［J］. Journal of Cosmetic Dermatology，2017，16（4）：527-530.

［58］张志毕，董超，马娇，等.丹参水提物对小鼠病理脱发模型毛发的再生影响［J］昆明医科大学学报，2016，37（11）：23-27.

［59］Philpott M P，Sanders D A，Bowen J，et al. Effects of interleukins，colony-stimulating factor and tumour necrosis factor on human hair follicle growth in vitro：a possible role for interleukin-1 and tumour necrosis factor-alpha in alopecia areata［J］. British Journal of Dermatology，1996，

135（6）：942-948.

［60］Kim B J，Choi J，Choe S J，et al. Modified basic and specific（BASP）classification for pattern hair loss［J］. International Journal of Dermatology，2019，59（1）：60-65.

［61］曾敬思，曾昭明.精神情绪因素与斑秃的关系［J］.中华皮肤科杂志，1998，31（2）：119.

第十一章 抗糖化类化妆品

关于皮肤老化，除了经典的自由基学说、光老化学说，近年来，糖化学说也逐渐进入人们的视野。这个学说指出，皮肤组织中发生的糖化反应与氧化应激、线粒体损伤、细胞生理或病理性衰老、外界污染物刺激一样，都是导致皮肤衰老的一类重要因素。

一、糖化的发生机制

（一）糖化反应与糖基化终末产物

糖化反应，又称美拉德反应（Maillard reaction），是指含游离氨基的化合物和还原糖或羰基化合物在常温或加热时发生的聚合、缩合等反应，经过复杂的过程，最终生成棕色甚至是棕黑色的大分子物质类黑精或称拟黑色素，甚至一些还原酮、醛和杂环化合物等，所以又被称为羰氨反应，也是食品加工中常见的化学反应。

人体内积累过多的糖分时，游离糖在没有酶作用的情况下，会和真皮中的胶原蛋白发生反应，先形成一些可逆的初级"糖基化产物"，随后形成不可逆的"糖基化终末产物"，从而引发皮肤出现不同程度的糖化反应。发生糖化反应的皮肤，胶原蛋白和弹性蛋白与糖基化终末产物发生交联，导致皮肤出现老化、松弛、暗黄甚至皱纹。

晚期糖基化终末产物（advanced glycosylation end products，AGEs）的来源分为内源性和外源性两种，其中外源性晚期糖基化终末产物主要来自富含碳水化合物和脂肪的食物以及长时间高温处理的食物，不健康的生活习惯如吸烟等也会生成AGEs。外源性晚期糖基化终末产物主要为在非酶条件下蛋白质、脂肪酸或核酸等大分子物质末端的游离氨基基团与还原糖的醛基或酮基之间发生非酶糖基化反应所形成的高活性终产物的总称，是一种含多种结构分子的混合物。AGEs存在于机体的不同组织器官中，如血管内皮细胞、神经细胞、胶原、晶状体循环系统以及肾脏、肝脏、肺脏、血管、腹膜等组织纤维中，具有呈棕黄色、荧光特性、不可逆性、交联性、不易被降解、结构异质性、对酶稳定等特性，到目前为止没有发现能够使AGEs生成逆转的细胞系。其主要结构成分有羧甲基赖氨酸（CML）、戊糖苷素（pentosidine）、3-脱氧葡萄糖酮酸、咪唑咙（imidazolone）、氢化咪唑咙（hydroimidazolone）、吡咯嗪（pyrroline）、吡咯醛、乙二醛、苯妥西定、咪唑酮、交联素（crossline）等。目前已知，除蛋白质可与还原糖发生反应生成AGEs外，高血糖状态（糖尿病）、氧化应激、自然衰老等均可促进AGEs的形成。正常生理状态下，体内（包括皮肤内）糖基化反应缓慢，且产物AGEs可以通过代谢排出。但随机体各方面功能下降，AGEs会在体内过量累积导致一系列疾病。如老年人群和糖尿病患者的皮肤中会出现AGEs过量积累从而对真皮层中的胶原蛋白和弹性蛋白产生损伤。随年龄增长，单位皮肤面积的胶原蛋白含量每年约流失1%，体内的AGEs也逐年提升1.2%，AGEs累积会破坏蛋白质，造成恶性循环。

AGEs对机体造成损害主要通过以下途径。

其一，AGEs与蛋白质、脂质、核酸等大分子物质直接交联结合破坏其结构和功能。体内以蛋白质产生的AGEs最多，在蛋白质中，特别是赖氨酸的 ε-氨基最易与糖类生成 N-ε-（羧基甲基）赖氨酸；另外，精氨酸、组氨酸、酪氨酸、色氨酸、丝氨酸及苏氨酸等也可发生糖基化反应。人皮肤组织中有大量的胶原蛋白与弹性蛋白，这两种蛋白质代谢缓慢，而且含较多的赖氨酸及羟赖氨酸，这为发生非酶糖基化反应提供了物质基础。胶原蛋白与细胞外液的葡萄糖发生非酶糖基化反应生成的AGEs随着年龄不断累积。随AGEs进行性增加，胶原蛋白形成分子间交联，不但降低了结缔组织的通透性还使养料及废物的扩散性能减弱、组织延展性和硬度增加；降低了胶原的可溶性，难以被胶原酶水解，造成皮肤弹性下降和皱纹的形成。由于AGEs生成的不可逆性导致皱纹不断加深并且不易平复；弹性蛋白与细胞外液的葡萄糖发生非酶糖基化反应生成AGEs，导致弹性纤维发生变性交联，弹性消退、皮肤变薄、含水量减少，皮肤进一步萎缩、变皱。

皮肤由表皮和真皮组成，其中真皮衰老在皮肤衰老过程中起着重要作用。真皮由成纤维细胞及其产生的胶原纤维、弹力纤维及基质组成。胶原纤维是细胞外基质（ECM）最基本的成分之一，真皮细胞外基质的主要结构成分是Ⅰ型胶原蛋白和Ⅲ型胶原蛋白，其分别占皮肤干重的70%和15%以上，为真皮提供抗张强度和稳定性，维持皮肤的饱满度和弹性。在其他结构中，重要的皮肤胶原蛋白有Ⅳ、Ⅴ、Ⅵ和ⅩⅣ型。AGEs的形成通常需要几个月甚至几年时间，因此AGEs主要修饰长寿的分子如胶原等，从而形成不溶的、功能下降的复合物。胶原糖基化以各种方式损害其功能。相邻胶原纤维的分子间交联改变了其生物力学特性，导致纤维僵硬，柔韧性也随之降低，从而增加了对机械刺激的敏感性；电荷变化和胶原侧链上AGEs的形成影响了其与细胞和其他基质蛋白的接触位点，并抑制了他们之间的反应能力；单体在三螺旋中的精确聚集以及IV型胶原与基底膜中的层粘连蛋白的结合可能会受到影响。

胶原代谢是一个需要合成和降解相互平衡的复杂过程，如基质金属蛋白酶（MMPs）以及细胞因子的作用。修饰的胶原阻碍MMPs的降解，间接导致组织的通透性和周转率受到损害。MMPs是导致胶原和弹性蛋白降解，进而导致真皮光老化的主要原因，也通过紫外线照射后释放的肿瘤坏死因子-α（TNF-α）的刺激生成。其中MMP-1和MMP-13优先降解I型和III型胶原，而MMP-2和MMP-9负责主要基底膜蛋白IV型胶原的分解，当与MMP的组织抑制剂（TIMP-2）和MMP-14复合时也导致I型胶原的分解。MMP-3可裂解多种ECM底物，包括IV型胶原、蛋白多糖、纤维连接蛋白和层粘连蛋白，并激活其他MMPs前体。巨噬细胞金属弹性蛋白酶MMP-12主要会导致弹性蛋白和广泛的基质和非基质底物的降解。

其二，AGEs与细胞表面受体相互作用，引发生物学效应。相关研究表明，AGEs的许多功能是通过其与细胞表面的特异性受体结合起作用的，细胞表面的晚期糖基化终产物受体（RAGEs）是一种多配体的膜受体，可与多种配体相互作用。在与配体结合后可启动多条信号通路，引起细胞内氧化应激和炎症反应等，导致细胞功能紊乱。RAGEs在糖尿病并发症、炎症、阿尔兹海默病和肿瘤等疾病的发生和发展中起重要作用。其与AGEs等配体结合后，可诱导单核细胞的趋化和氧化应激反应，并生成大量的氧自由基，激活信号转导通路，刺激白细胞介素1（IL-1）、胰岛素样生长因子-1（IGF-1）、肿瘤坏死因子-α（TNF-α）、血小板来源生长因子（PDGF）、无粒白细胞-巨噬细胞克隆刺激因子的释放和表达，尤其是激活转录因子NF-κB，产生致病效应。激活和损害细胞内的蛋白质、核酸，引起复杂的生物学效应会导致细胞的功能和结构的异常，从而影响各器官的结构和功能。

（二）抗氧化与糖化

过氧化引发的皮肤衰老，主要是由于自由基的过量积累，破坏皮肤的弹性纤维和胶原蛋白，加速皮肤衰老。皮肤糖化也是皮肤发生氧化应激反应重要通路之一，且有研究表明MMP-9的含量与AGEs息息相关，都会造成皮肤老化。随着年龄的不断增长，AGEs在血清、组织中生成并不断积聚，造成人体内血管壁的硬度增加；在皮肤中，AGEs在真皮弹性蛋白和胶原中积累，造成蛋白质的交联损伤，能使正常的蛋白结构转变成老年蛋白的结构，并与真皮成纤维细胞的细胞膜非特异性地相互作用，最终造成皮肤衰老。

（三）光老化与糖化

有研究显示，当受到外源因素如紫外线的影响时，真皮层会累积逐渐大量AGEs导致弹性纤维和胶原纤维出现形态异常改变、数量随之减少等现象，即"日光性纤维变性"。活性氧自由基（ROS）、紫外线（UV）照射都可能加速糖化反应，换而言之，氧化反应才能形成AGEs；而AGEs也会诱导产生自由基、导致脂质过氧化。糖化反应也可以被视为是光老化的一个伴随或者交叉反应，与光老化和氧化反应在某些过程中重叠和并行。因此，光老化在一定程度上会加重糖化反应，已经出现糖化反应的皮肤在过度紫外线照射下，也可能加重光老化的症状。

二、抗糖化类化妆品与主要功效成分

1. α-硫辛酸

α-硫辛酸（alpha-lipoic acid，α-LA）也称硫辛酸（lipoic acid，LA），化学名为1, 2-二硫戊环-3-戊酸，是类维生素类物质，广泛存在于生物体中。LA已被证实为一种强抗氧化剂，能消除氧自由基和超氧基的活性，阻止机体的氧化作用，保护机体细胞，同时具有抗炎作用并影响胶原合成。LA现已被人们广泛地用作药物和营养补充剂，近年来还被应用于化妆品中。

LA一旦进入细胞，二硫键就被还原为二氢硫辛酸（DHLA，还原型），二者均具有强抗氧化性，二者在体内协同作用，是已知抗氧化效果最强的天然抗氧化剂。相关研究表明，LA和DHLA可直接清除活性氧（ROS）及活性氮、螯合金属离子，再生其他内源性抗氧化剂，如谷胱甘肽、维生素C、维生素E，通过修复氧化损伤等发挥抗氧化作用；LA及其代谢产物还可通过抑制中性粒细胞浸润和降低血管通透性产生抗炎作用；心肌成纤维细胞（cardiac fibroblasts，CFb）是参与心肌纤维化的主要细胞，具有较强的增殖和合成分泌Ⅰ型与Ⅲ型胶原纤维的能力，在心肌间质纤维化中具有重要的作用，LA可在一定程度上抑制转化生长因子β1（transforming growth factor beta，TGF-β1）水平、阻断p38丝裂素活化蛋白激酶（p38mitogen-activated protein kinase，p38MAPK）通路，实现抑制高糖诱导的CFb增殖和胶原合成。

2. 肌肽

肌肽即丙氨酰组氨酸，是一种在生物体中由肌肽合成酶利用β-丙氨酸和L-组氨酸合成而成的产物，自然存在于机体多种组织中，尤其在肌肉及脑组织中含量丰富。最早是由俄国两位化学家于1900年在牛肉提取物中发现的。

肌肽主要在骨骼肌、心肌及某些特定的大脑区域由肌肽合成酶合成，通过肌肽酶降解为β-丙氨酸及L-组氨酸。其最常见的变异体为甲基化类似物如鹅肌肽、蛇肌肽，二者均通过L-组氨酸的咪唑环被甲基化形成，除了结构相同，也表现出类似的生物活性。肌肽、鹅肌肽、蛇肌肽统称为组氨酸二肽。决定肌肽在肌肉中含量的因素主要有纤维类型、性别、年龄、运动量以及食物等。肌肽的作用广泛，有抗氧化、金属离子螯合、酸碱缓冲、抗衰老等作用。在动物实验研究中发现，肌肽对许多老年相关性疾病，如伤口愈合、阿尔茨海默病、帕金森病、脑卒中以及糖尿病肾病均有改善作用等。肌肽可以与体内的活性物质反应，保护蛋白质不被糖基化，同时肌肽可以与已经发生糖基化的蛋白质产物作用，阻止糖基化蛋白质的进一步交联。研究发现，口服肌肽制剂能够显著降低羧甲基赖氨酸水平，血清戊糖素水平也得到了明显改善；肌肽也可降低AGEs、MDA、ROS等的水平，并缓解ROS造成的DNA氧化损伤。

肌肽作为AGEs抑制剂的机制有：①通过转糖作用从席夫碱中还原天然蛋白质；②具有降血糖作用；③对AGEs前体活性羰基物质（RCS）的解毒能力；④通过抑制糖基化蛋白质氧化转化成AGEs。

3. 植物提取物

山竹提取物（α-倒捻子素、桑橙素糖苷）是应用较多的一种，特点是具有减少和分解AGEs的双重效果，并且与透明质酸和胶原蛋白肽具有协同作用。有研究以30~40岁的女性11人为对象进行了研究，每天摄取山竹提取物（Mangostin aqua）

100mg，4周后皮肤表面的AGEs蓄积量明显减少，皮肤的黏弹性和水分值得到了改善。

红藜（*Chenopodium formosanum*）为苋科藜亚科藜属之台湾原生种植物，被誉为"谷物中的红宝石"，为我国台湾原住民的传统粮食作物，富含多酚与黄酮类、甜菜红素、甜菜黄素等抗氧化成分，也富含多种必需氨基酸和营养元素，可用作天然的着色剂和抗氧化剂。红藜提取物中主要包含芦丁、山奈酚、甜菜碱等20多种化合物，使其具有抗氧化、促进胶原蛋白生成、减少细胞凋亡、抗炎、抑制黑色素瘤细胞生长和保护及修复受损肝脏的作用。荞麦（*Fagopyrum esculentum Moench.*）为蓼科荞麦属植物，又称三角麦、乌麦，是一种历史悠久的药食同源植物，在《本草纲目》《齐民要术》等医书古籍上均有记载，具有很高的医用、营养及经济价值。荞麦富含蛋白质、脂肪、纤维素等物质，维生素 B_2 的含量可达其他粮食 4~24 倍，且含有其他禾谷类粮食所没有的叶绿素、芦丁。因此，荞麦具有增进细胞生长、抗氧化、抗糖化等作用。红藜和荞麦均因其所具有的良好抗氧化及抑制炎症反应而被应用于保健食品中。郭立群等发现台湾红藜和荞麦提取物具有良好的抗氧化、抗炎即抗糖化功效，可清除自由基，增加糖化受损细胞中的胶原蛋白含量。

樱花（*Prunus* subg. *Cerasus* sp.）多酚作为AGE生成抑制剂已经获得了日本和中国的专利。

紫菊花［*Notoseris macilenta*（Vaiot & H.Lév.）N Kilian］富含木犀草素、绿原酸、花青素等多酚，人体试验证明其具有抑制糖化疲劳指标血中AGEs生成的效果，还有改善色素沉着、弹性的肌质的效果。

合欢（*Albizia Julibrissin*）树皮提取物、紫云英（*Astragalus Sinicus*）提取物、丹参提取物、白藜芦醇等都是具有抗氧化和抗糖效果的植物提取物。

三、抗糖化类化妆品功效评价

（一）体外细胞生物学及分子生物学方法

AGEs 的过量积累则对真皮层的胞外基质胶原蛋白造成损伤，破坏皮肤结构及弹性。外界刺激因素导致的氧化应激也会通过生成大量的活性氧自由基（ROS）与糖化反应产生互作。细胞在正常生理代谢下，可通过自身的抗氧化系统清除过量的

ROS 以防止氧化损伤的发生，但当 ROS 的积累超过系统承受限度时，就会诱发氧化应激，使细胞中的脂质、蛋白质和 DNA 受到不同程度的损伤。体内 AGEs 过量累积也可诱导 ROS 产生并消耗超氧化物歧化酶（SOD）、维生素 C 等抗氧化成分，进而影响糖化抑制系统 Glo I 的能力，促进糖化过程的发生。同时，AGEs 的形成导致皮肤细胞弹性降低，同时细胞对外界刺激的反应更强烈，从而产生更多的活性氧自由基。因此，体内糖基化常伴随着氧化应激反应的发生。

郭立群等利用外源 AGEs 产物在体外培养 HFF-1 细胞上建立糖化损伤模型，检测度红藜-荞麦提取物在损伤模型中清除活性氧自由基的效果，以及对 III 型胶原蛋白含量的影响。

（二）人体评价法

受到糖化产物和氧化自由基等应激等损伤后，皮肤组织中胶原和弹性蛋白纤维脆弱变性，导致皮肤组织的松弛度增加，皮肤弹性下降；抑制透明质酸的合成、降低皮肤水合能力；促进皮肤细胞凋亡，加剧皮肤老化，皮肤外观上出现表面不均、皱纹增多加深等。郭立群等以红藜-荞麦提取物为主要原料的抗糖化饮品，并追踪测试周期内受试者的皮肤水分、皱纹、光泽度等指标，以观察皮肤状态改善情况。使用饮品前后受试者皮肤中水分含量的变化由皮肤水分含量变化率表示。当水分含量发生变化时，皮肤的电容值也发生变化，此值越高，说明产品补水保湿效果越明显。受试者使用饮品前、连续使用 4 周、6 周后，经 Corneometer CM825 仪器检测，相同测试区域内皮肤水分含量随产品饮用时间逐渐升高。同时，利用皮肤快速成像分析系统 Derma TOP 采用条纹投影测量技术（fringe projection）对区域眼角皱纹深度进行测试。皱纹深度（绝对值）随时间增加呈降低趋势，在使用产品 4 周、6 周后低于使用前，且眼角皱纹深度（绝对值）的变化率在第 4 周和第 6 周时均为负值，且在第 6 周达到 -1.96%。连续使用测试产品 6 周后，受试者眼角皱纹深度改善了 1.96%（绝对值），表明该产品具有淡化眼角皮肤细纹的效果（图 11-1）。

人的肤色主要由褐色的黑色素、红色氧合血红蛋白、蓝色的还原血红蛋白及黄色的胡萝卜素与胆色素构成，同时也受到皮肤粗糙度、水合程度等因素的综合影响。目前常用分析皮肤色度的 CIE-LAB 系统中，明度 L^* 代表灰阶，主要受黑色素含量影响，其值与皮肤"亮白"呈正相关；色度 b^* 值反映皮肤的黄色程度，也与皮肤黑色素含量和"暗黄"程度呈正相关。受试者使用产品后，测试区域皮肤颜色

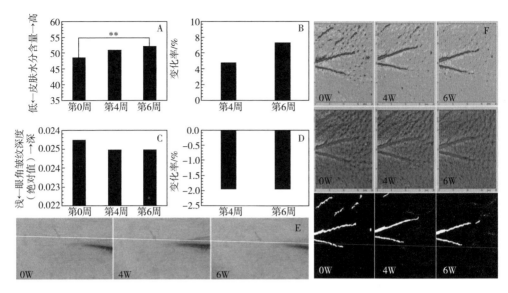

图 11-1　受试者使用红藜果味饮品前后皮肤水分及眼角皱纹变化

A 测试区域皮肤水分含量使用前后对比（相对使用前显著性分析，*、**、*** 分别代表 $p < 0.05$、$p < 0.01$、$p < 0.001$）；

B 测试区域皮肤水分含量变化率；

C 眼角皱纹深度使用前后对比；

D 眼角皱纹深度变化率；

E VISIA-CR 淡化细纹有效例（受试者编号：012，Standard 2 光源模式）；

F Derma TOP 不同光源下淡化眼角细纹有效例（受试者编号：019，彩色图、棕色图、倒模图模式）。

L^* 值随使用时间逐渐升高，尤其在使用产品 4 周、6 周后高于使用前；皮肤颜色 L^* 值的变化率在第 4 周和第 6 周时均为正值，且随产品使用时间增加而升高，第 6 周达到 0.90%；说明，连续使用测试产品 6 周后，受试者脸部皮肤颜色 L^* 值提升了 0.90%，测试产品具有提升皮肤亮度（白度）的效果。同时，测试区域皮肤颜色 b^* 值随产品使用时间逐渐降低，在使用产品 4 周、6 周后低于使用前；皮肤颜色 b^* 值的变化率在第 4 周和第 6 周时均为负值，且随产品使用时间增加而降低；说明，连续使用测试产品 6 周后，受试者脸部皮肤颜色 b^* 值改善了 9.08%（绝对值），改善显著（$P < 0.01$），测试产品具有改善皮肤暗黄的效果。

皮肤的光泽度在一定程度上可以侧面反映皮肤的健康状态。通过对受试者使用产品前后的皮肤光泽度数值进行追踪，发现受试者使用产品后，测试区域皮肤光泽度呈升高趋势。连续使用测试产品 6 周后，受试者脸部皮肤光泽度提升了 3.05%，证明测试产品具有提升皮肤光泽度的效果。

参考文献

［1］孙红艳，刘洪臣．晚期糖基化终末产物（AGEs）与衰老［J］．中华老年口腔医学杂志，2010（5）：64-67.

［2］吕翠，刘洪娟，刘晓丽，等．晚期糖基化终末产物受体及其抑制剂的研究进展［J］．中国药理学通报，2013，29（4）：452-456.

［3］Lohwasser C，D Neureiter，Weigle B，et al. The Receptor for Advanced Glycation End Products Is Highly Expressed in the Skin and Upregulated by Advanced Glycation End Products and Tumor Necrosis Factor-Alpha［J］. Journal of Investigative Dermatology，2006，126（2）：291-299.

［4］彭立伟，来吉祥，何聪芬，等．非酶糖基化与皮肤衰老的研究进展［J］．中国老年学，2010，30（20）：3027-3029.

［5］Gkogkolou P，Bhm M. Advanced glycation end products：Key players in skin aging？［J］. Dermato-Endocrinology，2012，4（3）：259-270.

［6］王彬彬，张翠萍，赵志力，等．晚期糖化终产物产生的皮肤自发荧光对糖尿病及其并发症诊断的重要意义［J］．感染，炎症，修复，2016，17（1）：49-51.

［7］Jamil Momand，Gerard P. Zambetti，David C. Olson，et al. The mdm-2 oncogene product forms a complex with the p53 protein and inhibits p53-mediated transactivation［J］. Cell,1992,69（7）：1237-1245.

［8］杨成会，崔芬，戚厚兴，等．皮肤晚期糖基化终末产物荧光检测在糖尿病中应用研究进展［J］．中华实用诊断与治疗杂志，2020，34（9）：109-111.

［9］邢美艳，王贻坤，夏营威，等．皮肤无创晚期糖基化终末产物测定在社区2型糖尿病血管性并发症筛查中的作用研究［J］．中国全科医学，2020，23（8）：913-919.

［10］Haslbeck K. The AGE/RAGE/NF-（kappa）B pathway may contribute to the pathogenesis of polyneuropathy in impaired glucose tolerance（IGT）［J］. Experimental and Clinical Endocrinology & Diabetes，2005，113.

［11］Tetsuro，Ago，Takanari，et al. Nox4 as the major catalytic component of an endothelial NAD（P）H oxidase［J］. Circulation，2004，109（2）：227-33.

［12］刘洪彬，于世勇．NADPH氧化酶4在AGEs诱导内皮细胞活性氧生成中的作用研究［J］．重庆医学，2011（24）：15-17.

［13］吴怡琪．皮肤晚期糖基化终末产物检测对糖尿病肾病的临床意义［D］．合肥：安徽医科大学，2019.

［14］劳国娟，任萌，黄燕瑞，等．糖尿病足伤口皮肤细胞凋亡情况及AGEs对人皮肤成纤维细胞凋亡的影响［J］．中国病理生理杂志，2014（8）：1351-1356.

［15］Kanamori H，Matsubara T，Mima A，et al. Inhibition of MCP-1/CCR2 pathway ameliorates the development of diabetic nephropathy［J］. Biochemical & Biophysical Research Communications，2007，360（4）：772-777.

［16］王晔，刘洁，施亚娟，等.α-硫辛酸对大鼠皮肤成纤维细胞高糖损伤的保护机制［J］.武汉大学学报：医学版，2013，34（5）：646-649.

［17］刘珊珊，王国贤，李兆钢，等.α硫辛酸对高糖环境下心肌成纤维细胞胶原表达的影响［J］.中华高血压杂志，2013（5）：464-468.

［18］修艳燕，鲁严.硫辛酸治疗皮肤疾病的研究进展［J］.实用老年医学，2019，33（3）：291-293，305.

［19］王国贤，刘珊珊，李飞，等.α-硫辛酸对高糖环境下心肌成纤维细胞TGF-β1/Smads信号通路的影响［J］.江苏大学学报：医学版，2013（2）：108-111.

［20］Boldyrev A A，Aldini G，Derave W. Physiology and pathophysiology of carnosine［J］. Physiological Reviews，2013，93（4）：1803-1845.

［21］章诗琪，夏莉，章秋.肌肽在体外氧化反应中的作用［J］.安徽医科大学学报，2018，53（6）：979-983.

［22］钱雯，骆丹，周炳荣.肌肽抗衰老机制的研究进展［J］.实用皮肤病学杂志，2018，11（6）：360-363.

［23］田燕.皮肤屏障［J］.实用皮肤病学杂志，2013（6）：346-648.

［24］Draelos Z D，Yatskayer M，Raab S，et al. An evaluation of the effect of a topical product containing C-xyloside and blueberry extract on the appearance of type Ⅱ diabetic skin［J］. Journal of Cosmetic Dermatology，2010，8（2）：147-151.

［25］郭立群，林咏皓，于淼，等.红藜-荞麦提取物饮品的抗糖化功效评价［J］.食品研究与开发，2020，396（23）：69-76.

第十二章　抗污染类化妆品

一、环境污染与皮肤健康

在日常生活中，人们不可避免地会与各种环境接触，如暴露在已被污染的空气中，受到大气中紫外线的照射等，都会对皮肤和暴露在环境中的其他器官造成相应的损害。通常所说的环境污染大多指重金属、颗粒物、氮氧化物、硫氧化物以及臭氧等，而其中以颗粒物（PM）、挥发性有机化合物和有害气体所导致的空气污染，即常见的雾霾，是最容易危害到大多数人身心健康的污染源，也是易造成皮肤损伤的有害因素。

雾霾是对大气中各种悬浮颗粒物含量超标的笼统表述，尤其是PM 2.5（空气动力学当量直径小于等于2.5μm的颗粒物）被认为是造成雾霾天气的"元凶"。雾霾主要由二氧化硫、氮氧化物和可吸入颗粒物这三项组成，前两者为气态污染物，最后一项颗粒物才是加重雾霾天气污染的主要原因。细颗粒物（PM 2.5）本身既是一种污染物，又是重金属、多环芳烃等有毒物质的载体。

雾霾成分复杂多样，主要由空气中的水分、灰尘、无机酸类（SOX、NOX）以及有机烃类、重金属组成，也包括存在于空气中的细菌、病毒、花粉等。根据颗粒物直径大小可分为总悬浮颗粒物（粒径≤100μm）、粗颗粒物（PM 10）、细颗粒物（PM 2.5）、超细颗粒物（PM 0.1），粒径≤10μm称为可吸入颗粒物，粒径≤2.5μm的颗粒物会经呼吸道进入支气管，沉积在肺泡中，一些超细颗粒物可转移到毛细血管中，然后通过血液循环分配到所有器官，并且PM 2.5富含大量的有毒、有害物质且在大气中的停留时间长、输送距离远，在大气中占很大的比例（约占70%），因而对人体健康和大气环境质量的影响更大，危害更广。

在中国，雾霾形成原因主要有两个：一是污染物排放量大；二是受大气环流的影响。污染物的来源有工农业生产、机动车尾气排放、发电、燃料燃烧、烹调油烟及吸烟等，环流主要受逆温现象影响。

雾霾等大气颗粒物对人体损伤主要表现为对呼吸系统、心血管系统、免疫系统及生殖系统等的损伤，与人体多种疾病密切相关，如过敏性鼻炎、哮喘、慢性阻塞性肺炎、肺癌、心律不齐、动脉硬化、肿瘤和湿疹等。PM 2.5造成局部组织或系统的急性或慢性炎症、炎症细胞的浸润、炎症因子的异常表达与释放等，被认为是致人体健康损伤的重要机制。A.O.O dewabi 研究尼日利亚西南部伊巴丹加油站服务员共有150名受试者（其中50名为对照组），探究长期暴露在含有汽油的环境中对其身体的影响，结果发现与对照组相比实验组血液中丙二醛含量显著升高，超氧化物歧化酶、过氧化氢酶和谷胱甘肽显著下降，这表明汽油与人体内氧化应激反应有关。

空气污染已经成为造成早期死亡的最大环境类风险，在全世界范围内，每年可诱发数百万人心脏病、肺癌、糖尿病和呼吸系统疾病。占城市地区的空气污染物比例较高的可吸入颗粒物是由汽车尾气排放、非道路设备和工业设施燃烧煤炭或石油等化石燃料直接形成的，也包括灰尘、气体和蒸汽的二次颗粒形成等。长时间的空气污染暴露不仅与多种重要疾病相关，也与免疫调节基因的甲基化、相关免疫细胞的蛋白质表达改变和血压升高之间存在关联。

（一）空气污染物的主要成分

空气污染物是由气态物质、挥发性物质、半挥发性物质和颗粒物的混合物组成的，其组成成分变异非常明显。自然来源的空气污染物如火山喷发散发的颗粒物和气态污染物像二氧化硫、硫化氢和甲烷。森林火灾也引发空气污染，包括散发烟雾、烟灰、未燃烧的碳氢化合物、一氧化碳、一氧化氮以及灰尘。海啸喷发的颗粒，来自土壤的细菌芽孢、花粉和灰尘也是空气污染的天然"贡献者"。一些植物也会产生挥发性有机化合物，形成诸如山林区域上空出现的蓝色烟雾。此外，还有很多由人们的生产活动和日常活动过程中（工业、交通、各种燃烧和垃圾处理等）产生的人为来源污染物，例如，一氧化碳、氮氧化物、臭氧、碳氢化合物、硫氧化物、挥发性有机物、铅、汞及我们目前关注最多的颗粒物。

空气污染物中的颗粒物成分主要指分散悬浮在空气中的液态或固态物质，其粒度在微米级，粒径在 0.0002~100μm，包括气溶胶、烟、尘、雾和炭烟等多种形态。颗粒物是烟尘、粉尘的总称。颗粒物包括风沙尘土，也由火山爆发、森林火灾和工业活动、建筑工程、垃圾焚烧以及车辆尾气等产生，如我们常见的PM 2.5和PM 10都属于空气颗粒污染物。由于颗粒物可以附着有毒金属、致癌物质和致病菌等，因此其危害更大。空气中的颗粒物又可分为降尘、总悬浮颗粒物和可吸入颗

粒物等。其中可吸入颗粒物能随人体呼吸作用深入肺部，产生毒害作用。颗粒物
（particulate matter，PM）数字代表粒径，PM 2.5即直径小于等于2.5μm的颗粒物。
与较粗的大气颗粒物相比，PM 2.5粒径小，面积大，活性强，易附带有毒、有害
物质，因此更易对环境和人体产生不良影响。

（二）以PM 2.5为代表的空气污染物对皮肤的危害

人体接触雾霾的形式包括饮食、饮水、呼吸和皮肤（黏膜）吸附。根据流行病
学调查发现，皮肤直接暴露在空气中，空气污染也会对皮肤造成危害。烟草烟雾会
造成伤口愈合不良、皮肤过早老化、鳞状细胞癌、牛皮癣、化脓性汗腺炎、慢性
皮肤病。Vierkotter等进行了一项10多年的研究，调查了70~80岁的白种人女性400
名，发现长期暴露在机动车尾气环境下，会加速皮肤老化，特别是面部色斑的形
成。Anke Hüls等研究发现交通类空气污染物对白种人和黄种人的面部色斑形成均
有影响。李惠等调查了2015年12月到2016年3月共122d不同空气质量情况下急性
荨麻疹患者的就诊量，发现急性荨麻疹患者的就诊量与空气污染成正比，且重度雾
霾天就诊的荨麻疹患者呼吸道症状、抑郁和焦虑的伴发率也会增加，因此，人们猜
想重度雾霾天气可能对患者的呼吸系统、心理健康都会产生不良影响。

由此可推测，皮肤过敏、老化、皮肤屏障受损等皮肤问题都与雾霾刺激密切相
关。目前研究PM 2.5对人体皮肤的伤害主要有直接激活MAPK等信号通路，增加
细胞内外ROS，与AhR结合3条途径，如图12-1所示，并体现在2个方面：破坏
皮肤屏障，加速皮肤老化。

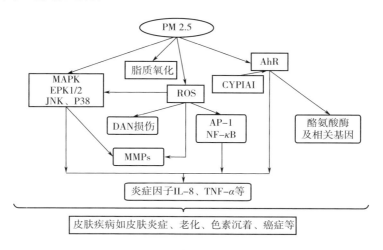

图 12-1 以 PM 2.5 为代表的空气污染物对皮肤的危害

（三）PM 2.5与皮肤衰老

前述可导致皮肤衰老的UV、烟雾、环境污染等外因，均会诱导皮肤细胞产生ROS，如紫外线、空气中污染物等。体内ROS大量产生，会发生氧化应激反应，促使MMPs表达升高，破坏胶原蛋白，激活TGF-β信号通路。同时还与丙二醛（MDA）、超氧化歧化酶（SOD）相关，ROS增多会使MDA增加，SOD表达下降。且有研究表明活性氧升高，还会上调炎症相关因子表达。

1. PM 2.5与皮肤屏障

当皮肤受到外界刺激时，各个皮肤屏障功能就会发挥作用。如皮肤受到紫外线等光刺激时，皮肤色素屏障可发挥作用，促使酪氨酸酶、多巴活化，进而使黑色素分泌增加。黑色素可吸收一部分紫外线，以此达到保护皮肤的作用。空气中的污染物颗粒越小，漂浮时间越长，越容易吸附有害气体、有机物、重金属元素及微生物等。这些颗粒物可吸附在皮肤表面破坏皮肤屏障，对皮肤产生刺激和伤害，导致皮肤衰老加快、色斑增多以及湿疹、过敏等其他皮肤问题。角质层是皮肤的第一道屏障，可一定程度抵抗外界对皮肤的损伤。但是单一的角质层结构不能完整地起到屏障作用，皮肤屏障功能还与表皮的脂质、微生物、各种蛋白（角蛋白、丝聚合蛋白、兜甲蛋白、内皮蛋白等）、水、无机盐等密切相关。

受粒径限制，PM 2.5无法直接穿透肌肤，但它们易黏附于亲脂性的皮肤表面，并不断释放其所吸附的有毒有害物质，这些小分子有害物质可利用毛囊作为通道进入皮肤的更深层，破坏肌肤健康细胞，导致皮肤提前老化，并引发过敏、皮炎、色斑等肌肤问题。

研究表明，PM 2.5能够影响与屏障、保湿相关的Caspase-14等和皮肤结构功能相关的基因表达，从而削弱皮肤的屏障功能，甚至导致肌肤日益敏感。相应地当皮肤屏障功能下降时，外界各类污染因素也更易引发肌肤敏感，并使皮肤伴随出现细纹、松弛、色斑等老化迹象。

长期暴露于空气污染环境能够增加敏感皮肤发生概率，诱发皮肤湿疹甚至皮炎。生活在空气污染严重环境下的人群皮肤红斑指数、皮肤划痕现象发生率和过敏性荨麻疹发病率均显著高于正常环境。有研究数据显示，北京市敏感皮肤比例已经达到17.12%，并且敏感皮肤呈现低龄化趋势。

Kangmo Ahn等研究了空气污染物与特应性皮炎的关系，特应性皮炎的发病与皮肤屏障功能受损密切相关，而包括PM在内的空气污染物都可能通过破坏屏障从而引发特应性皮炎。

2. PM 2.5与氧化应激

氧化应激反应是自由基在体内产生的一种副作用，空气污染物如PM 2.5能够介导活性氧 ROS 的产生。自由基作用于脂质、蛋白质和DNA，引起膜脂质过氧化、蛋白质氧化或水解、诱导或抑制蛋白酶活性和DNA损伤，从而诱导细胞凋亡。而与PM 2.5相关的自由基主要有3个来源。

（1）**颗粒物本身**　PM中的自由基含量丰富并能存在较长时间，将含有自由基的颗粒物作用于人体细胞，可检测到细胞内DNA发生损伤。

（2）**颗粒物上的吸附成分**　如过渡金属铁和铜等，进入人体后可在局部释放出浓度较高的转运金属离子，产生大量自由基。此外，由于PM 2.5比表面积大，具有特殊的表面化学特征，也能产生自由基，从而造成氧化损伤。研究发现，如果使用金属螯合剂和自由基清除剂进行预处理，颗粒物的损伤效应能在很大程度上得到抑制。

（3）**炎症细胞**　颗粒物的一些成分作为抗原，也可引起机体的免疫反应，在巨噬细胞吞噬过程中，消耗大量氧，使细胞外生成大量活性氧，从而使细胞内氧化还原反应失去平衡，在短时间内产生大量自由基。

3. 诱导炎症级联反应

PM 2.5对皮肤的损害是长时间积累的过程。细颗粒物附着在皮肤上，深入表皮刺激皮肤产生免疫反应，可导致皮肤炎症，诱发皮炎、湿疹等皮肤疾病。M. Pasparakis 等证明角质形成细胞对PM 2.5颗粒物十分敏感，PM 2.5颗粒物刺激会促进角质形成细胞分泌IL-6、IL-8、TNF-α，引起免疫反应，导致皮肤炎症。

PM 2.5通过刺激皮肤细胞，激活NF-κB信号通路导致IL-6、IL-8等炎症因子分泌上调，引发皮肤炎症，使皮肤出现瘙痒、红斑、丘疹、脱屑等症状。

颗粒物的一些成分可能作为抗原引起机体的免疫反应，已有研究发现，暴露于空气污染物能显著上调角质细胞中基因的表达，其中就包括细胞因子 IL-6、IL - 8 和细胞色素CYP1A1、CYP1A2、CYP1B1等。细胞因子主要参与炎症反应和免疫调节，轻微的慢性炎症就会造成肌肤的老化。

4. 携带多环芳烃化合物

PM 2.5颗粒上附着的除了金属铁、铜之外还有一类非常重要的物质——多环芳烃（PAHs）。它可以诱发靶细胞产生活性氧，进而氧化损伤DNA，激活信号转导途径，引起细胞突变。PM 2.5中所含的PAHs具有高度亲脂性，容易进入皮肤。Magnani等把重组的人表皮模型暴露在PM中，发现PM能够渗透进皮肤。

吸附于PM 2.5上的PAHs进入皮肤后，能和芳香烃受体（AhR）结合形成毒性复合物PAH-AhR，它能穿透细胞核，并在细胞核内诱导CYP1A1、金属基质蛋白酶MMP-1、α-MSH的前体POMC以及炎症因子Cytocines的表达，从而引发氧化应激、胶原降解、色斑、炎症等一系列肌肤问题干扰染色体的生理活动，制造出多种杂蛋白，引起皮肤癌、炎症、过敏，它还能启动与皮肤老化有关的基因表达，导致肌肤衰老。

二、抗污染类化妆品

近年来，人们对雾霾危害的认识进一步深入，更加需要完善的防护措施来保护皮肤免受雾霾侵害。伴随着中国消费者抗污染消费趋势日益凸显，出现了各种防护或治疗由雾霾引起的皮肤症状的功能性化妆品。具有抗污染或抗雾霾功效宣称的化妆品也逐渐成为一种市场潮流。针对雾霾造成的皮肤问题，研发人员可选择相应的化妆品功效原料来缓解、抵抗雾霾造成的皮肤损害，达到保护皮肤的目的。目前市场宣称具有抗雾霾效果的化妆品主要以保护皮肤屏障、缓解皮肤炎症反应、清除自由基，抗氧化等方面作为切入点。

1. 清洁类原料

皮肤作为人体的第一道屏障直接暴露在空气中，大量的污染物会附着在皮肤及黏膜表面，一些细小微粒会堵塞毛孔，甚至进入表皮层损伤细胞。所以，清洁必然是护肤不可或缺的关键步骤。蜂蜡酸具有良好的去污、乳化和分散能力，可以作为去污剂、乳化剂和稳定剂。甘草酸具有表面活性剂作用，在水溶液中有微弱的起泡性，以甘草酸为主要成分的洁面产品去脂性温和，不对皮肤产生刺激，在洁肤的同时有舒缓和活肤调理功能。国外厂商研发的清洁类护肤品利用甘草、杭菊、阔叶山麦冬、凤眼蓝、菩提树、洋常春藤等作为活性原料，可以清洁皮肤表面97%的灰尘，并对重金属镉有很好的清除效果。某知名洗护品牌通过对空气动力学当量直径在1~3μm的粉尘颗粒物在人造皮肤上的模拟实验，推出首款抗PM 2.5护发产品，可有效清洁隐藏在头皮深处的雾霾颗粒。

2. 修复皮肤屏障类原料

清洁后对受损皮肤屏障进行修复也是关键一步。目前市售化妆品中所使用的功效原料主要有马齿苋提取物，其具有良好的舒缓敏感作用，缓解肌肤受到的刺激，增强肌肤耐受性，降低敏感度。燕麦β-葡聚糖、天然茉莉提取物、天然青刺果油含有棕榈酸、硬脂酸、油酸、亚油酸、亚麻酸、氨基酸、花生四烯酸等人体所需的不饱和脂肪酸，能有效修复皮肤屏障，恢复肌肤健康状态。可以选择添加具有促进天然保湿因子和透明质酸产生的植物原料，加强皮肤屏障，提高皮肤自身抵抗能力，如木糖醇吉普糖苷、脱水木糖醇、木糖醇、水解三色堇提取物和马齿苋提取物等。

3. 舒缓皮肤炎症类原料

皮肤较为敏感的人群在雾霾天气会感觉到肌肤不适，尤其是面部等裸露部位，很容易出现干燥、瘙痒等不适反应。皮肤受到外界刺激会产生相应炎症反应，如肥大细胞释放前列腺素使血管扩张或释放组胺引起瘙痒，朗格汉斯细胞释放一些趋化因子（IL-α、TNF-α等），易使皮肤过敏。常见的舒缓类植物原料种类繁多，如黄芩、母菊花提取物能缓解皮肤不适，安抚过敏肌肤；向日葵提取物可有效从根源抑制免疫反应，舒缓皮肤不适；独活草提取物能舒缓安抚、营养滋润肌肤，抵御外界刺激；阿魏酸有活肤、增白、抗炎、抗敏的作用；辅酶泛醇有抗炎性，对粉刺、褥疮等皮肤问题都有一定治疗作用。白芍总苷具有抑制免疫反应、抗炎和抗病毒等功效。体外实验表明白芍总苷可以抑制细胞炎症因子IL-8的分泌。

4. 清除自由基和抗氧化类原料

雾霾中过高浓度的PM 2.5能使肌肤产生炎症，诱导自由基生成。现代医学认为皮肤衰老大多与自由基损伤有直接关系，而紫外线照射可诱发产生高浓度的活性氧（ROS），黑色素形成也与自由基等密切相关。因此，清除自由基是延缓皮肤老化的有效途径。抗氧化植物原料包括小柴胡、蓝莓、石榴、越橘、猕猴桃、卡卡杜李、樱桃、刺梨、葡萄、橄榄、白芷等提取物。Shin M S等通过体外细胞实验证明知母根提取物、β-葡聚糖和聚-γ-谷氨酸的混合物具有较强抗污染能力。该混合物在1.0%的浓度下ROS清除率高于50%。安格洛苷具有广谱的抑菌作用，兼具抗炎和抗氧化性能，对自由基损伤的DNA具有碱基修复作用。Carine N等通过体外实验证明三角褐指藻提取物和玫瑰茄提取物中的活性成分可以激活细胞质和线粒体中的蛋白酶，消除这两个细胞区域内被氧化的蛋白质，减少污染物对皮肤的伤害，延缓皮肤老化。白藜芦醇可以抑制PM 2.5诱导内皮细胞产生的ROS，从而延缓皮肤衰老。

5. 其他类原料

此外，通过促进自体吞噬蛋白活性的原料如石刁柏茎提取物、水解假丝酵母提取物和水解大米蛋白能有效激活蛋白酶活性，加速分解细胞内分子毒素，转化为健康蛋白质。有研究者发现，常青藤、大叶醉鱼草、百里香、银杏、茶和葡萄柚提取物不是在皮肤表面形成所谓的保护膜，而是直接使皮肤上的环境有害物质失活从而起到抵御皮肤受到污染损伤的作用。另有研究发现秘鲁粉红胡椒树叶中全新活性成分槲皮素衍生物，通过体外和人体评价证实该槲皮素衍生物可以保护细胞抵御空气污染并减少污染物的经皮渗透。有研究表明PM 2.5对支气管上皮细胞内游离Ca^{2+}有影响。体外Ca^{2+}浓度增加可促进HaCaT细胞增殖和IL-6表达及分泌，这可能是抗雾霾化妆品原料研发的新路径。

三、抗污染类化妆品功效评价

（一）体外细胞生物学及分子生物学方法

PM 2.5等空气污染物会促使活性氧ROS的生成，能够携带PAHs与AhR结合产生不良影响，引起炎症反应，促进细胞凋亡，因此，我们可以从以上四个环节对抗污染化妆品进行功效评估。

1. PM 2.5 颗粒物溶液染毒法

PM 2.5 颗粒物溶液染毒法是将采集的 PM 2.5 颗粒物溶解在细胞培养液中对细胞进行暴露处理。PM 2.5 颗粒物成分来源复杂多样，需根据研究物质性质选择提取试剂，也可购买商业化标准品如负载于滤膜上 SRM 2783 PM 2.5 标准品（雾霾分析）产品。Mitkus 将美国国家标准和技术研究所（NIST）临时参考材料（RM）PM 2.5 溶解检测发现 PM 2.5 刺激后的 A549 细胞大量分泌 IL-8 和 MCP-1。Zhang 等通过体外细胞探究 PM 2.5 对皮肤的损伤机制，结果表明 PM 2.5 中部分微小颗粒物会穿过角质形成细胞的细胞膜，在细胞质、线粒体、细胞核中均有一些细小微粒存在，并且应用一种新型微流体系统检测出 PM 2.5 对 NF-κB、IL-6、IL-1β、NALP3 和 Caspase-1 的表达均有影响。但此方法 PM 2.5 颗粒物溶解在细胞培养液中接触细胞的方式并不能真正重现实际暴露情况和染毒过程。

也有研究人员以抽真空的方式让香烟烟雾提取物穿过 30mL 已消毒的磷酸盐缓冲液，来制备香烟烟雾溶液（CSS）。将人类真皮成纤维原细胞（NHDF）或表皮角质化细胞（NHEK）放入香烟烟雾溶液或含有一定浓度活性物的香烟烟雾溶液中培养。刘珊等研究了维生素 C 对香烟烟雾氧化应激作用的影响，发现 CSS 作用细胞 DNA 损伤增强，而维生素 C 干预能显著降低 DNA 损伤和 ROS 水平，增加抗氧化酶 SOD 的活性。同时，利用彗星实验检测，通过对细胞彗星尾长的计算评估 CSS 和维生素 C 对细胞 DNA 损伤的降低作用。因此，如果活性物或产品能够抑制 CSS 的氧化应激反应，则可以说明活性物具有抗污染的功效，如图 12-2 所示。

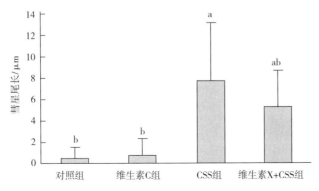

图 12-2　维生素 C 对 CSS 作用细胞彗星尾长改变的影响

注：a. 与对照组相比 $P<0.05$；b. 与 CSS 组相比 $P<0.05$。

苯并芘（BaP）是多环芳烃的代表性物质，它存在于汽车尾气、香烟、厨房油烟等烟气中。它会间接导致肌肤发生炎症，加速肌肤老化，还会造成无法修复的DNA损伤。因此，可逆地阻止BaP与AhR的结合是抗污染的一条有效途径。实验室条件下以苯并芘为诱导条件时，可以通过检测ROS含量、炎症因子含量、线粒体膜电位变化和AhR相关基因变化来评价抗污染化妆品或活性物的功效。例如，可用BaP溶液处理角质形成细胞，然后检测AhR基因表达水平的变化，从而评价产品或活性物对BaP的解毒功效。

2. 动态气体染毒法

为了更好地模拟 PM 2.5 由生物质燃料燃烧产生的过程，研究人员开发了动态气体染毒装置，如氙灯老化综合实验箱以研究汽车尾气颗粒物的危害。此类装置使用类似机动车尾气作为 PM 2.5 来源，可实时监测箱体内部空气中 PM 2.5 浓度，通过循环装置使颗粒物保持悬浮流通，同时可设定温度、湿度从而更好地模拟外界环境。内置氙灯可用于杀菌，可放置细胞或其他实验对象进行染毒。李铭鑫等研制出一种简易动态气体染毒装置，该装置将实验细胞置于染毒装置中，通过汽油机制备染毒气体，并应用机械循环系统保证装置内的温度、湿度和一定量的空气细颗粒物。除了研究细颗粒物毒性外，该装置还可同时研究 O_3 的细胞毒性。这种方法与自然环境中 PM 2.5 侵害人体过程最为接近，但装置中的内循环设备使细颗粒物悬浮流动不容易沉降，导致颗粒物与细胞接触量不易控制，如图12-3所示。

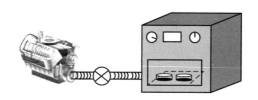

图 12-3　气体染毒装置示意图

3. 细胞共培养模型染毒法

细胞共培养包括接触式共培养和非接触式共培养，可广泛用于胞间接触、自分泌或旁分泌及不同类型细胞间的相互作用的研究。接触式共培养是将两种细胞按一定比例接种到同一细胞培养体系中传代培养，待细胞生长稳定后进行相关评价，可探讨两种细胞间的相互影响。该方法较适合研究生长环境和生长状态接近的不同细胞间信号传递及相互作用。培养条件及染毒方式与前述单细胞溶液染毒方法类似。非接触式共培养是应用 Transwell 膜等技术将细胞培养环境分层，两种细胞分别接种在不同膜室；可分析上层细胞经刺激后分泌因子对下层细胞的影响，也可将一种细胞上清液或刺激物与另一种细胞共培养，探讨一种细胞分泌物或不同粒径刺激物对另一种细胞的影响。这种模型可以在保留体内细胞微环境物质结构基础的同时，展现细胞共培养的直观性和条件可控性的优势，如图12-4所示。

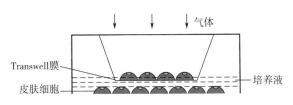

图 12-4　细胞共培养气体染毒示意图

4. 气液界面细胞暴露培养

传统细胞培养方法无法将细胞直接暴露于气态污染环境中，因此需要开发更适合的气态污染物体外暴露系统。近年出现的气液界面细胞培养逐渐被用于气态污染物体外毒性研究。David 使用 VITROCELL® 系统将传统烟气暴露中的烟草烟雾颗粒物转换为烟雾气溶胶形态，产生稳定的烟草烟雾释放，通过记录颗粒沉积、测量气相烟雾标记物探究烟雾对细胞的损伤作用。Yasuo 在 VITROCELL® 系统基础上引用了 CULTEX 的染毒技术，这种暴露系统利用 Transwell 膜技术，使细胞在气–液界面与气体混合物直接接触染毒，可以维持良好培养条件并能保护细胞不受气压和气流影响，消除残余烟雾，更好地评价染毒效果，如图12-5所示。

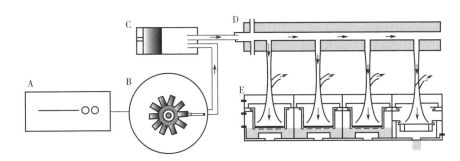

图 12-5　VITROCELL® 气体染毒系统

A—烟雾参控制器　B—烟气制造　C—活塞装置　D—烟气传送与稀释　E—烟气与细胞培养装置对接

目前国内针对气溶胶状混合物细胞染毒也已研制出实验模型的暴露装置。吴丹等利用Petri-PERM培养皿建立的气液界面培养体系对体外培养的人支气管上皮细胞进行暴露实验，比较低剂量的两种环境污染物对细胞的毒性作用。张素萍等利用CULTEX公司细胞暴露染毒系统考察香烟烟雾细胞毒性结果表明，进烟流量在50mL/min时，即使很低的烟雾浓度也会使得细胞大量死亡，降低流量后细胞存活率显著提高，证实香烟颗粒物对细胞的损伤与浓度和进烟流量均相关，这种结果是PM 2.5直接溶解后处理细胞无法得到的。与直接将颗粒物溶解入细胞培养体系检测细胞毒性相比，气液界面细胞暴露培养染毒更符合实际状态下的暴露途径、过程、吸收机制与状态机制，并且可设置不同条件和影响因素进行考察。

（二）重组皮肤模型法

皮肤组织是不同种类细胞构建的多层复杂结构，与真实皮肤组织相近的培养体系能够更好地模拟真实的生理环境。近年来发展起来的三维重组人工皮肤模型（three-dimensional reconstructed human epidermis model，3D-RHE）是指将具有三维结构的不同材料的载体与各种不同种类的细胞在体外共同培养，细胞可在载体的三维结构中迁移、生长，构成三维细胞–载体复合物。三维细胞培养大致可分为无支架和支架式培养模型，其中支架式培养模型较为常见，支架由天然或合成材料制成。此模型具有与人类皮肤相似的生理结构和代谢功能，可直接暴露于PM 2.5污染环境下，通过生理学及细胞生物学等指标进行毒理分析和作用机制研究。

Lecas等发现，将SkinEthic™皮肤模型暴露于充满烟雾污染物的环境中，表皮中的兜甲蛋白含量急剧下降，并诱导大量炎症因子（如IL-8、IL-1a和IL-18等）和基质金属蛋白酶MMP-1、MMP-3等的产生，不仅破坏皮肤角质层屏障，还会加快皮肤的衰老。

（三）动物实验法

建立实验小鼠损伤模型，可采用模拟呼吸道暴露方式，如吸入式暴露法、气管滴注法等造成呼吸系统及其他器官如呼吸道和肺组织等器官损伤，也可通过全身暴露法研究 PM 2.5等气体颗粒物对动物体内各系统的损伤机制。吸入式暴露法的外部暴露环境浓度不均，内暴露浓度难以测定，更适用于呼吸道及相关器官损伤的研究。韩雪等采用滴注法对小鼠进行染毒，但只反映细颗粒物经呼吸系统吸收后的相关变化，这种反应与真实自然环境下人体皮肤通过毛孔、黏膜、呼吸系统、消化系统等复杂的吸收过程存在较大差异。同时，实验设计中染毒的细颗粒物浓度远高于大气中的细颗粒物的实际浓度水平，无法呈现真实环境下人体暴露过程中细颗粒物对皮肤影响的长时间积累和缓慢的变化过程，相较而言，全身暴露法能更真实地模拟 PM 2.5 染毒环境，但对仪器、设备要求较高，操作难度较大。目前小鼠评价模型的操作方法尚未形成统一的规范。

（四）人体评价法

作为环境健康风险评估和流行病学研究中的重要组成部分，人体临床暴露评价是指人体在一定时期内，与一种或多种的生物、化学或物理因子在空间上的接触过程。江月明等通过构建香烟烟雾模拟大气污染的临床暴露评价模型，研究空气污染对皮肤角质层蛋白质羰基化水平的影响。采用定制污染模拟箱（图12-6），以香烟烟雾模拟污染物，将健康受试者前臂屈侧向上暴露于污染模拟箱中，分别于暴露0、1、2、3、4、5h 后，用 D-squame 胶片采集角质层样本，对比分析皮肤使用乳液前后皮肤蛋白质羰基化水平。但此类方法只能分析角质层部分指标。

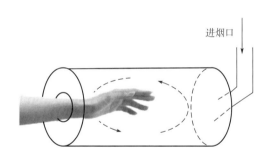

图 12-6 人体烟雾气体染毒装置示意图

参考文献

［1］韩恒，袁立新.绿色化妆品与基质原料绿色化［J］.日用化学品科学，2009（12）：43-45.
［2］龚雪飞，佟莉莉.雾霾的成因、危害及防治对策［J］.资源节约与环保，2015（7）：118.

［3］方宁杰，郭家秀，尹华强. 颗粒物与雾霾的形成及防治措施［J］. 四川化工，2015（1）：49-53.

［4］程春英，尹学博. 雾霾之PM_（2.5）的来源、成分、形成及危害［J］. 大学化学，2014（5）：1-6.

［5］郝明辉. 浅谈雾霾天气形成的前期原因与防治对策［J］. 河南科技，2013（03）：176.

［6］陈勇，孙海龙，贾红. 北京市室外空气污染对慢性阻塞性肺疾病流行的影响及防控建议［J］. 环境与健康杂志，2014（7）：632-635.

［7］焦扬，吴志松，曹芳. 雾霾致病的病因病机特征初探［J］. 中医杂志，2016（09）：740-742.

［8］Xie R，Sabel C E，Lu X，et al. Long-term trend and spatial pattern of PM2.5 induced premature mortality in China［J］. ENVIRONMENT INTERNATIONAL，2016，97：180-186.

［9］聂书伟. 芳香烃受体及其对人体的危害研究现状［J］. 医学综述，2011，17（1）：24-26.

［10］Esser C，Rannug A. The aryl hydrocarbon receptor in barrier organ physiology，immunology，and toxicology［J］. Pharmacol Rev，2015，67（2）：259-279.

［11］段毅涛，赵辉，黄鹤. 芳香烃受体内外源性配体研究进展［J］. 环境与健康杂志，2013（5）：456-459.

［12］姜智海，宋伟民. 核转录因子-kappa B在PM 2.5染毒小鼠急性肺损伤中的作用［J］. 环境与职业医学，2005，22（6）：483-485，501.

［13］Gualtieri M，Longhin E，Mattioli M，et al. Gene expression profiling of A549 cells exposed to Milan PM2.5［J］. Toxicol Lett，2012，209（2）：136-145.

［14］Jia Y Y，Wang Q，Liu T. Toxicity Research of PM2.5 Compositions In Vitro［J］. Int J Environ Res Public Health，2017，14（3）：e232.

［15］吴迪，李潇，卢永波. 雾霾对皮肤屏障功能的毒性作用研究［C］. 中国毒理学会第七次全国毒理学大会暨第八届湖北科技论坛，武汉，2015.

［16］Krutmann J，Liu W，Li L，et al. Pollution and skin：From epidemiological and mechanistic studies to clinical implications［J］. Journal of Dermatological Science，2014，76（3）：163-168.

［17］Zhang Y，Zheng L，Tuo J，et al. Analysis of PM2.5-induced cytotoxicity in human HaCaT cells based on a microfluidic system［J］. Toxicology in vitro：an international journal published in association with BIBRA，2017，43：1-8.

［18］Pasparakis M，Haase I，Nestle F O. Mechanisms regulating skin immunity and inflammation［J］. Nat Rev Immunol，2014，14（5）：289-301.

［19］Cevallos V M，Diaz V，Sirois C M. Particulate matter air pollution from the city of Quito，Ecuador，activates inflammatory signaling pathways in vitro［J］. Innate Immun, 2017，23（4）：392-400.

［20］Krutmann J，Bouloc A，Sore G，et al. The skin aging exposome［J］. J Dermatol Sci,2017,85（3）：152-161.

［21］武月婷. PM2.5对HaCaT细胞的损伤作用及机制研究［D］. 长春：吉林大学，2016.

［22］Krutmann J，Liu W，Li L，et al. Pollution and skin：from epidemiological and mechanistic studies to clinical implications［J］. J Dermatol Sci，2014，76（3）：163-168.

［23］Ding A，Yang Y，Zhao Z，et al. Indoor PM2.5 exposure affects skin aging manifestation in a Chinese population［J］. Sci Rep，2017，7（1）：15329.

［24］Huls A，Vierkotter A，Gao W，et al. Traffic-Related Air Pollution Contributes to Development of Facial Lentigines：Further Epidemiological Evidence from Caucasians and Asians［J］. J Invest Dermatol，2016，136（5）：1053-1056.

［25］王建新. 化妆品天然成分原料手册［M］. 北京：化学工业出版社，2016.

［26］王佳媚. 白芍总苷对角质形成细胞分泌IL-8、ICAM-1及Ki67的影响［D］. 兰州：兰州大学，2013.

［27］周密思. 小柴胡汤延缓皮肤衰老的理论与实验研究［D］. 武汉：湖北中医药大学，2012.

［28］王方，王灿. 白芷醇提物延缓皮肤衰老与抗氧化作用的相关性研究［J］. 中国药房，2012.（7）：599-602.

［29］Shin M S. Anti-Pollution Capacity of Mixtures of Anemarrhena asphodeloides Root Extract，β-Glucan and Poly-γ-glutamic Acid from Stimulation with Particulate Matter［J］. Journal of Investigative Cosmetology，2016，12（4）：313-322.

［30］Carine NIZARD，Emmanuelle LEBLANC-NOBLESSE，Milène JUAN，等. 化妆品配方相对于空白对照配方的皮肤抗污染保护：32种污染物的体外模型［C］. 第十届中国化妆品学术研讨会，杭州，2014.

［31］刘方芳，金瑶，李明，等. 白藜芦醇对PM2.5诱导的内皮细胞氧化应激和凋亡的保护作用［J］. 中药新药与临床药理，2017（3）：273-277.

［32］卡林·戈尔茨-贝尔纳，莱昂哈德·察斯特罗. 用于保护皮肤对抗环境影响的化妆品：CN，CN 101896159 B［P］. 2013.

［33］刘丽. 2016化妆品原料展会带来的市场风向标——记第九届中国化妆品个人及家庭护理用品原料展览会（PCHi）［J］. 中国化妆品，2016（6）：8-16.

［34］平飞飞，徐贞贞，马晓燕，等. 大气PM2.5对人支气管上皮细胞内钙稳态的影响［J］. 环境与健康杂志，2015（9）：779-782.

［35］孙海严，楚瑞琦. 钙离子对HaCaT细胞体外增殖及白细胞介素6表达、分泌的影响［J］. 中国皮肤性病学杂志，2016（12）：1219-1222.

［36］余韦臻，徐慧，袁华英. PM2.5与皮肤老化的研究进展［J］. 国际皮肤性病学杂志，2017，43（2）：106-109.

［37］Ahn，Kangmo. The role of air pollutants in atopic dermatitis［J］. Journal of Allergy & Clinical Immunology，2014，134（5）：993-999.

［38］白春礼. 中国科学院大气灰霾追因与控制研究进展［J］. 中国科学院院刊，2017（3）：2，8-11.

［39］ZHOU W，TIAN D，H E J，et al. Exposure scenario：Another important factor determining the toxic effects of PM2.5 and possible mechanisms involved［J］. Environmental Pollution，2017，226：412-425.

［40］杨淋，朱敏霞，沈若昱，等. PM 2.5对中枢神经毒性的研究概述［C］，第十一届海峡两岸心血管科学研讨会，2017.

［41］马磊. 石家庄市环境空气中挥发性有机物（VOCs）的特征研究［D］. 石家庄：河北科技大学，2017.

［42］王书美. 大气超细颗粒物急性暴露致血管损伤的毒性效应研究［D］. 北京军事科学院，2018.

［43］Hill L D，Edwards R，Turner J R，et al. Health assessment of future PM2.5 exposures from indoor，outdoor，and secondhand tobacco smoke concentrations under alternative policy pathways in Ulaanbaatar，Mongolia［J］. PLOS ONE，2017，12（10）：e186834.

［44］Sammaritano M A，Bustos D G，Poblete A G，et al. Elemental composition of PM2.5 in the urban environment of San Juan，Argentina［J］. Environmental Science and Pollution Research，2017，25（27）：1-7.

［45］Katharina Heßelbach，Kim G J，Flemming S，et al. Disease relevant modifications of the methylome and transcriptome by particulate matter（PM2.5）from biomass combustion［J］. Epigenetics，2017，12（9）：779-792.

［46］周惠玲，洪新如，黄惠娟，等. PM2.5对成人及胎儿心血管系统不良效应［J］. 中国公共卫生，2017，33（1）：30-34.

［47］环境空气质量标准　GB 3095—2012［S］. 北京：中国标准出版社，2012

［48］王静，徐刚. 浅谈新《环境空气质量标准》实施的意义［J］. 低碳世界，2017（1）：5.

［49］韩雪，梁文艳，梁文丽，等. 大气细颗粒物对小鼠皮肤组织中表皮生长因子受体 mRNA 表达的影响［J］. 中国美容医学，2015，24（6）：32-34.

［50］黄显琼，孙仁山. PM2.5对皮肤影响的研究进展［J］. 皮肤性病诊疗学杂志，2018，25（1）：47-49.

［51］Ewa Błaszczyk，Wioletta Rogula-Kozłowska，Krzysztof Klejnowski，et al. Polycyclic aromatic hydrocarbons bound to outdoor and indoor airborne particles（PM2.5）and their mutagenicity and carcinogenicity in Silesian kindergartens，Poland［J］. Air Quality，Atmosphere & Health，2017，1（10）：389-400.

［52］鹿奎奎，凌敏，卞倩. 大气细颗粒物致呼吸系统氧化应激和炎症反应损伤机制研究进展［J］. 中国药理学与毒理学杂志，2017，31（6）：682-688.

［53］毛旭，史纯珍. 小鼠肺组织 PM2.5染毒方法的研究进展［J］. 环境与健康杂志，2017，34（8）：745-747.

［54］Heinemeyer G. Concepts of exposure analysis for consumer risk assessment［J］. Experimental and Toxicologic Pathology，2008，60（2）：207-212.

［55］江月明，赵小敏，瞿欣. 空气污染对皮肤角质层蛋白羰基化水平的影响及粉红胡椒木提取物和脂质混合物对皮肤损伤的防护作用［J］. 中华皮肤科杂志，2018，51（8）：580-585.

［56］Zou Y，Jin C，Su Y，et al. Water soluble and insoluble components of urban PM2.5 and their cytotoxic effects on epithelial cells（A549）*in vitro*［J］. Environ Pollut，2016，212：627-635.

［57］Liu M J，Huang Y，Wen H，et al. Comparing Cell Toxicity of Schizosaccharomyces pombe Exposure to Airborne PM2.5 from Beijing and Inert Particle SiO$_2$［J］. Huan Jing Ke Xue，2015，36（11）：3943-3951.

［58］王芳，李岩，卢昕烁，等. PM2.5对血管内皮细胞氧化应激和凋亡的影响及机制［J］. 中国病理生理杂志，2017（03）：423-427.

［59］Mitkus R J，Powell J L，Zeisler R，et al. Comparative physicochemical and biological characterization of NIST Interim Reference Material PM2.5 and SRM 1648 in human A549 and mouse RAW264.7 cells［J］. Toxicol In Vitro，2013，27（8）：2289-2298.

［60］Zhang Y，Zheng L，Tuo J，et al. Analysis of PM2.5-induced cytotoxicity in human HaCaT cells based on a microfluidic system.［J］. Toxicology in vitro：an international journal published in association with BIBRA，2017，43：1-8.

［61］李铭鑫，孙瑞佼，郭大志，等. 简易气体动式染毒装置的研制与应用［J］. 医疗卫生装备，2015（05）：31-33.

［62］Barrila J，Yang J，Crabbé，Aurélie，et al. Three-dimensional organotypic co-culture model of intestinal epithelial cells and macrophages to study Salmonella enteric colonization patterns［J］. npj Microgravity，2017，3（1）：10.

［63］Bogdanowicz D R，Lu H H. Multifunction co-culture model for evaluating cell-cell interactions［J］. Methods Mol Biol，2014，1202：29-36.

［64］郭立群，王敏. 化妆品功效评价（Ⅶ）——细胞生物学在化妆品功效评价中的应用［J］. 日用化学工业，2018，48（7）：371-377.

［65］Lu J，Li G，He K，et al. Luteolin exerts a marked antitumor effect in cMet-overexpressing patient-derived tumor xenograft models of gastric cancer［J］. J Transl Med，2015，13（1）：42-52.

［66］秦燕勤，陈玉龙，李建生. 细胞共培养方法的研究进展［J］. 中华危重病急救医学，2016，28（8）：765-768.

［67］Knight E，Przyborski S. Advances in 3D cell culture technologies enabling tissue-like structures to be created *in vitro*［J］. J Anat，2015，227（6）：746-756.

［68］Thorne D，Kilford J，Payne R，et al. Characterisation of a Vitrocell® VC 10 in vitro smoke exposure system using dose tools and biological analysis［J］. Chem Cent J，2013，7（1）：146.

［69］Fukano Y，Ogura M，Eguchi K，et al. Modified procedure of a direct in vitro exposure system for mammalian cells to whole cigarette smoke［J］. Exp Toxicol Pathol，2004，55（5）：317-323.

［70］吴丹，管东波，宋宏. 支气管上皮细胞气液界面暴露培养在环境毒理学研究中的应用［J］. 毒理学杂志，2013（2）：153-155.

第十三章 抗蓝光类化妆品

一、蓝光与皮肤健康

可见光辐照的光谱中包括紫外线（100~400nm）、可见光（380~780nm）和红外光（780~1000000nm）。波长越短，能量强度越大，而波长越长，穿透能力也越弱。蓝光是波长为380~495nm的可见光，波长介于紫外线（UV）与其他可见光之间，相比UV波长更长，能量比UV低，在光谱中接近甚至重合于UV光谱，所以造成的损伤也与紫外光比较相近，如图13-1所示。

图 13-1　蓝光光谱

蓝光的主要来源是日光，现代生活中，人们经常接触到的各类电子设备，如手机、电脑、电视的屏幕，发光LED屏幕和荧光灯也可视作日常生活中的蓝光来源。人们对于蓝光的研究和应用最初以皮肤科临床治疗为主，研究者发现蓝光中能量较低的波长与能量较高的波长造成的皮肤反应不同。临床治疗中，蓝光的波长和强度因治疗目的或类型而异。但近些年，随着电子设备及蓝光对皮肤产生负面影响的疑虑越来越多，导致医学、生物、物理等领域更多的开始关注蓝光对于人体的危害。

（一）蓝光与皮肤病治疗

临床皮肤科中，蓝光可作为独立治疗或光动力疗法的一部分，已广泛应用于治疗如牛皮癣、特应性皮炎或湿疹等皮肤疾病以及伤口愈合。小剂量或高强度的蓝光疗法也可用于如光化性角化病、寻常型银屑病、湿疹、寻常痤疮等疾病的治疗。一项关于寻常型银屑病的治疗结论是420nm和453nm的蓝光有效，且副作用较小。另有研究发现，409~419nm的蓝光疗法能依靠内源性光动力破坏痤疮假单胞菌，并且抑制其增殖，显著减少炎症性痤疮病变。一项应用无紫外线蓝光的研究发现，最大发射波长为453nm的蓝光可有效减少湿疹病灶。但在实际临床治疗中发现，蓝光治疗所使用的发光装置需控制在短期疗程内，每次治疗时间也不宜过长。与其他光动力疗法一样，蓝光治疗也通常加入光敏剂，与光和氧气结合使用，产生高反应性单线态氧，以治疗某些肿瘤或非肿瘤性皮肤疾病，如氨基乙酰丙酸（ALA）就被用于治疗炎症性皮肤病和增生性疾病。除某些肿瘤和自身免疫性疾病以及光敏性皮肤病病患外，在正确的操作下使用蓝光进行光动力修复的光动力疗法可以被认为是有效和安全的，但也不排除会出现一些常见的副作用包括红斑、肿胀、瘙痒、皮肤剥脱、色素沉着和疼痛。但是，目前对人体或局部皮肤反复或长期接触蓝光可能产生的生物学效应和危害尚不明确，还需进一步深入研究。因此，使用蓝光治疗皮肤疾病还需在专业医生指导下进行。

（二）蓝光对皮肤的影响

光辐射主要通过光物理效应、光热效应以及光化学效应三个途径对皮肤产生影响，蓝光应用于临床能起到一定的治疗作用，但这仅限于某些特定波长的窄光谱，且治疗时间也有限。

在临床治疗等应用过程中，蓝光可能会导致视网膜的光损伤，导致屏障恢复延迟、皮肤色素沉着，增加自由基的产生，导致线粒体DNA损伤等。也有研究发现，蓝光可能以生成活性氧ROS的方式引起皮肤的氧化应激损伤——类似UV辐射对皮肤的影响。蓝光是能量最高的可见光，与紫外线相比蓝光更容易穿透皮肤进入深层，增加皮肤色素沉淀概率、加速脂质过氧化、引起细胞线粒体功能异常和DNA损伤。这一系列影响皮肤细胞和参与生理功能的酶，为皮肤光老化和炎性损伤带来不利影响。

1. 视网膜光损伤

人类只有视网膜能够接收光，与感光相关的细胞有视锥细胞、视杆细胞和视网膜神经节细胞。其中，视锥细胞和视杆细胞与成像视觉相关，而视网膜神经节细胞则在非成像光接收中起作用，如瞳孔光反应等。对于眼睛来说，长时间使用手机、电脑等显示屏接收到的蓝光，会损伤视网膜上皮细胞和感光细胞。

2. 影响昼夜节律和屏障恢复

人体正常的昼夜节律主要由蓝光调节，过量蓝光会导致褪黑素分泌减少及睡眠障碍。2017年诺贝尔奖颁发给了揭示昼夜节律分子机制的3位美国科学家。昼夜节律是在大约24h内的生物活动的一种波动规律，大脑视交叉仁核（SCN）的内在生物钟控制了一系列复杂的人体节律，控制我们的主要行为。而Brainard等发现波长为446~477nm的蓝光，最能调节褪黑素的分泌。而褪黑素是一种重要的睡眠促进剂，能调节依赖光周期的生物节律。在夜间，血浆内的褪黑素浓度比白天高3~10倍，通常由大脑视交叉仁核调节松果腺在夜间产生，不过近来也有研究表明，哺乳动物的皮肤也含有一个复杂的褪黑素能系统。加之皮肤能通过角质形成细胞和黑色素细胞上的视蛋白感受器感知蓝光，视蛋白参与表皮屏障分化和昼夜节律调节，扰乱细胞皮肤褪黑素能系统，影响*Balm1*、*Clock*等修复基因表达，最终导致屏障恢复延迟。

3. 加重色素沉着

皮肤中黑色素前体的氧化应激与色素沉着的发生相关，这一反应与黑色素合成酶——酪氨酸酶和多巴色素互变异构酶合成的蛋白质复合体有关，而这种反应在较深色皮肤类型的黑色素细胞中更为常见。换言之，皮肤颜色较深的人群更容易对可见光有反应并呈现色素沉着，如发生短暂性和持续性的皮肤黑化。

有研究表明，蓝光照射也会引发色素沉着，如出现黄褐斑和老年斑。一项研究提示蓝光和紫外线引起的色素沉着的机制是不同的。蓝光诱导的色素沉着是通过一种表皮中的感光蛋白——视蛋白（opsins）感知光线辐射并产生色素沉着。Opsin-3信号会增加引起皮肤色素沉着的蛋白质复合物的形成。这种现象在皮肤较浅（Fitzpatrick Ⅰ和Ⅱ型皮肤）与深色皮肤（Fitzpatrick Ⅲ~Ⅵ型皮肤）的人皮肤中反应不同。在深色皮肤中，暴露在蓝光下观察到分子质量更大的蛋白质复合物形成。此外，Duteil等发现，蓝光导致的皮肤色素沉着量的增加比UVB诱导的色素沉着更加顽固。

4. 导致自由基和线粒体DNA损伤

细胞暴露在蓝光下可以促进活性氧ROS生成，导致DNA损伤和细胞生理功能异常。其中活性氧的过量生成和积累还会导致氧化应激及其他一系列损伤。皮肤细胞中ROS的过量积累也会破坏皮肤屏障。皮肤中的黄素在蓝光导致的氧化应激反应中起到了光敏剂的作用，可产生超氧化物和过量的阴离子自由基，这也是导致皮肤老化的主要诱因。

蓝光刺激对皮肤组织中胶原蛋白和弹性蛋白也会造成损伤。当直接暴露于蓝光辐照时，氧自由基的积聚，诱导皮肤细胞中的基质金属蛋白酶（MMPs）生成，在降解现有胶原的同时抑制新的胶原蛋白合成，阻止皮肤的正常修复。

二、抗蓝光类化妆品与主要功效成分

重复和长期处于蓝光暴露下可能会导致皮肤问题恶化，出现ROS生成和脂褐素增加，昼夜节律混乱甚至色素沉着和衰老。随着越来越多关于蓝光对皮肤的影响研究发表，化妆品厂商和消费者都在寻找保护皮肤免受蓝光损伤的有效产品。已有多家化妆品原料企业推出了包含宣称可以起到防护蓝光损伤的功效原料，包括一些藻类成分、植物提取物、抗氧化剂，以及部分常见的防晒剂。

1. 物理阻挡、吸收辐射原料

这类功效机制与防紫外线的原理类似。首先可以选择能直接阻挡或反射蓝光的物理防护原料，如云母、珠光粉和氮化硼等可以折射、反射可见光；蓝光吸收剂涉及一些色粉或高分子有机材料，如黄色色粉、富勒烯等；此外，一些植物中也存在蓝光吸收剂，如叶黄素。

能够额外防可见光的防晒成分在防蓝光方面也很受欢迎。亚甲基双苯并三唑基四甲基丁基苯酚是一种光稳定的广谱防晒剂，经证实也可在蓝光波长范围内提供保护。值得注意的是，该成分不是美国认可的紫外线吸收剂，但是，它可作为化妆品成分，比例最高为0.3%。

氧化锌和二氧化钛是无机紫外线吸收剂，也被发现可以有效地防止蓝光损伤。

氧化锌也常用作局部用药的皮肤保护剂，可舒缓皮肤，并提供保护性屏障。在局部使用氧化锌和二氧化钛配方防晒剂的健康风险极小，因为它们很难渗透进入表皮，因此对孕妇和婴儿以及皮肤敏感人群非常温和。氧化铁也是常用于化妆品和个人护理产品的原料。有研究发现，将氧化铁添加入纯物理防晒产品中，可有助于防护蓝光损伤。此外，氧化铁还可以改善含有多功能涂层的氧化锌和二氧化钛颗粒的防晒霜的蓝光防护功效。有临床研究评价了含氧化铁的防晒霜抗黄褐斑复发的功效，证实了氧化铁也具有可见光保护的作用。有原料公司将二氧化铁与氧化铁结合而成的复合物用于防蓝光配方。氧化铁还可以通过中和配方中由 TiO_2 产生的蓝色来改善皮肤外观。

2. 改善色素沉着

日光的所有波段都会诱导皮肤中自由基产生，导致光老化，表现为皮肤粗糙起皱纹，并伴有色素沉着、毛细血管扩张等。其中，可见光对色素沉着贡献最大。姜（*Zingiber Officianle*）根提取物有抗氧化、抗炎症的作用，通过人表皮黑色素瘤细胞和人离体皮肤的实验测试发现，其可以有效抑制由蓝光引起的色素沉着。淡水微藻及红景天提取物宣称可以预防蓝光引起的皮肤色素沉着、发红、氧化应激和蛋白羰基化反应，并可促进胶原蛋白的生成。棕色海藻及刺槐（*Zonaria Tournefortii*）提取物也宣称可以提高蓝光防护，防止皮肤色素沉着和活性氧损伤。

3. 调节生物节律

蓝光能通过调节褪黑素的分泌调节昼夜节律，而视蛋白的含量与褪黑素分泌相关。

可可籽提取物有助于维持暴露在蓝光压力下角质形成细胞中的视蛋白的含量，并且可以显著降低活性氧含量。另外，头状胡枝子（*Lespedeza capitata* Michx.）叶/茎提取物（B–Circadin）能够有效调节依赖昼夜节律的生物功能，如水通道蛋白，增强节律相关 Nrf2 排毒体系的作用效果，调控蓝光介导的氧化应激。

4. 减少细胞自噬

蓝光诱导的线粒体损伤，使溶酶体内的脂褐素沉积，诱导细胞自噬。有研究显示蝴蝶姜提取物能避免细胞自噬作用过度表达。

5. 减轻炎症反应

一些富含多酚或黄酮的具有抗氧化活性的植物提取物，以及一些具有抗炎症的成分，具有帮助皮肤细胞抵抗人造可见光伤害的作用。如市售的睡茄（*Withania Somnifera*）根提取物、蝴蝶姜植物、大米、可可种子、胡萝卜根和种子和万寿菊提取物等。

6. 抗氧化作用

抗氧化剂在暴露蓝光之前和之后均对蓝光引起的氧化应激具有抑制作用。如食物中常见的 β- 胡萝卜素和番茄红素，可以防止蓝光氧化。叶黄素是视网膜黄斑上的重要色素，可滤过摄入眼睛的蓝光。也有多项研究证明，外用抗氧化剂的光保护作用，如口服补充叶黄素和玉米黄质的抗氧化和光保护活性。叶黄素原料可作为功效成分用于具有防蓝光要求的化妆品配方中。

7. 其他类原料

此外，还有一些维生素也是具有蓝光防护和修护作用的常用成分。烟酰胺（也称为维生素 B_3）、维生素 C 和维生素 E 作为常见的抗氧化剂，不仅是很好的抗衰老成分，也可对可见光起到防护作用。

也有公司推出的假单胞菌发酵提取物宣称可以通过降低 MMP-1 水平来发挥其蓝光保护活性。酸浆果提取物也声称可减少 MMP-1 的合成，并且增加微原纤维相关蛋白4（MFAP-4）的水平，具有防止光损伤的作用。

有研究发现，配方中加入 5% 硼硅酸钙钠（calcium sodium borosilicate）可以使化妆品有效防护蓝光，同时提高 SPF 防晒值，并且不会对使用后的皮肤外观颜色及配方安全性产生影响。硼硅酸盐是一种可在化妆品中使用的惰性球形珠。铈氧化物是一种新型的紫外线散射剂，在配方中具有高透明性并可作为紫外线和蓝光的保护剂。

三、抗蓝光类化妆品功效评价

如本文第一部分所述，超氧化物是蓝光照射产生的主要自由基。超氧化物歧化酶（一种有助于分解超氧自由基的酶）在皮肤中的表达水平可以作为细胞抗氧化能力的指标。胶原蛋白、弹性蛋白、真皮中的纤维蛋白原和纤维蛋白需要特定的蛋白级联才能正确组装。这种蛋白质复合物会因紫外线照射而降解。研究蓝光照射对弹性蛋白、原纤维蛋白、基质金属蛋白酶-1（MMP-1）和微纤维相关蛋白4（MFAP-4）表达的影响，并以此作为衡量细胞外基质完整性的指标。

在机体受到蓝光或紫外线照射所引起的ROS介导的氧化应激反应发生时，活性氧自由基过量积累，体内的抗氧化剂不足，导致细胞内的蛋白质羰基化，因此，通过测量蛋白质羰基化水平可以确定蓝光暴露的严重程度。

验证蓝光防护的第一步就是通过一个稳定的蓝光光源，在实验室环境下将皮肤细胞以及离体研究中的皮肤和临床试验中的皮肤暴露其中。太阳光模拟器是用于体内SPF测试研究的仪器，可以在受控的实验室环境中复制阳光。如果在太阳模拟器上使用滤光片，则可以发射特定波长。同样，可以使用光谱仪确定所涉及产品吸收的特定波长。例如，UPRtek MK350可以用于此用途。另外也可以使用LED灯发出特定波长的光，蓝光剂量（J/cm^2）可以通过此设备控制。韩国爱茉莉太平洋集团开发了一种新设备可以发出456nm的蓝光，并可以控制光强度和光照时间。此外，设备还可以检测到有害的蓝光波长，并在临床上评估化妆品在有害波长处的蓝光阻断性能。

在实验室环境下通过模拟蓝光诱导的损伤模型及ROS释放的细胞模型，进行原料及产品的抗蓝光功效评价。

以成纤维细胞为例，用一定剂量的辐照成纤维细胞，造成蓝光损伤模型，其标志就是ROS含量显著增加，同步检测细胞增殖活力、JC-1等指标，以此来评价活性物对于以上指标的影响，进而评判活性物抗蓝光的效果。

也可以利用三维皮肤重组模型，用一定剂量的蓝光造成蓝光损伤模型，检测组织活力及其变化。另外从氧化应激的途径可以检测组织中的SOD酶和脂质过氧化物的含量。再结合二维层面评估数据，整合评价活性物质拮抗蓝光的效果。

人体临床测试中，也有不少方法可用于间接评价原料及产品的防蓝光效果。如色素沉着就与蓝光的过度暴露有关。通过可见光照射人类皮肤来评估产品防止色素沉着的能力也可以作为其防护蓝光的证据。有实验室采用蒸馏水和吸水纸清洁并擦干受试者的前臂，然后将1mL导电胶涂抹于前臂上，然后连接到微电极上。设备通过记录蓝光照射前后凝胶中电化学改变来确定氧化应激反应发生的水平。

参考文献

［1］Bonnans M，Fouque L，Pelletier M，et al. Blue light：Friend or foe？［J］. Journal of photochemistry and photobiology. B，Biology，2020，212：112026.

［2］夏艾婷，田燕. 蓝光对皮肤的损伤及其防护剂的研究进展［J］. 照明工程学报，2017，28（6）：20-23.

［3］Ash C，Harrison A，Drew S，et al. A randomized controlled study for the treatment of acne vulgaris using high-intensity 414 nm solid state diode arrays［J］. Journal of Cutaneous Laser Therapy，2015，17（4）：170-176.

［4］Coats J G，Maktabi B，Mariam S. Abou-Dahech，et al. Blue Light Protection，Part I—Effects of blue light on the skin［J］. Journal of Cosmetic Dermatology. 2020；00：1-4.

［5］Tosini G，Ferguson I，Tsubota K. Effects of blue light on the circadian system and eye physiology［J］. Molecular vision，2016，22：61-72.

［6］李青，林振德. 蓝光对视觉功能的利与弊［J］. 国际眼科纵览，2006（5）：336-340.

［7］Action spectrum for melatonin regulation in humans：evidence for a novel circadian photoreceptor. ［J］. Journal of Neuroscience，2001，21（16）：6405-6412.

［8］Slominski Andrzej，Tobin Desmond J，Zmijewski Michal A，et al. Melatonin in the skin：synthesis，metabolism and functions［J］. Trends in Endocrinology & Metabolism Tem，2008，19（1）：17-24.

［9］魏玉，吴珺华. 昼夜钟调节细胞衰老的研究进展［J］. 中国细胞生物学学报，2020，42（12）：2227-2233.

［10］许锐林，孟潇，陈庆生，等. 蓝光危害及抗蓝光技术在化妆品中的应用概况［J］. 香料香精化妆品，2019（3）：80-84.

［11］Duteil L，Cardot-Leccia N，Queille-Roussel C，et al. Differences in visible light-induced pigmentation according to wavelengths：a clinical and histological study in comparison with UVB exposure［J］. Pigment Cell & Melanoma Research，2015，27（5）：822-826.

［12］Dröge Wulf. Free radicals in the physiological control of cell function. ［J］. Physiological reviews，2002，82（1）.

［13］Nakashima Y，Ohta S，Wolf A M . Blue light-induced oxidative stress in live skin［J］. Free

Radical Biology & Medicine，2017，108：300.

［14］Chung J H，Seo J Y，Choi H R，et al. Modulation of Skin Collagen Metabolism in Aged and Photoaged Human Skin *In Vivo*［J］. Journal of Investigative Dermatology，2001，117（5）：1218-1224.

［15］姜义华，白姗，陆婕，等.日光照射对皮肤的影响和防护技术介绍［J］.日用化学品科学，2017，40（8）：38-40，42.